"十四五"高等职业教育新形态一体化教材

电工与电子技术基础项目化教程

匡青云 周 洋 吕坤颐 ◎ 主 编
曾维信 龚 旭 李星月 ◎ 副主编

中国铁道出版社有限公司
CHINA RAILWAY PUBLISHING HOUSE CO., LTD.

内 容 简 介

本书包括绘制电力传输系统简图及安全用电、直流电路的分析与计算、延时开关电路的设计与安装、典型电气控制电路的分析、仿真与调试、电动机正反转控制电路的安装与调试、直流稳压电源的制作、功率放大器的制作、数码显示和报时电路的设计与制作、数字钟电路的设计与制作等9个项目，覆盖电工与电子技术的基础知识与实用技能。采用项目化教学模式，每个项目均围绕实际工程应用展开，旨在通过"做中学"的方式，增强学生的动手能力和解决实际问题的能力。同时，融入电动机正反转控制、直流稳压电源与功率放大器制作等应用项目，逐步提升学生的专业技能水平。

本书适合作为高等职业院校、独立学院、成人高校的机电类、计算机类、自动化类、电气类、能源类、制造类和电子类等专业电子技术课程的教材，也可供相关人员作为培训教材和工作参考书。

图书在版编目（CIP）数据

电工与电子技术基础项目化教程 / 匡青云，周洋，吕坤颐主编. -- 北京：中国铁道出版社有限公司，2024.12. -- ("十四五"高等职业教育新形态一体化教材). -- ISBN 978-7-113-31012-7

Ⅰ.TM;TN

中国国家版本馆 CIP 数据核字第 2024M0Z429 号

书　　名：电工与电子技术基础项目化教程
作　　者：匡青云　周　洋　吕坤颐

策　　划：汪　敏		编辑部电话：(010)51873135
责任编辑：汪　敏　绳　超		
封面设计：尚明龙		
责任校对：刘　畅		
责任印制：赵星辰		

出版发行：中国铁道出版社有限公司(100054，北京市西城区右安门西街8号)
网　　址：https://www.tdpress.com/51eds

印　　刷：河北宝昌佳彩印刷有限公司
版　　次：2024年12月第1版　2024年12月第1次印刷
开　　本：787 mm×1 092 mm　1/16　印张：20.5　字数：508千
书　　号：ISBN 978-7-113-31012-7
定　　价：59.80元

版权所有　侵权必究

凡购买铁道版图书，如有印制质量问题，请与本社教材图书营销部联系调换。电话：(010)63550836
打击盗版举报电话：(010)63549461

编审委员会

总顾问：谭浩强（清华大学） 黄心渊（中国传媒大学）

主　任：高　林（北京联合大学）

副主任：鲍　洁（北京联合大学） 眭碧霞（常州信息职业技术学院）
　　　　孙仲山（宁波职业技术学院） 秦绪好（中国铁道出版社有限公司）

委　员：（按姓氏笔画排序）

于　京（北京电子科技职业学院）	于　鹏（新华三技术有限公司）
于大为（苏州信息职业技术学院）	万　冬（北京信息职业技术学院）
万　斌（珠海金山办公软件有限公司）	王　芳（浙江机电职业技术学院）
王　坤（陕西工业职业技术学院）	王　忠（海南经贸职业学院）
方凤波（荆州职业技术学院）	方水平（北京工业职业技术学院）
左晓英（黑龙江交通职业技术学院）	龙　翔（湖北生物科技职业学院）
史宝会（北京信息职业技术学院）	乐　璐（南京城市职业学院）
吕坤颐（重庆城市管理职业学院）	朱伟华（吉林电子信息职业技术学院）
朱震忠（西门子（中国）有限公司）	邬厚民（广州科技贸易职业学院）
刘　松（天津电子信息职业技术学院）	汤　徽（新华三技术有限公司）
许建豪（南宁职业技术学院）	阮进军（安徽商贸职业技术学院）
孙　刚（南京信息职业技术学院）	孙　霞（嘉兴职业技术学院）
芦　星（北京久其软件有限公司）	杜　辉（北京电子科技职业学院）
李军旺（岳阳职业技术学院）	杨文虎（山东职业学院）
杨龙平（柳州铁道职业技术学院）	杨国华（无锡商业职业技术学院）
吴　俊（义乌工商职业技术学院）	吴和群（呼和浩特职业学院）
汪晓璐（江苏经贸职业技术学院）	张　伟（浙江求是科教设备有限公司）
张明白（百科荣创（北京）科技发展有限公司）	陈小中（常州工程职业技术学院）
陈子珍（宁波职业技术学院）	陈云志（杭州职业技术学院）
陈晓男（无锡科技职业学院）	陈祥章（徐州工业职业技术学院）

邵　瑛（上海电子信息职业技术学院）　　武春岭（重庆电子工程职业学院）
苗春雨（杭州安恒信息技术股份有限公司）　罗保山（武汉软件职业技术学院）
周连兵（东营职业学院）　　　　　　　　郑剑海（北京杰创科技有限公司）
胡大威（武汉职业技术学院）　　　　　　胡光永（南京工业职业技术大学）
姜大庆（南通科技职业学院）　　　　　　聂　哲（深圳职业技术学院）
贾树生（天津商务职业学院）　　　　　　倪　勇（浙江机电职业技术学院）
徐守政（杭州朗迅科技有限公司）　　　　盛鸿宇（北京联合大学）
崔英敏（私立华联学院）　　　　　　　　葛　鹏（随机数（浙江）智能科技有限公司）
焦　战（辽宁轻工职业学院）　　　　　　曾文权（广东科学技术职业学院）
温常青（江西环境工程职业学院）　　　　赫　亮（北京金芥子国际教育咨询有限公司）
蔡　铁（深圳信息职业技术学院）　　　　谭方勇（苏州职业大学）
翟玉锋（烟台职业技术学院）　　　　　　樊　睿（杭州安恒信息技术股份有限公司）

秘　书：翟玉峰（中国铁道出版社有限公司）

序

　　2021年十三届全国人大四次会议表决通过的《中华人民共和国国民经济和社会发展第十四个五年规划和2035年远景目标纲要》，对我国社会主义现代化建设进行了全面部署。"十四五"时期对教育的定位是建立高质量的教育体系，对职业教育的定位是增强职业教育的适应性。当前，在百年未有之大变局下，在"十四五"开局之年，如何切实推动落实《国家职业教育改革实施方案》《职业教育提质培优行动计划（2020—2023年）》等文件要求，是新时代职业教育适应国家高质量发展的核心任务。随着新科技和新工业化发展阶段的到来和我国产业高端化转型，必然引发企业用人需求和聘用标准发生新的变化，以人才需求为起点的高职人才培养理念使创新中国特色人才培养模式成为高职战线的核心任务，为此国务院和教育部制定和发布了包括"1+X"职业技能等级证书制度、专业群建设、"双高计划"、专业教学标准、信息技术课程标准、实训基地建设标准等一系列的文件，为探索新时代中国特色高职人才培养指明了方向。

　　要落实国家职业教育改革一系列文件精神，培养高质量人才，就必须解决"教什么"的问题，必须解决课程教学内容适应产业新业态、行业新工艺、新标准要求等难题，教材建设改革创新就显得尤为重要。国家这几年对于职业教育教材建设加大了力度，2019年，教育部发布了《职业院校教材管理办法》（教材〔2019〕3号）、《关于组织开展"十三五"职业教育国家规划教材建设工作的通知》（教职成司函〔2019〕94号），在2020年又启动了《首届全国教材建设奖全国优秀教材（职业教育与继续教育类）》评选活动，这些都旨在选出具有职业教育特色的优秀教材，并对下一步如何建设好教材进一步明确了方向。在这种背景下，中国铁道出版社有限公司邀请我与鲍洁教授共同策划组织了"'十四五'高等职业教育新形态一体化教材"，邀请我国知名计算机教育专家谭浩强教授、全国高等院校计算机基础教育研究会会长黄心渊教授对课程建设和教材编写都提出了重要的指导意见。这套教材在设计上把握了如下几个原则：

　　1. 价值引领、育人为本。牢牢把握教材建设的政治方向和价值导向，充分体现党和国家的意志，体现鲜明的专业领域指向性，发挥教材的铸魂育人、关键支撑、固本培元、文化交流等功能和作用，培养适应创新型国家、制造强国、网络强国、数字中国、智慧社会需要的不可或缺的高层次、高素质技术技能型人才。

2. 内容先进、突出特性。 充分发挥高等职业教育服务行业产业优势，及时将行业、产业的新技术、新工艺、新规范作为内容模块，融入教材中去。 并且为强化学生职业素养养成和专业技术积累，将专业精神、职业精神和工匠精神融入教材内容，满足职业教育的需求。 此外，为适应项目学习、案例学习、模块化学习等不同学习方式要求，注重以真实生产项目、典型工作任务、案例等为载体组织教学单元的教材、新型活页式、工作手册式等教材，力求教材反映人才培养模式和教学改革方向，有效激发学生学习兴趣和创新潜能。

3. 改革创新、融合发展。 遵循教育规律和人才成长规律，结合新一代信息技术发展和产业变革对人才的需求，加强校企合作、深化产教融合，深入推进教材建设改革。 加强教材与教学、教材与课程、教材与教法、线上与线下的紧密结合，信息技术与教育教学的深度融合，通过配套数字化教学资源，打造满足教学需求和符合学生特点的新形态一体化教材。

4. 加强协同、锤炼精品。 准确把握新时代方位，深刻认识新形势新任务，激发教师、企业人员内在动力。 组建学术造诣高、教学经验丰富、熟悉教材工作的专家队伍，支持科教协同、校企协同、校际协同开展教材编写，全面提升教材建设的科学化水平，打造一批满足学科专业建设要求、能支撑人才成长需要、经得起实践检验的精品教材。

按照教育部关于职业院校教材的相关要求，为了充分体现工业和信息化领域相关行业特色，我们以高职专业和课程改革为基础，展开了信息技术课程、专业群平台课程、专业核心课程等所需教材的编写工作。 本套教材计划出版 4 个系列，具体为：

1. 信息技术课程系列。 教育部发布的《高等职业教育专科信息技术课程标准（2021 年版）》给出了高职计算机公共课程新标准，新标准由必修的基础模块和由 12 项内容组成的拓展模块两部分构成。 拓展模块反映了新一代信息技术对高职学生的新要求，各地区、各学校可根据国家有关规定，结合地方资源、学校特色、专业需要和学生实际情况，自主确定拓展模块教学内容。 在这种新标准、新模式、新要求下构建了该系列教材。

2. 电子信息大类专业群平台课程系列。 高等职业教育大力推进专业群建设，基于产业需求的专业结构，使人才培养更适应现代产业的发展和职业岗位的变化。 构建具有引领作用的专业群平台课程和开发相关教材，彰显专业群的特色优势地位，提升电子信息大类专业群平台课程在高职教育中的影响力。

3. 新一代信息技术类典型专业课程系列。 以人工智能、大数据、云计算、移动通信、物联网、区块链等为代表的新一代信息技术，是信息技术的纵向升级，也是信息技术之间及其与相关产业的横向融合。在此技术背景下，围绕新一代信息技术专业群（专业）建设需要，重点聚焦这些专业群（专业）缺乏教材或者没有高水平教材的专业核心课程，完善专业教材体系，支撑新专业加快发展建设。

4. 本科专业课程系列。在厘清应用型本科、高职本科、高职专科关系，明确高职本科服务目标，准确定位高职本科基础上，研究高职本科电子信息类典型专业人才培养方案和课程体系，在培养高层次技术技能型人才方面，组织编写该系列教材。

新时代，职业教育正在步入创新发展的关键期，与之配合的教育模式以及相关的诸多建设都在深入探索，本套教材建设按照"选优、选精、选特、选新"的原则，发挥高等职业教育领域的院校、企业的特色和优势，调动高水平教师、企业专家参与，整合学校、行业、产业、教育教学资源，充分认识到教材建设在提高人才培养质量中的基础性作用，集中力量打造与我国高等职业教育高质量发展需求相匹配、内容和形式创新、教学效果好的课程教材体系，努力培养德智体美劳全面发展的高层次、高素质技术技能人才。

本套教材内容前瞻、体系灵活、资源丰富，是值得关注的一套好教材。

国家职业教育指导咨询委员会委员
北京高等学校高等教育学会计算机分会理事长
全国高等院校计算机基础教育研究会荣誉副会长

2021 年 8 月

前　言

电工与电子技术是现代工业生产和生活中不可或缺的重要技术。在日常生活中，电工技术的应用涉及家庭电器、照明、交通运输等方面，而电子技术则让人们享受到了智能手机、电视、音响、游戏等高科技产品的便利。在工业生产中，电工技术被广泛应用于电力系统、机械设备、自动化控制等领域，使得生产效率大大提升，同时也在碳达峰碳中和背景下为绿色环保、可持续发展做出了贡献；电子技术则在通信、计算机、医疗、军事等领域发挥着重要作用，推动了人类社会的科学技术进步。

本书在"双高"专业群建设背景下，立足工业机器人技术、电子技术、微电子技术、现代通信技术、工业互联网技术、机电一体化技术专业及专业群建设的人才培养方案，构建项目式教学为导向的教学内容。结合岗位和岗位群的职业标准与技术技能要求，共设计 9 个项目，以项目引入、学习目标、项目评价表、技术赋能、课后习题的基本架构进行编写。每个项目围绕学习目标拆解知识点，强化安全意识和基本技能，具有较强的实用性和实践性。书中采用大量插图，以便于学生对知识和技能的学习和理解。

本书的主要内容包括：绘制电力传输系统简图及安全用电，直流电路的分析与计算，延时开关电路的设计与安装，典型电气控制电路的分析、仿真与调试，电动机正反转控制电路的安装与调试，直流稳压电源的制作，功率放大器的制作，数码显示和报时电路的设计与制作，数字钟电路的设计与制作等。全书建议分两学期学习，每学期 64 课时，也可根据学生对应专业人才培养方案，优选相关项目进行学习。

本书由重庆城市管理职业学院匡青云、周洋、吕坤颐任主编并负责全书的组织、修改和定稿工作；曾维信、龚旭、李星月任副主编。具体编写分工如下：匡青云编写项目 4、项目 5，周洋编写项目 8、项目 9，吕坤颐编写项目 1，曾维信编写项目 3，龚旭编写项目 6、项目 7，李星月编写项目 2。本书的编写得到了重庆城市管理职业学院立项建设的电类专业基础课程群跨专业教学团队的支持，得到了中国电力工程顾问集团中南电力设计研究院有限公司正高级工程师匡云的技术指导，得到了湖北正源电力集团有限公司工程师李列的案例分享，并在编写过程中参考了一些相关资料，在此向相关作者表示衷心的感谢。

本书适合作为高等职业院校、独立学院、成人高校的机电类、计算机类、自动化类、电气类、能源类、制造类和电子类等专业电子技术课程的教材，也可供相关人员作为培训教材和工作参考书。为方便教师和学生的教与学，本书配有相关 PPT、教案等资源，可登录中国铁道出版社有限公司教育资源数字化平台 https：//www.tdpress.com/51eds 下载。

技术的发展伴随着不断的迭代与革新，人的成长亦是一个持续学习并自我完善的过程。由于编者水平有限，书中难免存在疏漏与不妥之处，恳请广大师生和读者在使用本书的过程中对书中存在的缺点和不足提出批评和建议，以便再版时修订和完善。

编　者

2024 年 6 月

目　录

项目1　绘制电力传输系统简图及安全用电 ········· 1

项目引入 ········· 1
学习目标 ········· 1
任务1　电力传输系统 ········· 1
任务2　安全用电基础 ········· 6
项目评价表 ········· 11
技术赋能 ········· 12
课后习题 ········· 13

项目2　直流电路的分析与计算 ········· 15

项目引入 ········· 15
学习目标 ········· 15
任务1　电路的基本物理量 ········· 15
任务2　直流电路的基本元件及电源 ········· 20
任务3　基尔霍夫定律的验证 ········· 24
任务4　直流电路分析方法 ········· 27
任务5　线性电路的暂态过程 ········· 31
项目评价表 ········· 34
技术赋能 ········· 35
课后习题 ········· 35

项目3　延时开关电路的设计与安装 ········· 37

项目引入 ········· 37
学习目标 ········· 37
任务1　正弦交流电的认识 ········· 37
任务2　单一参数的正弦交流电路 ········· 43
任务3　RLC组合交流电路 ········· 50
项目评价表 ········· 56
技术赋能 ········· 58
课后习题 ········· 59

项目 4　典型电气控制电路的分析、仿真与调试 61

项目引入 61
学习目标 61
任务 1　多地控制电路的分析、仿真与调试 61
任务 2　顺序启动电路的分析、仿真与调试 81
项目评价表 85
技术赋能 86
课后习题 88

项目 5　电动机正反转控制电路的安装与调试 89

项目引入 89
学习目标 89
任务 1　电工仪表的使用与元件检测 89
任务 2　电动机正反转控制电路装调 95
项目评价表 105
技术赋能 106
课后习题 107

项目 6　直流稳压电源的制作 108

项目引入 108
学习目标 108
任务 1　认识半导体二极管 108
任务 2　串联型直流稳压电源的制作 118
项目评价表 126
技术赋能 127
课后习题 127

项目 7　功率放大器的制作 130

项目引入 130
学习目标 130
任务 1　认识晶体管 130
任务 2　认识放大电路 135
任务 3　功率放大器的装调与测试 151
项目评价表 169
技术赋能 170
课后习题 171

项目 8　数码显示和报时电路的设计与制作 ·· 175

项目引入 ·· 175
学习目标 ·· 175
任务 1　三人表决器的设计与制作 ·· 175
任务 2　数字钟译码显示和整点报时电路的设计与制作 ·· 215
项目评价表 ··· 235
技术赋能 ·· 237
课后习题 ·· 240

项目 9　数字钟电路的设计与制作 ··· 243

项目引入 ·· 243
学习目标 ·· 243
任务 1　数字钟校时电路和分频电路的设计与制作 ··· 243
任务 2　数字钟计时电路的设计与制作 ··· 259
任务 3　秒脉冲发生器的设计与制作 ·· 285
任务 4　多功能数字钟的设计与制作 ·· 300
项目评价表 ··· 307
技术赋能 ·· 308
课后习题 ·· 309

附录 A　图形符号对照表 ··· 313

参考文献 ··· 314

项目 1

绘制电力传输系统简图及安全用电

项目引入

电力是现代工业生产的主要能源和动力,是人类现代文明的物质技术基础。没有电力,就没有工业现代化,就没有整个国民经济的现代化。虽然电力给人们的生活带来了诸多便利,但如果电气设备使用不当、安装不合理、设备维护不及时和违反操作规程等,都可能造成危及人身安全的触电事故,使人体受到各种不同程度的伤害。因此,电气工作人员、生产人员以及其他用电人员,在规定环境下应采取必要的措施和手段,在保证人身及设备安全的前提下正确使用电力。

学习目标

①掌握电力传输系统的组成及供电质量的概念。
②掌握触电方式的类型及主要保护措施。
③掌握触电急救及电气防火措施。

任务 1 电力传输系统

任务内容

①理解电力系统、电力网、动力系统等名词概念;掌握电力系统的组成及传输过程。
②掌握电力系统中,发电厂发电原理,电力系统传输过程。
③掌握电力系统供电质量要求;掌握安全用电、节约用电、计划用电等绿色技能。

知识储备

1. 电力系统、电力网及动力系统的概念

电力系统是由发电、变电、输电、配电和用电等五个环节组成的电能生产与消费系统,主要由发电设备、电力输送设备和用电设备等三大部分组成。它的功能是将自然界的一次能源通过发电动力装置(主要包括锅炉、汽轮机、发电机及电厂辅助生产系统等)转化成电能,再经输、变电系统及配电系统将电能供应到各负荷中心。

电力网简称电网,是指发电厂与电力用户之间的输电、变电和配电的整体,包括所有变配电所和各级电压的线路。

电网或系统通常以电压等级来区分。例如 10 kV 电网或 10 kV 系统,这实际上是指 10 kV 电压级的整个电力线路。

动力系统是指电力系统加上发电厂之间的动力部分以及热能系统和热能用户。

图1-1为一个大型电力系统的简图。

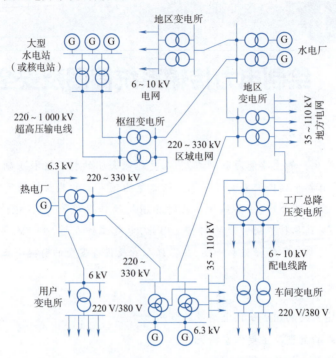

图1-1　大型电力系统的简图

2. 电力系统传输过程

图1-2为电力系统传输过程示意图。输电系统完成电能的产生、传输和高低压用户的供电。配电系统完成配电和用户使用。从发电厂到用户,由变压器完成升压、传输、降压的过程,其目的是利用高压传输有效地减少电能损失。

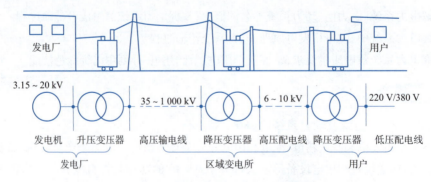

图1-2　电力系统传输过程示意图

目前,我国的三相交流电网和电力设备(包括发电机、电力变压器和用电设备等)的额定电压等级划分标准如下:安全电压通常36 V以下;低压又分220 V和380 V;高压10～220 kV;超高压330～750 kV;特高压交流1 000 kV、直流±800 kV以上。

电力用户所需的电力是由发电厂生产的。发电厂又称"发电站",是将自然界蕴藏的各种天然能源(又称"一次能源")转换为电(属"二次能源",即人工能源)的工厂。

发电厂按其利用的能源不同,分为水力发电厂、火力发电厂、核能发电厂,以及风力、太阳能和地热能发电厂等类型。

(1)水力发电厂

水力发电厂简称"水电厂",通称"水电站"。它利用水流的位能(势能)来生产电能。水电站的发电容量与水电站所在河道上下游的水位差(通称"水头"或"落差")和流过水轮机的水流量的乘积成正比,即水电站的出力(容量)为

$$P = kQH \tag{1-1}$$

式中,P 为水电站的出力,kW;k 为出力系数,一般为 $8.0 \sim 8.5$;Q 为流量,m^3/s;H 为水位差,m。

由式(1-1)可知,提高水电站的发电容量,就必须提高上游水位高度,使上下游形成尽可能大的水位差。如三峡大坝蓄水后,水位高度达到 175 m,上下游水位差为 113 m。

水电站的能量转换过程如图 1-3 所示。

图 1-3 水电站的能量转换过程

(2)火力发电厂

火力发电厂简称"火电厂",通称"火电站"。它利用燃料(煤、天然气、石油等)的化学能来生产电能,我国的火电厂以燃煤为主。为了提高燃煤效率,现代火电厂都把煤块粉碎成煤粉,用鼓风机吹入锅炉的炉膛内充分燃烧,将锅炉内的水烧成高温高压的蒸汽,推动汽轮机转动,带动与它联轴的发电机旋转发电。

火电厂的能量转换过程如图 1-4 所示。

图 1-4 火电厂的能量转换过程

(3)核能发电厂

核能发电厂又称"原子能发电厂",通称"核电站"。它是利用原子核的裂变能来生产电能的工厂,其生产过程与火电厂基本相同,区别在于以核反应堆代替了燃煤锅炉,以少量的核燃料取代了大量的煤炭等燃料。

核电站的能量转换过程如图 1-5 所示。

图 1-5 核电站的能量转换过程

(4)其他类型发电厂

我国在发展常规能源发电的同时,还要大力发展风能、太阳能和地热能等新能源发电,以保持能源与国民经济及环保事业的协调发展。

风力发电厂利用风力的动能来生产电能,它建造在长年有稳定风力资源的地方。

太阳能发电厂利用太阳辐射的光能或热能来生产电能。它建造在长年日照时间长的地方。

地热能发电厂利用地壳内蕴藏的地热能来生产电能,建造在有足够地热资源的地方。风能、太阳能和地热能,都属于清洁、廉价和可再生的能源,特别是取之不尽的风能和太阳能值得大力推广利用。

3. 供电质量

供电质量包括电能质量和供电可靠性两方面。

(1) 电能质量

电能质量是指电压、频率和波形的质量。电能质量的主要指标有:频率偏差、电压偏差、电压波动和闪变、电压波形畸变引起的高次谐波及三相电压不平衡度等。

①电压质量。国家规定,35 kV 及以上供电电压允许偏差为 $-10\% \sim +10\%$;10 kV 及以下的供电电压允许偏差为 $-7\% \sim +7\%$;220 V 单相供电电压允许偏差为 $-5\% \sim +10\%$。若变化幅度超过规定供电电压偏差标准,用户设备则不能正常工作。

②频率质量。我国交流电力设备的额定频率为 50 Hz。频率偏差一般不超过 $-0.5 \sim +0.5$ Hz。若电力系统容量达 3 000 MW 时,频率偏差不得超过 $-0.5 \sim +0.2$ Hz。若频率偏差超过规定标准,就会影响用户设备的正常工作。

③电压波形质量。由于电力系统中大容量整流(或换流)设备以及其他各种非线性负荷的出现,使电压和电流波形发生畸变,使用电设备损耗增大,寿命缩短。

(2) 供电的可靠性

供电的可靠性用供电企业对电力用户全年实际供电小时数与全年总小时数(8 760 h)的百分比值来衡量,也可用全年的停电次数和停电持续时间来衡量。用电负荷可分为一级负荷、二级负荷和三级负荷。各级负荷对电源的质量要求不同,因而采用的供电方式也不同。

需采用一级负荷供电情形:①中断供电将造成人身伤害者。②中断供电将在经济上造成重大损失者,例如重大设备损坏、大量产品报废、重要原料生产的产品大量报废、国民经济中重点企业的连续生产过程被打乱,导致需要长时间才能恢复等。③中断供电将影响重要用电单位的正常工作,例如重要交通枢纽、重要通信枢纽、重要宾馆、大型体育场馆、经常用于国际活动的大量人员集中的公共场所等。一级负荷属重要负荷,应由"双重电源"供电:当一个电源发生故障时,另一个电源不应同时受到损坏。

需采用二级负荷供电情形:①中断供电将在经济上造成较大损失,例如主要设备损坏、大量产品报废、连续生产过程被打乱需较长时间才能恢复、重点企业大量减产等。②中断供电将影响较重要用电单位的正常工作,例如交通枢纽、通信枢纽等用电单位中的重要电力负荷,以及中断供电将造成大型影剧院、大型商场等较多人员集中的重要的公共场所秩序混乱者。二级负荷宜由两回线路供电。在负荷较小或地区供电条件困难时,二级负荷可由一回 6 kV 及以上专用的架空线路供电。

需采用三级负荷供电情形:所有不属于一级和二级负荷者,应为三级负荷。三级负荷属不重要负荷,对供电电源无特殊要求。

任务实施

1. 训练目的

了解变压器降压原理,了解配套电气设备的基本原理和用途,掌握电力系统传输原理,掌握电气线路图的识别和判断,熟悉变电所主接线连接方式,加强安全用电意识。

2. 训练器材

常用电工工具1套;电气线路图1张,图1-6所示为带有柴油发电机的变电所主接线图;绝缘手套、鞋套、安全帽若干。

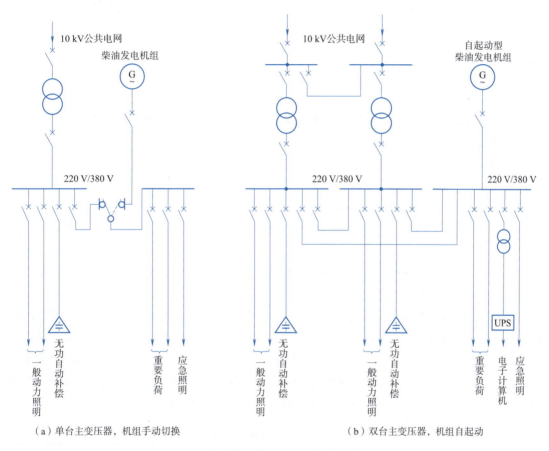

(a)单台主变压器,机组手动切换　　　　　　(b)双台主变压器,机组自起动

图1-6　带有柴油发电机的变电所主接线图

3. 训练步骤

①正确规范穿戴安全防护用品,进入学校配电机房进行参观。

②听取配电机房管理员讲解传输流程和设备原理,理解图1-6的接线原理,绘制学校配电机房的电力系统传输接线图,阐述电力系统工作原理。

③观看管理员操作过程及电气设备的信号变化。

④在管理员的许可配合下,完成简单设备的操作和倒换。

任务 2　安全用电基础

任务内容

①掌握常见的人体触电类型和触电方式。
②掌握防止触电的技术措施,提升自我保护能力,保障设备安全运行。
③掌握心肺复苏术(CPR)的急救流程,能够在任何场景下快速进行施救。
④掌握电气防火措施,正确选用合理的电气设备,做到定期检修和维护,检查电气设备的接地保护情况。

知识储备

1. 人体触电类型

当电流通过人体时,会对人的身体和内部组织造成不同程度的损伤。这种损伤分电击和电伤两种。

(1)电击

电击是指电流通过人体时,使内部组织受到较为严重的损伤。电击伤会使人觉得全身发热、发麻,肌肉发生不由自主地抽搐,逐渐失去知觉,如果电流继续通过人体,将使触电者的心脏、呼吸机能和神经系统受伤,直到呼吸停止,心脏活动停顿而死亡。

(2)电伤

电伤是指由于电流的热效应、化学效应或机械效应对人体外表造成的局部伤害,一般不会危及生命。电伤从外观看一般有电弧烧伤、电烙印等伤害。

伤害的程度取决于通过人体电流的大小,而电流大小取决于触电电压和人体电阻的大小。触电电压是决定触电危险性的关键因素,电压越高,通过人体的电流越大,人就越危险。通常把 36 V 以下的电压定为安全电压。人体电阻范围通常在 1 000~2 000 Ω,但在电压较高时会发生击穿,导致人体电阻迅速下降,最小为 800~1 000 Ω。根据通过人体电流的大小,可将电流分为安全电流、感知电流、摆脱电流及致命电流,表 1-1 所示为电流分类及阈值电流数值。

表 1-1　电流分类及阈值电流数值

名　称	定　义	数　值	
安全电流	通过人体的最低安全电流	交流 10 mA	直流 10 mA
感知电流	能引起人类感觉的最小电流	交流 1 mA	直流 5 mA
摆脱电流	触电后能自主摆脱的最大电流	交流 10 mA	直流 50 mA
致命电流	在短时间内危及生命的最小电流	交流 50 mA	直流 50 mA

2. 触电方式

根据人体触及带电体的方式和电流通过人体的途径,触电可分为单相触电、两相触电和跨步电压触电三种情况。

(1) 单相触电

单相触电是指人体接触电压的其中一根相线,电流从相线经人体,到大地,再回到中性点而触电。图1-7为单相触电图。设电源相电压为220 V,接地电阻为4 Ω,人体电阻取1 500 Ω,则通过人体的电流为

$$I = \frac{220}{1\ 500+4} A \approx 146\ mA$$

在此电流下,已超过致命电流阈值,会在较短时间危及生命。

(2) 两相触电

两相触电是指人体的不同部位同时接触电压的任何两根相线而引起的触电,加在人体上的电压为电源线电压,电流直接通过人体形成回路,触电电流远大于人体所能承受的极限电流值,这是最危险的触电形式。图1-8为两相触电图。

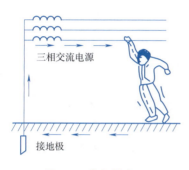

图1-7 单相触电图

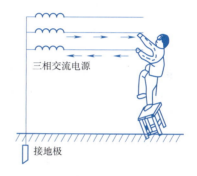

图1-8 两相触电图

(3) 跨步电压触电

跨步电压触电是指人体接近带电体接地点附近时,由于两脚之间存在较大的电位差而引起的触电事故。图1-9为跨步电压触电图,当外壳接地的电气设备绝缘损坏而使外壳带电,或导线折断落地发生单相接地故障时,电流流入大地,向周围扩散,在接地点周围的土壤中产生电压降,接地点的电位很高,距接地点越远,电位越低。把地面上离带电体接地点距离相差0.8 m的两处的电位差称为跨步电压。人跨进这个区域,两脚踩在不同的电位点上就会承受跨步电压,电流从接触高电位的脚流入,从接触低电位的脚流出,步距越大,跨步电压越大。跨步电压的大小与接地电流的大小、人距接地点的远近及土壤的电阻率等有关。人体万一误入危险区,将会感受到两脚发麻,这时不能大步跑,而应双脚并拢或单脚跳出接地区,在室内距离接地点4 m或在室外距离接地点8 m以外就没有危险了。

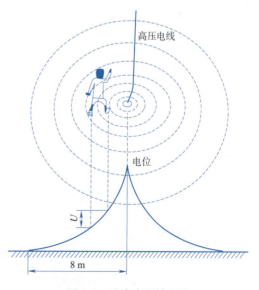

图1-9 跨步电压触电图

3. 防止触电的技术措施

人体在使用电气设备时,为防止设备漏电而发生人体触电、电源短路等事故,必须采取一定的防范措施以确保安全。

(1) 安全距离保护

安全距离保护指带电体与地面间、带电体与其他设备间、带电体与带电体间应留有安全距离。表 1-2 所示为作业人员与带电体的安全距离。

表 1-2 作业人员与带电体的安全距离

电压等级/kV		≤10	20~35	66	110	220	330
安全距离/m	正常活动	0.7	1.00	1.50	1.50	3.00	4.00
	带电作业	0.40	0.60	0.70	1.00	1.80	2.60

(2) 绝缘保护

绝缘保护是指用绝缘体把可能形成的触电回路隔开,分为外壳绝缘、场地绝缘和工具绝缘。外壳绝缘是在电气设备的外壳装上防护罩;场地绝缘是在人体站立的地方用绝缘层垫起来,使人体与大地隔离;工具绝缘是指电工工具手柄上套有耐压 500 V 的绝缘套,戴绝缘手套操作。

(3) 保护接地

在电源中性点不接地的供电系统中,将电气设备的金属外壳与接地体(埋入地下并直接与大地接触的金属导体)可靠连接,这种方法称为保护接地。通常接地体为钢管或角铁,接地电阻不允许超过 4 Ω,一般分为 TT(保护接地)系统、IT(绝缘监视)系统及 TN(保护接零)系统。

低压供电系统标志符号含义见表 1-3。

表 1-3 低压供电系统标志符号含义

字母含义	示 例
第一个字母表示电源端的接地状态	T:电源中性点直接接地
	I:电源中性点不接地或经高阻抗接地
第二个字母表示用电设备外露可导电部分的接地方式	T:直接接地且和电网接地系统没有联系
	N:电气设备的外壳与系统的安全引线相连
TN 系统的后缀字母表示中性线 N 和安全引线 PE 在 TN 系统中的布置	C:安全引线与中性线合二为一
	S:安全引线与中性线分开

①TT 系统。图 1-10 为 TT 系统图,TT 系统的电源中性点直接接地,并从中性点引出一根中性线(N 线),以通过三相不平衡电流和单相电流,但该系统中电气设备的外露可导电部分均经各自的 PE 线单独接地。由于各设备的 PE 线之间没有直接的电气联系,互相之间不会发生电磁干扰,因此这种系统也适用于对抗电磁干扰要求较高的场所,必须装设灵敏的漏电保护装置。

②IT 系统。图 1-11 为 IT 系统图,IT 系统电源中性点不接地,或经高阻抗(约 1 000 Ω)接地,它没有中性线(N 线)。该系统中设备的外露可导电部分与 TT 系统一样,均经各自的 PE 线单独接地。此系统中各设备之间也不会发生电磁干扰,而且在发生单相接地故障时,仍可短时继续运行,但需装设单相接地保护,以便在发生单相接地故障时发出报警信号。

③TN 系统。图 1-12 为 TN 系统图,TN 系统电源中性点直接接地,并从中性点引出中性线(N 线)、保护线(PE 线)或将 N 线与 PE 线合二为一的保护中性线(PEN 线),而该系统中电气设备的

外露可导电部分则接 PE 线或 PEN 线,分为 TN-C 系统、TN-S 系统和 TN-C-S 系统。TN-C-S 系统是在 TN-C 系统的后面,部分或全部采用 TN-S 系统,设备的外露可导电部分接 PEN 线或接 PE 线。显然,此系统为 TN-C 系统与 TN-S 系统的组合。对安全要求较高及对抗电磁干扰要求较高的场所,采用 TN-S 系统,而其他场所则采用 TN-C 系统。因此这种系统比较灵活,兼有 TN-C 系统和 TN-S 系统的优越性,经济实用。

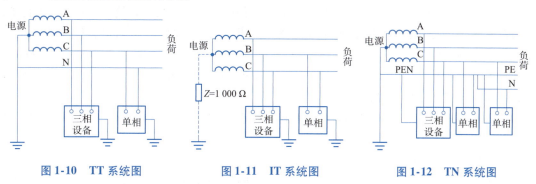

图 1-10　TT 系统图　　　　图 1-11　IT 系统图　　　　图 1-12　TN 系统图

(4) 保护接零

保护接零指在电源中性点已接地的三相四线制供电系统中,将电气设备的金属外壳与电源中性线相连。对于单相用电设备,一般采用三孔插头和三眼插座。其中,一个孔为接零保护线(PE),对应的插头上的插脚稍长于另外两个插脚,保护线插脚一般与电器的金属外壳连接。图 1-13 为三孔插座示意图。当设备的某相漏电时,就会通过设备的外壳形成该相短路,使该相熔断器熔断,切断电源,避免发生触电事故。保护接零的保护作用比保护接地更为完善。

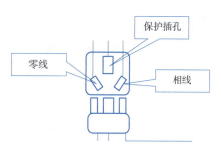

图 1-13　三孔插座示意图

在采用保护接零时应注意,零线绝不能断开;连接零线的导线连接必须牢固可靠、接触良好,保护零线与工作零线一定要分开,决不允许把接在用电器上的零线直接与设备外壳连通,而且同一电压供电系统中决不允许一部分设备采用保护接地,而另一部分设备采用保护接零。

(5) 重复接地

在保护接零的系统中,若零线断开,当设备绝缘损坏时,会使用电设备外壳带电,造成触电事故。因此,除将电源中性点接地外,常将零线每隔一定距离再次接地,称为重复接地。重复接地电阻一般不超过 4 Ω。

(6) 其他保护接地

① 过电压保护接地是为了消除雷击或过电压的危险影响而设置的接地。
② 防静电接地是为了消除生产过程中产生的静电而设置的接地。
③ 屏蔽接地是为了防止电磁感应而对电力设备的金属外壳、屏蔽罩、屏蔽线的外皮或建筑金属屏蔽体等进行的接地。

4. 触电急救及电气防火措施

(1) 触电急救方法

触电急救的基本原则概括为"迅速、就地、准确、坚持",即迅速使触电者脱离电源,然后对触电伤害程度进行科学的判断,并在现场附近进行准确的、不间断抢救。

在人体触电后,电流流过人体时间越长,伤害就越严重,抢救成功率就越低。因此,凡遇到有人触电,首先要在保证自己安全的情况下,用最快的方法使触电者脱离电源。若救护人员离电源的开关较近,则立即切断电源,否则应用木棒或竹竿等绝缘物体挑开电线,使触电者脱离电源,切忌赤手空拳去拉触电者。

触电者脱离电源后,应迅速对触电者的伤情进行判断(意识、呼吸、心跳的判断),对症抢救,同时设法拨打120急救电话,联系急救中心的医生到现场接替救治。只要触电者意识消失、无反应,没有呼吸或呼吸不正常,救护人员应立即采用心肺复苏术(cardio pulmonary resuscitation, CPR)。CPR的操作顺序依次为胸外心脏按压(compression, C)、畅通气道(airway, A)、人工呼吸(breathing, B),适用于成人、儿童和婴儿,但不包括新生儿。

①胸外心脏按压。在判断触电者的心脏停止跳动后,用胸外心脏按压的方法使得心脏被动射血,以带动血液循环。其具体步骤如下:

a. 先将触电者翻成仰卧位,置于地面或硬床板上,并使其头、颈、躯干在同一直线上,双手紧贴身体两侧。翻转时应注意保护其颈部,以免引起或加重颈椎损伤,同时迅速解开其衣服、腰带等,检查胸部是否有外伤,若有外伤,如对伤口有影响,须放弃抢救等待120救援。

b. 现场救护人员应位于触电者的右侧,确定正确的按压位置。在胸骨下半部,可快速定位于触电者双乳头连线与胸骨交界处。

c. 双手掌根重叠,十指紧扣,掌心指尖翘起,腕、肘、肩上下垂直,身体上半身前倾,以上半身的力量垂直向下用力快速按压。按压频率为100~120次/min,按压与弹开的时间大致相等,弹开时要使胸廓恢复到正常位置,且手掌根部不能离开定位点,按压深度成人为5~6 cm。每按压30次后再开放气道进行人工呼吸2次。

②畅通气道。气道主要是为了检查触电者是否有呼吸,若无,应立即进行人工呼吸,只有气道通畅后,人工呼吸提供的氧气才能到达肺部。

③人工呼吸。常见的人工呼吸方法有口对口人工呼吸法和口对鼻人工呼吸法,两者原理相同,这里主要对前者进行介绍。

救护人员位于触电者头部的左边或右边,用一只手握紧其鼻孔,救护人员深吸一口气,屏气,用口唇严密地包住触电者的口唇,将气体缓慢吹入其口腔到肺部以上,用眼睛余光观察触电者胸廓是否抬起。吹毕,松开鼻孔1~2 s,注意观察胸廓复原情况。吹气两口后,立即进行胸外心脏按压30次。如此操作5个循环,再次判断是否有颈动脉搏动,是否有自主呼吸,若未恢复,继续CPR操作直至恢复。

(2)电气防火措施

电气设备引起火灾的原因众多,其主要原因有:设备或线路过载运行;供电线路绝缘老化或受损引起漏电、短路;设备过热,温升太高引起绝缘纸、绝缘油等燃烧;电气设备运行中产生明火引燃易燃物;静电火花或雷电引燃等。

为了防范电气火灾的发生,在制造和安装电气设备、电气线路时,应减小易燃物,选用具有一定阻燃能力的材料减小电气火源。一定要按防火要求设计和选用电气产品,严格按照额定值规定条件使用电气产品,按防火的要求提高电气安装和维修水平,主要从减小明火、降低温度、减小易燃物三方面入手。另外,还要配备灭火器具。

电气火灾一旦发生,首先要切断电源,进行扑救。带电灭火时,切忌用水和泡沫灭火剂,应使用不导电的灭火剂,如二氧化碳灭火器、干粉灭火器、四氯化碳灭火器、卤代烷灭火器等。

任务实施

1. 训练目的
①了解触电方式的类型。
②掌握触电导致人体不同伤害程度的影响因素。
③掌握防止触电的常用措施。
④掌握触电现场急救处理的方法,能够对生活中的安全事故案例进行分析。
⑤能够在保证自身安全的前提下对触电者进行正确施救,提高安全用电意识,培养团队合作能力。

2. 训练器材
实训室配电箱1个、计时器1个、心肺复苏模拟训练物1个。

3. 训练步骤
①参观实训室,记录下配电箱中遵循安全用电原则的具体设计。
②根据设定的触电事故背景,判断触电者周围环境,正确回答使其脱离电源的方法并记录。
③模拟徒手心肺复苏技术:确保环境安全,呼叫触电者,轻拍其肩膀,判断意识状况;眼看触电者的胸部有无起伏判断呼吸状况并大声呼救,让其旁观者拨打120急救电话;放置好触电者身体,使用规范的手法动作进行胸外心脏按压和人工呼吸。
④记录按压位置、幅度和频率的相关数值。
⑤在监护下排除实训场地可能发生电气火灾的隐患,记录隐患并写出对应的解决方法。
⑥整理实训现场,将器材归还于相应位置。

项目评价表

学 院		专 业		姓 名	
学 号		小 组		组长姓名	
指导教师		日 期		成 绩	
学习目标	素质目标: 1. 树立正确的世界观、人生观、价值观。 2. 具有良好的沟通合作能力、协调配合能力。 3. 具有爱岗敬业、精益求精的工匠精神				
	知识目标: 1. 掌握电力系统电压等级等基础知识。 2. 掌握安全用电的重要性。 3. 掌握电气设备的接线保护方式和维护。 4. 掌握触电急救和防火措施				
	技能目标: 1. 理解电力系统的基本原理和运行机制,学习电力系统的基本组成、拓扑结构、电力传输、电压等级等基础知识,了解电力系统运行的基本规律和特点。				

学习目标	2. 掌握电力系统的安全运用和应急处理知识，学习电力系统的安全管理、事故预防和处理等知识，掌握处理电力系统突发事件的应急处理方法。 3. 熟悉电力设备的接线运行方式，掌握电力设备的维护和安全保护技巧，提高电力设备的使用效率和安全性。 4. 了解电力安全用电知识，学习安全用电的基本知识，掌握电力安全用电的原则、方法和注意事项，掌握避免电气事故的方法和技巧	
任务评价	任务内容	完成情况
	1. 理解电力系统、电力网、动力系统等名词概念，掌握电力系统的组成及传输过程	
	2. 掌握电力系统中发电厂发电原理，电力系统传输过程	
	3. 掌握电力系统供电质量要求；掌握安全用电、节约用电、计划用电等技能	
	4. 掌握常见的人体触电类型和触电方式	
	5. 掌握防止触电的技术措施，提升自我保护能力，保障设备安全运行	
	6. 掌握心肺复苏术 CPR 的急救流程，能够在任何场景下快速进行施救	
	7. 掌握电气防火措施，正确选用合理的电气设备，做到定期检修和维护，检查电气设备的接地保护情况	
质量检查	请指导老师检查本组作业结果，并针对问题提出改进措施及建议	
	综合评价	
	建　　议	

评价考核	评价项目	评价标准	配　分	得　分
	理论知识学习	理论知识学习情况及课堂表现	25	
	素质能力	能理性、客观地分析问题	20	
	作业训练	作业是否按要求完成，电气元件符号表示是否完全正确	25	
	质量检查	改进措施及能否根据讲解完成线路装调及故障排查	20	
	评价反馈	能对自身客观评价和发现问题	10	
	任务评价	基本完成(　　) 良好(　　) 优秀(　　)		
	教师评语			

探寻"816 核工程"　践行大国精神

　　二十世纪五六十年代，由于历史原因，中国 70% 的工业分布于东部沿海地区，处于其他国家导弹和航空母舰的攻击范围之内。一旦爆发战争，中国的工业将很快陷入瘫痪。为加强战备，中央在 1964 年决定将国防、科技、工业逐步迁入三线地区。在这种前提下，第二机械工业部提出在西南地区建一个核工厂，并得到了周恩来总理的批准。"816 核工程"经过严密的考察，最终选定位于重庆涪陵白涛，这里位置隐蔽，紧靠乌江，背靠武陵山脉。为了保密，白涛镇从此在地图上消失。

　　1966 年，设计建造拥有 2 001 根燃料棒的水冷式反应堆的"816 核工程"破土动工。数万名工程兵听从祖国召唤"上不告父母，下不告妻儿"，义无反顾地云集于白涛。他们逢山开路，遇水架桥,肩挑背扛,呕心沥血十八年,以原始和简陋的工具建设了中国三线建设的重大项目,最终建成了世界已知最大人工洞体。

"816核工程"是占地10.4万平方米的浩大工程。6万多建设大军先后来到这里,在这里奋战了18年,其中光打洞便用了8年,安装设备则用了9年,建成了一条长达20余公里的洞体工程。其中,主洞室高达79.6米,拱顶跨高31.2米,完全隐藏在山体内部。洞内共有大型洞室18个,道路、导洞、支洞、隧道及竖井130多条。这些洞宛如迷宫,如果将施工挖出的土石方筑成一米见方的石墙,可长达1500公里。洞体周围共有大小19个洞口,人员出入口、汽车通行洞、排风洞、排水沟、仓库等应有尽有。作为国家的绝密军事工程,"816核工程"由中央军委直属8342部队承建。根据设计方案,"816核工程"可抵御百万吨当量气弹凌空爆炸的冲击和1 000磅炸弹直接命中的攻击,还可抵抗8级地震的破坏。

当时"816核工程"对外称"建新化工机械厂",保密工作做得十分到位。有一对湖南籍兄弟同在白涛参加"816核工程"建设,两人给家里写信时,都只说在外参加三线建设,具体在什么地方都不能说。对外通信地址为4513信箱。直到有一天,兄弟两人在白涛的街头相遇,才发现原来彼此都在同一个地方。建设大军相互都不知道对方的岗位和职责,也从不询问对方,做到严格保密。而离洞口不远处,是一座烈士陵园,里面安葬着建设过程中牺牲的76名烈士,他们的平均年龄只有21岁,年纪最小的仅17岁。这些烈士,很多毕业于清华、北大、哈军工、上海交大核物理和化工专业,他们听从祖国召唤,不计个人得失,带着对祖国忠诚的信念,用青春与热血,浇筑了中国核工业史的一座丰碑。

"816核工程"是为和平而建,也为和平而停。它既是一个历史名词,也是一种民族精神,一段共和国记忆,更是几代人的青春。今天,"816核工程"已被打造成为包括核科普、互动体验和爱国主义教育等内容的国防教育基地,让游客身临其境地感受核原料生产过程,缅怀军工人不畏牺牲、艰苦奋斗的精神。

课后习题

一、填空题

1. 触电对人体的伤害一般分为_____和_____两种。
2. 触电方式一般有_____、_____和_____三种。
3. CPR的操作顺序依次为_____、_____和_____。
4. 电力系统是由_____、_____、_____、_____和_____等五个环节组成的电能生产与消费系统。
5. 在触电事故中,使触电者_____是紧急救护的第一步。

二、选择题

1. 学校属于(   )负荷。
   A. 一级 B. 二级 C. 三级
2. 两相触电时,人体承受的电压是(   )。
   A. 线电压 B. 相电压 C. 跨步电压
3. 人体的触电方式中,以(   )最为危险。
   A. 单相触电 B. 两相触电 C. 跨步电压触电

4. 在交流电路中的安全电流为( )mA。
   A. 1　　　　　　B. 5　　　　　　C. 10　　　　　　D. 50
5. 单相三孔插座的上孔接( )。
   A. 相线　　　　　B. 接地线　　　　C. 零线　　　　　D. 零线和地线

三、判断题
1. 电力负荷是按照停电时可能造成的影响和损失大小的顺序进行分类的。　　　（　　）
2. 电力负荷的分类等级越高,对供电系统的可靠性、稳定性要求就越高。　　　（　　）
3. 电击伤害的严重程度只与通过人体的电流大小有关,而与电流的频率、时间无关。（　　）
4. 只要触电电压不高,触电时流经人体电流再大也不会有危险。　　　　　　　（　　）
5. 电流从带电体流经人体到大地形成回路,这种触电称为单相触电。　　　　　（　　）

项目 2

直流电路的分析与计算

项目引入

当今社会,人们的衣食住行都与电息息相关。随着科学技术的发展,现代电工电子设备种类繁多,小至与生活息息相关的电饭煲、电热水器、空调等家用电器,大到航空航天、军工、芯片等重要领域均涉及电路的应用。

本项目主要介绍电路的基本概念、电路常用元器件、基本定律及直流电路的分析方法,为后面分析各种电工电子电路奠定必要的基础。

学习目标

①了解实际电路组成、电路模型组成及建模方法,理解电流、电压等基本物理量的含义,了解电流、电压实际方向与参考方向,理解电功率的概念,掌握电功率的计算。

②掌握欧姆定律的应用,理解电压源、电流源的概念,掌握电压源与电流源的换算。

③理解基尔霍夫电流定律及应用,理解基尔霍夫电压定律及应用。

④掌握支路、网孔的概念,掌握支路电流分析与计算方法,掌握节点电压的概念,能基于节点电压计算电路参数,掌握叠加定理、戴维南定理的概念,掌握叠加定理、戴维南定理的计算及应用。

⑤掌握电路换路暂态过程和换路初始条件的概念,掌握换路初始条件计算分析方法,掌握换路暂态电压和电流初始状态,掌握换路暂态电压和电流初始值计算及应用,了解零输入状态和零状态响应的概念,掌握零输入暂态电路和零状态暂态电路响应的计算分析与应用,了解一阶线性电路的概念,掌握一阶线性电路暂态分析三要素的求解方法。

任务 1　电路的基本物理量

任务内容

①掌握电流的基本知识;掌握电流大小的计算、方向的判断及测量方法。

②理解电压、电位的概念及它们之间的关系。

③掌握电动势的基本知识和电功率的相关概念。

知识储备

1. 电流

(1) 电流的实际方向及计量单位

电流是电荷(带电粒子)有规则的定向运动所形成的。如闭合电源开关,电热丝会发热、灯泡会发光、电动机会转动,从闭合开关的那一瞬间开始,就有电荷沿一定的方向定向移动。电流定义为单位时间内通过导体横截面的电荷量。1 s 内通过导体横截面的电荷量为 1 C 时,电流大小就是 1 A。规定正电荷运动的方向与电流的实际方向一致。

工程中常见的电流有两种:一种是大小和方向都不随时间变化的电流,称为直流电流,简称直流(DC),用 I 表示;另一种是大小和方向均随时间周期性变化的电流,称为周期电流。当周期电流在一个周期内的平均值为零时,这样的电流称为交变电流,简称交流(AC),用 i 表示。

在国际单位制(SI)中,电流的单位是安培,简称安(A)。大电流以千安(kA)为单位,微弱电流以毫安(mA)、微安(μA)、纳安(nA)为单位。电流单位换算关系如下:

$$1 \text{ kA} = 10^3 \text{ A}, \quad 1 \text{ mA} = 10^{-3} \text{ A}, \quad 1 \text{ μA} = 10^{-6} \text{ A}, \quad 1 \text{ nA} = 10^{-9} \text{ A}$$

(2) 电流的参考方向

在图 2-1(a)所示的简单电路中,判断电流的实际流向并不困难。但是,当电路较为复杂时,有些电流的实际方向在计算前是很难立即判定的。如图 2-1(b)所示,当电桥处于不平衡状态时,导线 ab 的电流的实际方向究竟是从 a 流向 b,还是从 b 流向 a,只有通过计算才能确定。为了方便分析与计算,可任选其中一个方向作为电流的参考方向(也称为正方向),并用箭头标明。当电流实际方向与参考方向一致时,则电流为正值;如果两者相反,则电流为负值。这样,在分析电路之前,可以先任意假设电流的参考方向,而不必考虑它的实际方向。根据电路的基本定律计算得到结果后,若所得电流为正值,则说明其实际方向与参考方向一致;若所得电流为负值,则说明其实际方向与参考方向相反。

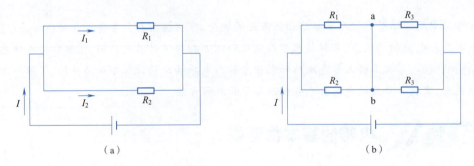

图 2-1 电路图

参考方向是电路分析计算的重要概念。应该预先规定电流的参考方向,否则讨论电流的值就是不确定的。因此,本书中若无特别说明,一律使用参考方向。

2. 电压与电动势

(1) 电压的实际方向及计量单位

电路中用到的另一个基本物理量是电压,也就是电位差。电荷在电路中流动时,一定有能量交换发生。电荷在电路的某处(电源)获得电能,而在另一处(用电器)失去电能。这种电能的获得或失去是和其他形式能量相互转化的结果。电路中 a、b 两点之间的电压表明单位正电荷由 a 点转移到 b 点时所获得或失去的能量,即

$$u = \frac{dw}{dq} \tag{2-1}$$

式中,dq 为 a 点转移到 b 点的电荷量;dw 为转移电荷 dq 的过程中能量的变化量。

如果正电荷由 a 点转移到 b 点时获得能量,则 a 点为低电位端,b 点为高电位端;反之,如果正电荷由 a 点转移到 b 点时失去能量,则 a 点为高电位端,b 点为低电位端。按电压随时间变化的情况,可分为直流电压与交流电压。如果电压的大小和极性都不随时间变化,这样的电压就是直流电压,用 U 表示。如果电压的大小和极性均随时间周期性变化,且在一周期内平均值为零,则这样的电压称为交流电压,用 u 表示。

在国际单位制中,电压的单位是伏特,简称伏(V)。当电场力将 1 C 的电荷从一点转移到另一点所做的功为 1 J 时,这两点间的电压就是 1 V。计量高电压时则以千伏(kV)为单位;计量微小电压时以毫伏(mV)和微伏(μV)为单位。电压单位换算关系如下:

$$1 \text{ kV} = 10^3 \text{ V}, \quad 1 \text{ mV} = 10^{-3} \text{ V}, \quad 1 \text{ μV} = 10^{-6} \text{ V}$$

(2)电压的参考方向

电压的实际方向是从正极指向负极,也就是说,电压的正方向就是电位降的方向。同电流规定参考方向一样,也需要为电压规定参考方向,即在元件或电路两端用"+"、"-"符号分别标定正、负极性,而由正极指向负极的方向就是电压的参考方向,如图 2-2 所示。当电压 U 为正值时,该电压的真实极性与所标的极性相同,即实际方向与参考方向一致;当 U 为负值时,则相反。显然,U 的正、负值只有在标明参考方向后才有意义。

图 2-2 电路图

电压的参考方向可以用双下标表示:U_{ab} 表示由 a 到 b 是电位降的方向,U_{ba} 表示由 b 到 a 是电位降的方向,因此有 $U_{ab} = -U_{ba}$。

(3)电动势

在电源内部,电源力将单位正电荷由负极移到正极所做的功定义为电源的电动势,用符号 E 来表示,单位与电压一样。电动势的方向为电源内部由负极指向正极。显然,在电源两端,表示电压方向的箭头与表示电动势方向的箭头正好相反。

当电流流过电源内部没有能量损耗时,这样的电源称为理想电源。理想电源的端电压常用 U_s 来表示,其数值就等于电动势 E。

3. 关联参考方向

电流参考方向与电压参考方向的选择是相互独立的。但为了分析方便,对于同一个元件或同一个电路,一般常取两者一致,即电流参考方向由电压的"+"极指向"-"极。电流和电压的这种参考方向称为关联参考方向。一般而言,电压和电流都选为关联参考方向,如图 2-3 所示。

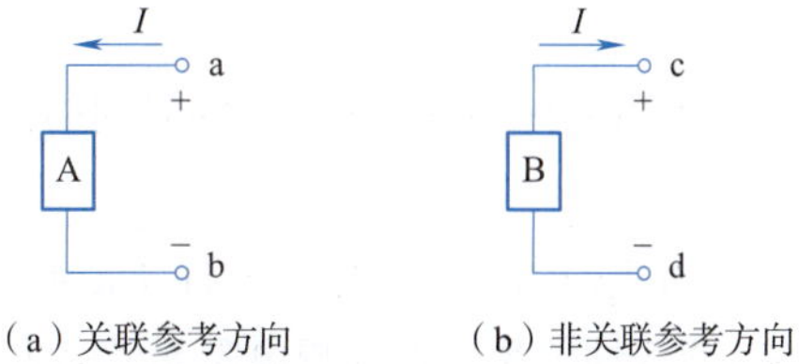

(a)关联参考方向　　(b)非关联参考方向

图 2-3 参考方向下的电压

"参考方向"是电路分析中极其重要但容易忽视的一个基本概念。事先标出各电压、电流的参考方向,这是正确应用电路定律分析和计算电路的基

础。因此,建议在计算电路电压、电流时一定要遵循"先标参考方向,然后进行计算,中途不要变更"的原则,养成严谨的态度,避免出现错误。

4. 电功率

电路计算时常常将电功率简称功率,它是指单位时间内,电场力或电源力所做的功。瞬时功率的表达式为

$$p = \frac{dw}{dt} \tag{2-2}$$

式中,p 表示瞬时功率,单位是瓦(W),常用的单位还有千瓦(kW)和毫瓦(mW);w 表示电能,单位为焦(J),常用单位还有千焦(kJ)。

由于 $u = \frac{dw}{dq}$、$i = \frac{dq}{dt}$,按电流、电压的定义联立可得

$$p = \frac{dw}{dt} = \frac{dw}{dq}\frac{dq}{dt} = ui \tag{2-3}$$

式(2-3)说明,任一瞬时,电路的功率等于该瞬时的电压与电流的乘积。对直流电路有

$$P = UI \tag{2-4}$$

(1)功率的正负

电流通过一个电路元件时,它将电能转换为其他形式的能量,则表明这个元件是吸收电能的。在这种情况下,功率用正值表示,习惯上称该元件是吸收功率的。当电池向白炽灯供电时,电池内部的化学变化形成了电动势,它将化学能转换成电能。显然,电流通过电池时,电池是产生电能的。在电路元件中,如果有其他形式的能量转换为电能,即电路元件可以向其外部提供电能,这种情况下的功率用负值来表示,并称该元件是发出功率的。

在电压和电流是关联参考方向时,功率按下式进行计算:

$$P = UI \tag{2-5}$$

因功率 P 可正可负,当计算结果 $P > 0$ 时,表示元件实际吸收或消耗电能;当计算结果 $P < 0$ 时,表示元件实际发出电能。

在电压和电流是非关联参考方向时,功率应按下式进行计算:

$$P = -UI \tag{2-6}$$

当 $P > 0$ 时,表示元件实际吸收电能;$P < 0$ 时,表明元件实际发出电能。

(2)电阻元件的功率与额定值

直流电路中,在关联参考方向下,电阻元件的功率计算式为

$$P = UI = I^2 R = \frac{U^2}{R} \tag{2-7}$$

电阻元件在 $\Delta t = t_2 - t_1$ 的时间内消耗的电能为

$$W = P\Delta t \tag{2-8}$$

由式(2-8)可知,电阻元件所消耗的功率正比于电流(或电压)的二次方,而不是与电压(或电流)成线性关系。对理想电阻元件来说,其电压、电流和功率的大小是不受限制的。但是,在使用一个实际电阻器时,必须注意不能超过制造厂家所规定的电压、电流或功率值。这些数值称为额定电压、额定电流、额定功率,标在产品上,统称为额定值。规定额定值,是为了避免因过热而加速电气设备的老化甚至烧坏。由于电压、电流、功率之间存在一定的关系,通常只需给出两项额

定值即可。白炽灯上一般只标出额定电压和额定功率,如"220 V,40 W"、"36 V,10 W"等;而电阻器则只标出电阻值和额定功率,如"10 Ω,2 W"、"1 kΩ,2 W"等。

利用电阻发热的各种电器,只有在额定值下才能正常工作。高于额定值易使设备损坏,低于额定值时则功率不足会使电灯变暗、电热器温度偏低等。

任务实施

1. 训练目的
①理解电功率反映电流做功的快慢程度的概念,理解电功率的概念。
②探究电功率与电流、电压的关系。
③学习科学研究的基本方法——控制变量法,体会探究过程和科学方法的重要性。

2. 训练器材
直流稳压电源 1 台、电压表和电流表各 1 块、"2.5 V,0.3 A"和"3.8 V,0.3 A"灯泡各 1 只、开关和导线若干。

3. 训练步骤
①检查器材。
②按图 2-4(a)连接电路。
③闭合开关查看两灯的明亮程度。
④用电压表分别测出 L_1、L_2 两端的电压。
⑤按图 2-4(b)连接电路。
⑥再次闭合开关查看两灯的明亮程度。
⑦用电流表分别测出流过 L_1 和 L_2 的电流。
⑧分析数据得出结论。

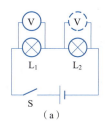 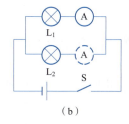

（a）　　　　　　　　　　　　　　（b）

图 2-4　实训电路图

4. 实验记录与结论
①将图 2-4(a)实验数据填入表 2-1 中。

表 2-1　图 2-4(a)实验数据

不同规格灯泡	发光情况	电压 U/V
"2.5 V,0.3 A"灯泡		
"3.8 V,0.3 A"灯泡		

②将图 2-4(b)实验数据填入表 2-2 中。

表 2-2　图 2-4(b)实验数据

不同规格灯泡	发光情况	电压 U/V
"2.5 V,0.3 A"灯泡		
"3.8 V,0.3 A"灯泡		

③结论:

图 2-4(a):通过用电器的电流相同时,用电器两端电压越大,电功率_____;

图 2-4(b):用电器两端电压相同时,通过用电器的电流越大,电功率_____。

任务 2　直流电路的基本元件及电源

任务内容

①掌握电阻的相关知识;学习欧姆定律、电压源和电流源理论及应用。

②掌握电流源和电压源的相互转换方法。

③利用实训工作台进行线性电阻和非线性电阻的伏安特性测绘,理论与实践相结合,提高技术技能。

知识储备

1. 电阻

电路中常用的电阻元件分为线性电阻、非线性电阻及热敏电阻等。线性电阻用 R 表示,其阻值不随外加电流、电压改变。线性电阻的阻值由其制作的材料决定。对于长为 L,横截面积为 S 的均匀介质,其电阻为

$$R = \rho \frac{L}{S} \tag{2-9}$$

式中,ρ 是导体的电阻率,单位为 $\Omega \cdot mm^2/m$;L 为导体的长度,单位为 m;S 为导体的横截面积,单位为 mm^2。

在国际单位制中,电阻的单位是欧(Ω)。此外,电阻的单位还有千欧($k\Omega$)、兆欧($M\Omega$),其换算关系为

$$1\ k\Omega = 10^3\ \Omega, \quad 1\ M\Omega = 10^6\ \Omega$$

如图 2-5(a)所示,电压和电流是线性关系,这类电阻称为线性电阻;图 2-5(b)所示为一条曲线,说明电压和电流不成正比,这种电阻称为非线性电阻。一般来说,线性电阻是不存在的。在一定的电流范围内,只要电阻元件的伏安特性接近于过原点的直线,就可以看作线性电阻。

2. 电阻的等效变换

在工程应用中,不论电路结构多么复杂,最终都可以等效成最基本的连接方式。本节主要讨论串联和并联的等效替换。

(1)电阻的串联

在电路中,两个或两个以上的电阻一个接一个地连接起来,且流过同一个电流,则称这种连接方式为电阻的串联。

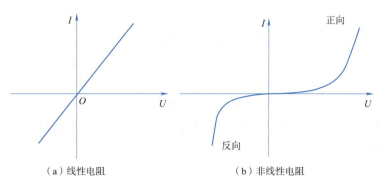

(a)线性电阻　　　　　　　　　　(b)非线性电阻

图 2-5　电阻的伏安特性曲线

图 2-6(a)是由两个电阻 R_1 和 R_2 串联组成的电路。电阻串联时,电阻增大,总电阻为

$$R = R_1 + R_2$$

串联电阻起分压的作用,在图 2-6(a)所示的电压、电流参考方向下,可得

$$U_1 + U_2 = U$$

其中:

$$U_1 = R_1 I = \frac{R_1}{R_1 + R_2} U$$

$$U_2 = R_2 I = \frac{R_2}{R_1 + R_2} U$$

其等效图如图 2-6(b)所示。

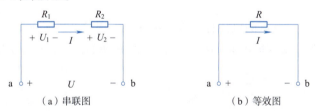

(a)串联图　　　　　　　　　　(b)等效图

图 2-6　串联电路图

(2)电阻的并联

在电路中,两个或两个以上的电阻连接在两个公共节点之间,且端电压相等,则称这种连接方式为电阻的并联。

图 2-7(a)是由两个电阻 R_1、R_2 并联组成的电路。电阻并联时,电阻减小,总电阻为

$$\frac{1}{R} = \frac{1}{R_1} + \frac{1}{R_2}$$

因此,可以用一个 R 的等效电路代替两个电阻并联的电路,其等效图如图 2-7(b)所示。

(a)并联图　　　　　　　　　　(b)等效图

图 2-7　并联电路图

3. 欧姆定律

电阻元件两端的电压与通过它的电流成正比。其关系为

$$U = RI \qquad (2\text{-}10)$$

当电流和电压为非关联参考方向时

$$U = -RI \qquad (2\text{-}11)$$

只有线性电阻的伏安关系满足欧姆定律。由于非线性电阻的阻值随电压、电流变化而变化，其伏安关系不满足欧姆定律。

4. 理想电流源和电压源

（1）理想电流源

能够向负载提供稳定电流的电源称为理想电流源。理想电流源所提供的电流不随电路中的电流的改变而改变，所以又称恒流源。图 2-8 为理想电流源的模型和外特性曲线。

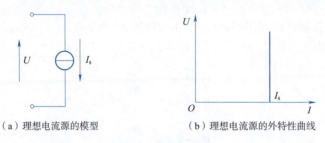

（a）理想电流源的模型　　　　（b）理想电流源的外特性曲线

图 2-8　理想电流源

（2）理想电压源

能够向负载提供稳定电压的电源称为理想电压源。理想电压源所提供的电压不随电路中电压的改变而改变，所以又称恒压源。图 2-9 为理想电压源的模型和外特性曲线。

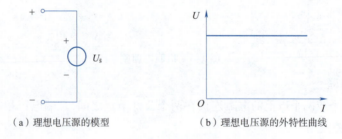

（a）理想电压源的模型　　　　（b）理想电压源的外特性曲线

图 2-9　理想电压源

5. 实际电流源和电压源

（1）实际电流源

实际电流源总是存在内阻的。当负载变化时，电流源输出的电流总会有变化。实际电流源的模型和外特性曲线如图 2-10 所示。

（2）实际电压源

实际电压源总是存在内阻的，当负载电流增大时，电压源的端电压总会有所下降，实际电压源的模型和外特性曲线如图 2-11 所示。

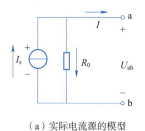
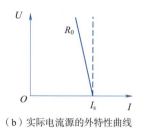

（a）实际电流源的模型　　　　　　（b）实际电流源的外特性曲线

图 2-10　实际电流源

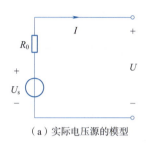
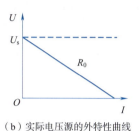

（a）实际电压源的模型　　　　　　（b）实际电压源的外特性曲线

图 2-11　实际电压源

（3）电压源和电流源的等效替换

如果电压源等效为电流源时，电流源的电流为

$$I_\mathrm{s} = \frac{U_\mathrm{s}}{R_\mathrm{s}} \tag{2-12}$$

如果电流源等效为电压源时，电压源的电压为

$$U_\mathrm{s} = I_\mathrm{s} R_\mathrm{s} \tag{2-13}$$

电压源和电流源的等效替换如图 2-12 所示。

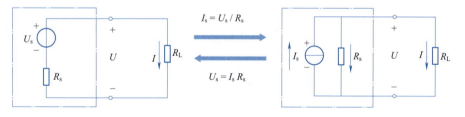

图 2-12　电压源和电流源的等效替换

任务实施

1. 训练目的

①学会识别常用电路元件。

②掌握线性电阻、非线性电阻元件伏安特性的测绘。

③掌握直流电工仪表和设备的使用方法。

2. 训练器材

可调直流稳压电源（0～30 V）1 台、万用表（MF-47 或其他）1 块、直流数字毫安表（0～

200 mA)1 块、直流数字电压表(0～200 V)1 块、线性电阻(任意阻值电阻)若干。

3. 训练步骤

按图 2-13 接线,调节稳压电源的输出电压 U,从 0 V 开始缓慢地增加,一直到 10 V,记下相应的电压表和电流表的读数 U_R、I。把数据填入表 2-3 中。用求平均值法,计算电阻值。

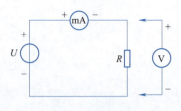

图 2-13　训练电路

表 2-3　伏安特性曲线实验数据表

U_R/V	0	2	4	6	8	10
I/mA						

任务 3　基尔霍夫定律的验证

任务内容

①理解基尔霍夫电流、电压定律理论及应用。
②利用实训工作台进行基尔霍夫定律电路的搭建。

知识储备

1. 基尔霍夫定律

基尔霍夫定律是电路分析中的重要基本定律,它包括基尔霍夫电流定律(Kirchhoff's current law,KCL)和基尔霍夫电压定律(Kirchhoff's voltage law,KVL)。基尔霍夫电流定律描述的是各支路电流之间的关系,基尔霍夫电压定律描述的是回路中各段电压之间的关系。

2. 支路、节点和回路

①支路是指电路中的每一个分支。一条支路流过一个电流,称为支路电流。

②节点是三条支路或三条以上支路的连接点,如图 2-14 中的 a、b 两点。

③回路是指由支路组成的闭合电路,如图 2-14 中的 acba 和 abda 两个回路。

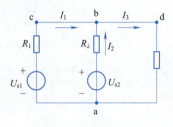

图 2-14　电路举例

3. 基尔霍夫电流定律

基尔霍夫电流定律描述的是各支路电流之间的关系,对于电路中的任一节点,任一瞬时流入该节点的电流之和等于流出该节点的电流之和。

对图 2-14 中的节点 b 可以写出

$$I_1 + I_2 = I_3 \tag{2-14}$$

KCL 也可描述为,对于电路中的任一节点,任一瞬时流入或流出该节点电流的代数和为零。若流入节点的电流取正号,那么流出节点的电流就取负号。

$$\sum I = 0 \tag{2-15}$$

例 2-1 如图 2-15 所示，求 i_1、i_2。

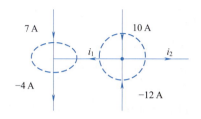

图 2-15　例 2-1

解　$7 + i_1 = -4$，得 $i_1 = 3$ A。

　　　$10 - 12 = i_1 + i_2$，得 $i_2 = -5$ A。

4. 基尔霍夫电压定律

基尔霍夫电压定律描述的是回路各段电压之间的关系，其内容为，对于电路中的任一回路，在任一瞬时沿回路绕行一周，在回路绕行方向上的电位降之和等于电位升之和。

在图 2-16 中，回路 1 和回路 2 的绕行方向都设为顺时针方向。对于回路 1 和回路 2 有：

$$R_1 I_1 + R_3 I_3 = U_{s1} \tag{2-16}$$

$$R_2 I_2 + R_3 I_3 = U_{s2} \tag{2-17}$$

例 2-2 如图 2-17 所示，已知 $U_{s1} = 10$ V，$U_{s2} = 4$ V，$R_1 = 4$ Ω，$R_2 = 6$ Ω，求 U_{ab}。

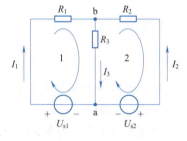

图 2-16　回路举例

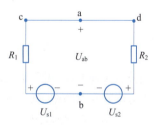

图 2-17　例 2-2

解　由 cadbc 回路列出回路电压方程：

$$R_1 I + R_2 I = U_{s1} - U_{s2}$$

得

$$I = \frac{U_{s1} - U_{s2}}{R_1 + R_2} = 0.6 \text{ A}$$

假设 a 点和 b 点之间有一个端电压等于 U_{ab} 的支路，因此可以用 KVL 对 cabc 回路列电压方程求出 U_{ab}，即

$$U_{ab} = U_{s1} - R_1 I = (10 - 4 \times 0.6) \text{V} = 7.6 \text{ V}$$

也可以对 adba 回路列电压方程，即

$$U_{ab} = R_2 I + U_{s2} = (6 \times 0.6 + 4) \text{ V} = 7.6 \text{ V}$$

任务实施

1. 训练目的

①加深对基尔霍夫定律的理解。
②学会运用基尔霍夫电流定律和基尔霍夫电压定律。
③正确及熟练使用电压表、电流表、万用表和稳压电源。
④进一步理解参考方向的概念。
⑤通过电路中各点电位的测量加深对电位、电压及它们之间关系的理解。

2. 训练器材

实训工作台(含三相电源、常用仪表等)1台,直流稳压电源1台,数字万用表1块,1 kΩ、510 Ω、390 Ω、100 Ω电阻各1个,基尔霍夫定律实验电路板1块,连接导线若干。

以上设备和器件的技术参数可按实训室情况进行选取。

3. 训练步骤

①调节双路直流稳压电源,使得一路输出为5 V,另一路输出为6 V。
②按图2-18正确连接电路。

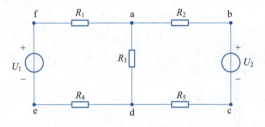

图 2-18 训练图

③经教师检查后接通电源,用万用表测电压及各支路电流,并将结果填入表2-4中。注意:测量电流时电流表应串联在电路中,测量电压时电压表应并联在电路中。

④分别以b、c为参考点,测量图2-18中各点电位,将测量结果填入表2-5中,通过计算验证电路中任意两点间的电压与参考点的选择无关。

表 2-4 基尔霍夫电压、电流定律测量值

电流/mA	$I_{R_1}=$	$I_{R_2}=$	$I_{R_3}=$	a 点电流代数和
	$I_{R_4}=$	$I_{R_3}=$	$I_{R_5}=$	b 点电流代数和
电压/V	$U_{R_1}=$	$U_{R_3}=$	$U_{R_4}=$	$U_{R_1}+U_{R_3}+U_{R_4}=$
	$U_{R_2}=$	$U_{R_3}=$	$U_{R_5}=$	$U_{R_2}+U_{R_3}+U_{R_5}=$

表 2-5 不同参考点电位与电压

参考点	测试值/V						计算值/V					
	V_a	V_b	V_c	V_d	V_e	V_f	U_{ab}	U_{bc}	U_{cd}	U_{de}	U_{ef}	U_{fa}	U_{de}
b 点												
c 点												

任务 4 直流电路分析方法

任务内容

①理解支路电流法的原理;掌握支路电流法的解题方法。
②理解叠加定理的内容;掌握叠加定理的解题方法。
③理解戴维南定理的内容;掌握戴维南定理的解题方法。

知识储备

1. 支路电流法

支路电流法以支路电流作为电路的未知量,根据 KCL 和 KVL 列出独立电流方程和独立电压方程,解方程组求出支路电流。

下面以图 2-19 为例介绍用支路电流法求各支路电流。支路电流法的分析步骤如下:

①标出各支路电流的参考方向,图 2-19 电路的电流参考方向如图中所示。

②判断电路的支路数 m 和节点数 n,确定独立方程数,独立方程数等于支路数。对于有 m 条支路的电路,未知变量为 m 个,因此要列出 m 个独立的电路方程。在图 2-19 所示的电路中,支路数为 3,所以需要列出 3 个独立方程。

③根据 KCL,列写节点的独立电流方程,独立电流方程数为 $n-1$。在图 2-19 所示的电路中,有 2 个节点,故列 1 个节点方程。

④根据 KVL,列写独立电压方程数为 $m-(n-1)$,或网孔数。

⑤联立独立电流、电压方程,求解各支路电流。对于图 2-19 所示的电路图,有

$$I_1 + I_2 = I_3 \tag{2-18}$$

$$I_1 R_1 + I_3 R_3 = U_{s1} \tag{2-19}$$

$$I_2 R_2 + I_3 R_3 = U_{s2} \tag{2-20}$$

例 2-3 用支路电流法求图 2-20 所示电路中各支路电流。

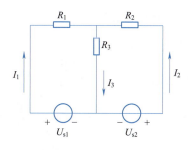

图 2-19 支路电流法

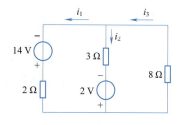

图 2-20 例 2-3

解 由于电压源与电阻串联时电流相同,本电路仅需假设三个支路电流 i_1、i_2、i_3。

此时只需列出一个 KCL 方程:

$$i_1 + i_2 = i_3$$

用观察法直接列出两个网孔的 KVL 方程：

$$2i_1 - 3i_2 = 14 - 2$$
$$3i_2 + 8i_3 = 2$$

求解以上三个方程得到

$$i_1 = 3 \text{ A}, i_2 = 2 \text{ A}, i_3 = 1 \text{ A}$$

2. 叠加定理

叠加定理就是在具有多个电源作用的电路中，求每一条支路的电流，将各个电源单独作用时在每一条支路的电流求出来，其电流分量的代数和就是这些电源共同作用在每一条支路产生的电流。

叠加定理的解题步骤（见图 2-21）：

①画出各个电源单独作用时的电路图。其中，不起作用的电压源相当于短路，不起作用的电流源相当于开路。

②标出各个电源单独作用时各支路电流分量的参考方向。

③由电路的基本定律求出各支路的电流分量。

④将电流分量叠加，求出个支路电流（各个电流分量与总电流的参考方向相同时取正号，相反时取负号）。

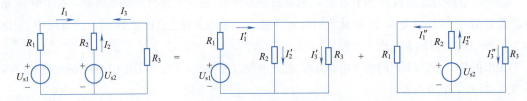

图 2-21　叠加定理的解题步骤

叠加定理使用时的注意事项：

①叠加定理仅适用于线性电路。

②功率不能用叠加定理计算，因为功率与电流和电压不是线性关系。

③对于含有二个及二个以上电源的电路，可先将电源分成两组，再用叠加定理求解。

例 2-4　用叠加定理求解图 2-22(a) 电流 I。

解　当电压源 U_s 作用时，I_s 为断路。可将电路简化为图 2-22(b)。

$$I = \frac{U}{R} = \frac{U_s}{R_1 + R_3} = \frac{18}{3+6} \text{ A} = 2 \text{ A}$$

当电流源 I_s 作用时，U_s 为通路，可将电路简化为图 2-22(c)。

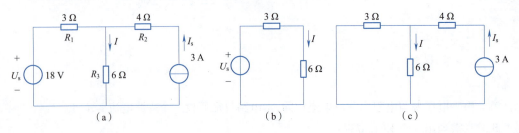

图 2-22　例 2-4

$$I = I_s \frac{R_1}{R_1 + R_3} = 3 \times \frac{3}{3+6} \text{ A} = 1 \text{ A}$$

在电压源和电流源共同作用下,电流 I 的方向都为从上往下流,可将得出的图 2-22(b)、(c) 中电流 I 相加得到最终的结果。

$$I = (2+1) \text{ A} = 3 \text{ A}$$

3. 戴维南定理

任何含源的一端口网络都可以用一个等效电源来表示。等效为电压源的称为戴维南定理,等效为电流源的称为诺顿定理。由于用诺顿定理分析电路问题不如戴维南定理方便,所以本书只介绍戴维南定理。

在复杂电路中,若要求一条支路的电流,可将这条支路断开,其余的电路用一个等效的电压源表示,然后求出等效电压源的电压和内阻,再将待求支路接上,根据欧姆定律求出这条支路的电流。那么,如何求等效电压源的电压和内阻,则是用戴维南定理解题的关键。

对于负载支路来说,任意线性含源一端网络都可以用一个理想的电压源和电阻串联的电路模型来等效,其中理想电压源的电压 U_s 等于线性含源一端网络的开路电压 U_{oc},电阻等于所有独立电源置零,从有源一端网络开路的端子之间看进去的等效电阻 R_{eq}。戴维南定理的求解过程如图 2-23 所示。

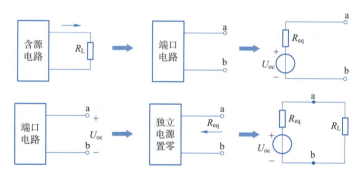

图 2-23 戴维南定理的求解过程

例 2-5 试用戴维南定理求图 2-24(a)所示分压器电路中负载电阻的电压和电流。

解 (1) 计算开路电压,参照图 2-24(b):

$$U_{oc} = \left(\frac{50}{50+50} \times 220 \right) \text{V} = 110 \text{ V}$$

(2) 计算等效电阻,参照图 2-24(c):

$$R_i = \frac{50 \times 50}{50 + 50} \Omega = 25 \Omega$$

(3) 计算负载电压、电流,参照图 2-24(d):

$$U_L = \frac{R_L}{R_i + R_L} U_{oc} = \left(\frac{50}{25+50} \times 110 \right) \text{V} = 73.3 \text{ V}$$

$$I_L = \frac{U_{oc}}{R_i + R_L} = \frac{110}{25+50} \text{ A} = 1.47 \text{ A}$$

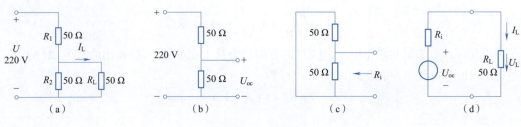

图 2-24　例 2-5

任务实施

1. 训练目的
①验证戴维南定理的正确性,加深对该定理的理解。
②把握测量有源二端网络等效参数的方式。

2. 训练器材
可调直流稳压电源(0~30 V)1 台、可调直流恒流源(0~200 mA)1 台、直流电压表(0~200 V)1 块、直流毫安表(0~2 000 mA)1 块、可调电阻箱(0~99 999 Ω)1 台、电位器(1 kΩ,2 W)1 个、万用表 1 块、电阻器若干。

3. 训练步骤
依照图 2-25 所示,按实验要求接好训练电路。

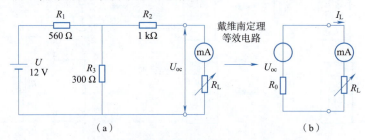

图 2-25　实训电路图

①用开路电压、短路电流法测定戴维南等效电路的 U_{oc}、R_0。按图 2-25(a)接入稳压电源 U_s = 12 V 和恒流源 I_s = 10 mA,不接入 R_L。测出 U_{oc},并计算出 R_0,填入表 2-6 中。

表 2-6　测定戴维南等效电路

U_{oc}/V	R_0/Ω

②负载实验。按图 2-25 连线,接入 R_0 依照表中负载 R_L 的阻值,测量并绘制有源二端网络的外特性曲线。将测量数据填入表 2-7 中。

表 2-7　负载实验

R_L/Ω	0	200	400	600	800	1 000	1 200	1 400
U/V								
I/mA								

③验证戴维南定理。从电阻箱(或电位器)上取得按步骤①所得的等效电阻 R_0 之值,然后令其与直流稳压电源(调到步骤①时所测得的开路电压 U_{oc} 之值)相串联,如图 2-25(b)所示,仿照步骤②测其外特性,对戴维南定理进行验证。

表 2-8　验证戴维南定理

R_L/Ω	0	200	400	600	800	1 000	1 200	1 400
U/V								
I/mA								

④有源二端网络等效内阻(又称入端电阻)的直接测量法,如图 2-25(a)所示。将被测有源网络内的所有独立源置零(去掉电流源 I_s 和电压源 U_s,并在原电压源所接的两点用一根短路导线相连),然后用伏安法或直接用万用表的欧姆挡去测定负载 R 开路时的电阻,此即为被测网络的等效内阻 R_0。

任务 5　线性电路的暂态过程

任务内容

①理解换路暂态电压和电流的初始状态。
②掌握换路暂态电压和电流的初始值计算及应用。
③理解零输入状态及响应的概念,掌握零输入暂态电路响应的计算分析与应用。
④理解零状态响应的概念,掌握零状态暂态电路响应的计算分析与应用。

知识储备

1. 暂态过程

在前面学习的直流电路中,电路的电源是恒定的,电路中产生的电压和电流也是恒定的,电路的这种工作状态称为稳定状态,简称稳态。然而,实际电路的工作状态总是要发生变化的,总是要从一个稳定状态转为另一个稳定状态。例如,对于图 2-26(a)所示的 RC 电路,当开关 S 断开时,RC 电路未接电源,电容的电压 $U_C=0$,这时电路的工作状态称为一种稳态;当开关 S 闭合时,电路与直流电源接通,电容的电压 $U_C=U_s$,这时电路的工作状态已经转换为另一个稳态。可见,电源的接通或断开、电源电压、电流的改变、电路元件参数的改变等,都会使电路中的电压、电流发生变化,导致电路从一个稳定状态转换为另一个稳定状态,如图 2-26(b)所示。

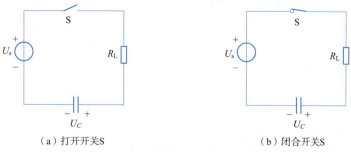

(a)打开开关S　　　　　　　(b)闭合开关S

图 2-26　电源与 RC 电路的接通

开关 S 闭合后,电容电压 u_C 并非瞬间达到 U_s,而是要经历一个能量存储的过程,这个存储的过程就称为电路的暂态过程,电容存储能量的暂态过程,其电压变化的波形如图 2-27 所示。

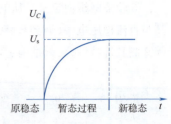

图 2-27　电容电压变化的波形

2. 换路定则

换路定则是指电源的接通或断开,电压或电流的变化,电路元件的参数改变等。图 2-26(a)是换路前的工作状态,图 2-26(b)是换路后的工作状态。

设 $t=0$ 为换路时刻,$t=0_-$ 为换路前的末了瞬间,$t=0_+$ 为换路后的初始瞬间,$t=0_-$ 到 $t=0_+$ 为换路瞬间。

在换路瞬间,当电容的电流和电感的电压为有限值时,电容的电压不能跃变,电感的电流不能跃变,则有

$$u_C(0_+) = u_C(0_-) \tag{2-21}$$

$$i_L(0_+) = i_L(0_-) \tag{2-22}$$

3. 电路的初始值

电路的初始值是指换路后初始瞬间的电压、电流值,即 $t=0_+$ 时的电压、电流值。由式(2-21)、式(2-22)的换路定则可知,电容电压的初始值 $u_C(0_+)$ 和电感电流的初始值 $i_L(0_+)$ 均由原稳态电路 $t=0_-$ 时的 $u_C(0_-)$ 和 $i_L(0_-)$ 来确定。而电路中其他电压、电流的初始值均由 $t=0_+$ 时的等效电路确定。求解初始值的具体步骤如下:

①先求 $u_C(0_+)$ 和 $i_L(0_+)$。$u_C(0_+)$ 和 $i_L(0_+)$ 根据换路定则求解。$t=0_-$ 时电路为原稳态电路。在原稳态电路中,电容相当于开路,电感相当于短路。

②再求其他初始值 $u(0_+)$ 和 $i(0_+)$。$u(0_+)$ 和 $i(0_+)$ 根据 $t=0_+$ 时的等效电路求解。画出 $t=0_+$ 时的等效电路,对于电容元件,当 $u_C(0_+)=0$ 时,电容相当于短路;当 $u_C(0_+) \neq 0$ 时,电容相当于一个理想的电压源。对于电感元件,当 $i(0_+)=0$ 时,电感相当于断路;当 $i_L(0_+) \neq 0$ 时,电感相当于一个理想的电流源。

4. 一阶 RC 电路的响应

一阶电路是指电路中只含有一个储能元件,此电路可用一阶线性微分方程来描述。下面分别对 RC 电路的不同响应进行分析。

(1) RC 电路的零状态响应

零状态响应是指换路前低能元件未储能,换路后仅由独立电源作用在电路中所产生的响应。

在图 2-28 所示的 RC 串联电路中,换路前开关 S 是断开的,电容 C 未储能,即 $u_C(0_-)=0$,电路为原稳态。$t=0$ 时开关 S 闭合,RC 电路与直流电源接通,电容 C 存储能量,即电容充电,电容的电压 u_C 逐渐上升,最后达到 U_s,电容充电结束,电路达到新的稳态。

(2) RC 电路的零输入响应

零输入响应是指换路前储能元件已经储能,换路后的电路中无独立电源,仅由储能元件释放能量在电路中产生响应。

在图 2-29 中,开关 S 置于 1 的位置时,电容 C 充电到 U_s,电路处于原

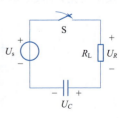

图 2-28　RC 电路的零状态响应

稳态。$t=0$ 时，开关 S 置于 2 的位置，电容 C 脱离直流电源与电阻 R 构成回路。而后，电容通过电阻释放能量，此过程称为放电。放电电流的实际方向与图示的参考方向相反。最终电容将能量全部释放，电路达到新的稳态。

(3) RC 电路的全响应

全响应是指换路前储能元件已经储能，换路后由储能元件和独立电源共同作用在电路中产生响应。

在图 2-30 中，开关 S 置于位置 1 时，电容 C 由电压源 U_{s0} 提供能量，即 $U_C(0_-)=U_{s0}$，电路为原稳态。$t=0$ 时，开关 S 处于位置 2，电容 C 由电压源 U_s 提供能量，电路达到新稳态时，$U_C(\infty)=U_s$。

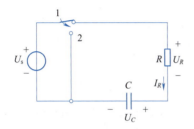

图 2-29　RC 电路的零状态响应

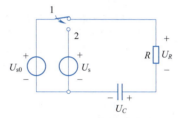

图 2-30　RC 电路的全响应

任务实施

1. 训练目的

①研究 RC 电路的暂态过程。

②掌握积分电路和微分电路的基本概念。

③从响应曲线中求出 RC 电路时间常数 τ。

2. 训练器材

信号源、示波器、DG08 动态实验单元。

3. 训练步骤

①利用 Multisim 软件仿真，了解电路参数和响应波形之间的关系，并通过虚拟示波器的调节熟悉时域测量的基本操作。

②实际操作实验。积分电路和微分电路的接法如图 2-31 所示，其中电压源使用方波。

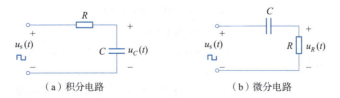

（a）积分电路　　　　　　　　（b）微分电路

图 2-31　积分电路和微分电路的接法

项目评价表

学　院		专　业		姓　名	
学　号		小　组		组长姓名	
指导教师		日　期		成　绩	

学习目标	素质目标： 1. 树立正确的世界观、人生观、价值观。 2. 具有良好的沟通合作能力，协调配合能力。 3. 具有爱岗敬业、耐心务实、精益求精的工匠精神。 4. 具有良好的身心素质和人文素养		
	知识目标： 1. 掌握直流电路基本物理量、基本元件、电流源和电压源。 2. 掌握基尔霍夫电流定律和基尔霍夫电压定律。 3. 理解支路电流法的原理，理解叠加定理和戴维南定理的内容。 4. 掌握暂态过程、换路定则、电路的初始值		
	技能目标： 1. 具备电路元件的识别能力，能够通过型号判断电路元件的使用规则，具备根据电路实际选用合适的元器件的能力。 2. 具备电路基本分析能力，能够实现电压源和电流源的等效替换，能灵活运用基尔霍夫定律。 3. 具备独立用直流电路分析方法解决线性网络的分析与计算问题。 4. 具备线性电路暂态过程分析的能力		
任务评价	任务内容		完成情况
	1. 认识常见的基本物理量，理解基本物理量的定义和参考方向		
	2. 认识直流电路的基本元件；能够合理使用欧姆定律、电功率和基尔霍夫定律		
	3. 掌握理想电流源、理想电压源的外特性曲线以及电流源、电压源的外特性曲线，能够实现电流源和电压源的等效替换		
	4. 根据仿真现象与线路预期现象进行对比，若出现故障及时排除		
	5. 针对不同的线性网络问题能够选择合理的直流电路分析方法进行求解		
	6. 理解暂态过程产生的原因；能够掌握暂态过程在实际工程中的应用		
质量检查	请指导老师检查本组作业结果，并针对问题提出改进措施及建议		
	综合评价		
	建　议		
评价考核	评价项目	评价标准	配　分	得　分
	理论知识学习	理论知识学习情况及课堂表现	25	
	素质能力	能理性、客观地分析问题	20	
	作业训练	作业是否按要求完成，电气元件符号表示是否完全正确	25	
	质量检查	改进措施及能否根据讲解完成线路装调及故障排查	20	
	评价反馈	能对自身客观评价和发现问题	10	
	任务评价	基本完成(　) 良好(　) 优秀(　)		
	教师评语			

技术赋能

从退伍军人到全国技术能手——刘湘宾

每当提及阅兵式上展出的防务装备、奔月的"嫦娥"、入海的"蛟龙"、导航的"北斗",陕西航天时代导航设备有限公司(7107 厂)特级技师刘湘宾心里都会充满着自豪和振奋,因为这些大国重器导航系统的关键零部件——陀螺,不少出自他和他的团队。

陀螺是惯性导航控制系统的核心部件,它关系着卫星能否到达预定轨道、导弹能否命中目标、潜水器能否到达指定海域,它就像眼睛一样,能够迅速精准定位。而刘湘宾就是擦亮"眼睛"的工匠,他的绝活就是能把陀螺的精度加工到微米级和亚微米级,让大国重器的"眼睛"看得更准更远。

从退伍军人到全国技术能手、航天贡献奖获得者、三秦工匠,刘湘宾走过了近 40 年奋斗之路。1983 年,他退伍后在 7107 厂当了一名铣工。"刚进车间,一看见这些大型设备,我就爱上了这个工作。"于是,他自学了技校的全部 13 门课程,"我唯一的爱好就是听机床声响。"从此,他在精密和超精密机械加工方面越钻越深、越钻越精。经过 74 次试验,他自创一套高精度机床加工刀具,完全替代了进口产品,并取得了发明专利。

7107 厂成立了以"刘湘宾"命名的劳模工作室。刘湘宾带领的 54 人航天集团金牌班组是 7107 厂最大的生产班组,有 1 名特级技师、7 名国家高级技师、20 名国家技师。这个班组还是陕西省的工人先锋号。在刘湘宾工作室,摆着两列玻璃橱柜,陈列着这个班组部分产品的模型。"从建厂到现在,100 多次大型飞行试验,没有一次因为我们厂的产品出问题,导致发射失利的。"刘湘宾说,国家交给他们什么任务,他们都按时完成,质量做到最好,技能水平做到最高。他说:"用先进的设备,做出最好的产品,这就是 7107 厂航天人的初心。"

课后习题

一、填空题

1. 在进行戴维南定理化简电路的过程中,如果出现受控源,应注意除源后的等效化简的过程中,受控电压源应_____处理;受控电流源应_____处理。
2. 已知电源电动势为 E,电源的内阻压降为 U_0,则电源的端电压为_____。
3. 基尔霍夫电压定律描述的是回路各段电压之间的关系,其内容为:对于电路中任一回路,在任一瞬时沿回路绕行一周,在回路绕行方向上的电位降之和_____电位升之和。
4. 换路前储能元件未储能,换路后仅由独立电源作用于电路,电路换路产生的响应称为_____。
5. 线性电路中电压和电流都具有叠加性,但电路中的_____不具有叠加性。

二、选择题

1. 习惯上电流的方向规定为(　　)运动的方向。
　　A. 负电荷　　　　　　　　　　B. 带正电离子
　　C. 正电荷　　　　　　　　　　D. 带负电离子
2. 图 2-32 所示电路中,已知元件 A 放出功率 10 W,则电流 I =(　　)。
　　A. 1 A　　　B. 2 A　　　C. -1 A　　　D. 5 A

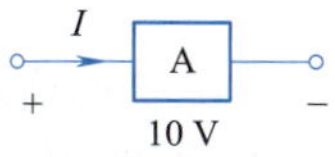

图 2-32　题 2 图

3. 欧姆定律适用于(　　)。

　　A. 线性电路　　　　B. 任何电路　　　　C. 非线性电路　　　　D. 以上都不对

4. 如图 2-33 所示,图中有(　　)。

　　A. 1 个节点　　　　B. 2 个节点　　　　C. 3 个节点　　　　D. 4 个节点

5. 电流与电压为关联参考方向是指(　　)。

　　A. 电流参考方向与电压降参考方向一致

　　B. 电流参考方向与电压升参考方向一致

　　C. 电流实际方向与电压升实际方向一致

　　D. 电流实际方向与电压降实际方向一致

6. 图 2-34 所示电路中,a 点的电位为(　　)。

　　A. 10 V　　　　B. 20 V　　　　C. 30 V　　　　D. 0 V

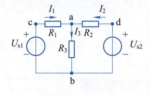
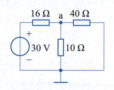

图 2-33　题 4 图　　　　　　　　　图 2-34　题 6 图

三、简答及计算题

1. 将图 2-35 化成等值电压源电路。

2. 如图 2-36 所示,已知电阻 $R_1 = R_2 = R_3 = 4\ \Omega$,$U_{s2} = 12\ V$,$I_s = 6\ A$。用支路电流法求电流 I_1、I_2、I_3。

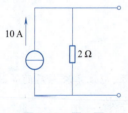
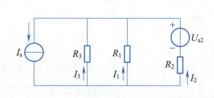

图 2-35　题 1 图　　　　　　　　　图 2-36　题 2 图

3. 已知电路如图 2-37 所示,用叠加定理求电流 I_2。

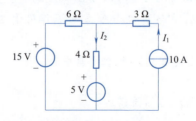

图 2-37　题 3 图

4. 试述戴维南定理的求解步骤。如何把一个有源二端网络化为一个无源二端网络?在此过程中,有源二端网络内部的电压源和电流源应如何处理?

项目 3

延时开关电路的设计与安装

项目引入

在生产和生活中,交流电比直流电具有更广泛的应用。本项目以延时开关电路的设计、安装为载体,介绍正弦交流电的基础知识,包括 R、L、C 元件的特性,单一参数的正弦交流电路,RLC 组合交流电路,为后续正弦交流电路分析奠定基础。

学习目标

① 掌握正弦交流电的周期、频率、角频率、瞬时值、最大值、有效值等概念。
② 掌握正弦交流电的初相、相位及相量表达法。
③ 理解 R、L、C 电路的电压、电流关系。
④ 掌握正弦交流电的基本分析方法。
⑤ 掌握功率因数概念及提高功率因数的方法。
⑥ 掌握 RLC 串并联电路及谐振电路的特点和分析方法。

任务 1　正弦交流电的认识

任务内容

① 掌握正弦交流电的频率、振幅和初相位三要素。
② 掌握同频率下正弦交流电的相位差特性。
③ 掌握复数的表示形式及其四则运算法则。
④ 掌握正弦交流电的相量表示法及其他表示法。

知识储备

1. 正弦交流电的三要素

在正弦交流电路中,正弦电压、电流的大小和方向都随时间而变化,只有参考方向结合波形图(或表达式),才能正确表达其变化规律。正弦电压、电流等物理量,常统称为正弦量。正弦量的特征表现在变化的快慢、取值的范围和初始值等三个方面,而它们分别由频率(或周期)、振幅(或有效值)和初相位来确定。因此,频率、振幅和初相位常称为正弦量的三要素。

下面以电流为例介绍正弦量的基本特征，设某正弦电流的瞬时值表达式为

$$i = I_m \sin(\omega t + \psi_i) \tag{3-1}$$

正弦电流波形图如图 3-1 所示。

(1) 频率、周期与角频率

如图 3-1 所示，正弦量完成一个循环所需要的时间称为周期，用 T 表示，单位为秒(s)。每秒内经历的循环数称为频率，用 f 表示，单位为赫(Hz)。根据定义可知，周期和频率互为倒数，即

$$f = \frac{1}{T} \quad \text{或} \quad T = \frac{1}{f} \tag{3-2}$$

频率(或周期)反映了正弦量变化的快慢。图 3-2 所示为两个不同频率正弦电压的波形，其中 u_1 的周期长、频率低，而 u_2 的周期短、频率高。

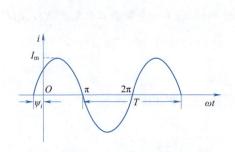

图 3-1 正弦电流波形图

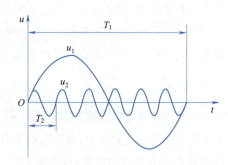

图 3-2 不同频率的正弦电压波形

正弦量每秒变化的弧度数称为角频率，用 ω 表示，单位是弧度每秒(rad/s)。正弦量一周期 T 内经历了 2π 弧度，所以

$$\omega = \frac{2\pi}{T} = 2\pi f \tag{3-3}$$

式(3-3)表示了 T、f、ω 三者之间的关系，可以根据其中一个物理量来求出另外两个物理量。

例 3-1 已知频率 $f = 50$ Hz，试求周期 T 和角频率 ω。

解
$$T = \frac{1}{f} = \frac{1}{50} \text{ s} = 0.02 \text{ s}$$

$$\omega = 2\pi f = 2 \times 3.14 \times 50 \text{ rad/s} = 314 \text{ rad/s}$$

(2) 瞬时值、最大值和有效值

正弦交流电随时间按正弦规律变化，某时刻的数值和其他时刻的数值不一定相同。把任意时刻正弦交流电的数值称为瞬时值，用小写字母表示，如 u、i、e 分别表示正弦电压、电流及电动势的瞬时值。瞬时值有正有负，也可能为零。

最大的瞬时值称为最大值，又称振幅值。用带下标"m"的大写字母表示，如 U_m、I_m、E_m 分别表示正弦电压、电流及电动势的最大值。最大值虽然有正有负，但习惯上最大值都以绝对值表示。

正弦电压、电流和电动势的大小常用有效值来表示，用大写字母 U、I、E 分别表示正弦电压、电流及电动势的有效值。

有效值是根据电流的热效应定义的，即某一交流电流 i 与另一直流电流 I 在相同时间内通过一只

相同电阻 R 时，所产生的热量如果相等，那么这个直流电流 I 的数值就定义为交流电的电流的有效值。

设交流电流在一个周期内通过某一电阻 R 所产生的热量为

$$Q_{AC} = \int_0^T i^2 R \mathrm{d}t$$

设直流电流 I 在相同时间内通过同一电阻 R 所产生的热量为

$$Q_{DC} = I^2 R T$$

若 $Q_{AC} = Q_{DC}$，则 I 为 i 的有效值，通过数学分析，可得

$$I = \sqrt{\frac{1}{T} \int_0^T i^2 \mathrm{d}t} \tag{3-4}$$

当周期电流为正弦量时，即 $i = I_m \sin \omega t$，则

$$I = \sqrt{\frac{1}{T} \int_0^T (I_m \sin \omega t)^2 \mathrm{d}t} = \frac{I_m}{\sqrt{2}} = 0.707 I_m \tag{3-5}$$

同理，可计算正弦交流电压和电动势的最大值与有效值的关系为

$$U_m = \sqrt{2} U \quad 或 \quad U = 0.707 U_m \tag{3-6}$$

$$E_m = \sqrt{2} E \quad 或 \quad E = 0.707 E_m \tag{3-7}$$

可见，正弦交流电的最大值是其有效值的 $\sqrt{2}$ 倍。工程上常说交流电源 220 V、380 V，都是指有效值。一般交流电表的刻度也是按有效值来标定的。电气设备铭牌上所标的电压、电流都是指有效值，但在计算电路中各元件的耐压值和绝缘的可靠性时需用幅值。

例 3-2 某正弦电流振幅为 2.82 A，通过 500 Ω 电阻，计算电阻消耗的功率。

解 由式(3-5)得电流有效值为

$$I = 0.707 I_m = 0.707 \times 2.82 \text{ A} = 2 \text{ A}$$

依有效值定义，振幅为 2.82 A 的正弦电流与 2 A 直流电流热效应相当，故

$$P = I^2 R = 2^2 \times 500 \text{ W} = 2\,000 \text{ W} = 2 \text{ kW}$$

（3）相位和初相位

正弦交流电是时间的函数，在不同时刻有不同的值。在式(3-1)中，正弦函数的辐角 $(\omega t + \psi_i)$ 称为相位角，简称相位，代表正弦交流电变化的进程。

当 $t = 0$ 时的相位角称为初相位，简称初相，单位为弧度(rad)，也可以用度(°)来表示，规定初相位不超过 ±180°。正弦量的初相可正可负，应视其零点与计时起点在横轴上的相对位置而定。如图 3-3 所示，u_1 的零点位于坐标原点左侧，初相为正；u_2 的零点位于坐标原点右侧，初相为负。当正弦量零点与坐标原点重合，初相为零。

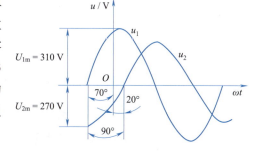

图 3-3 正弦电压波形的不同相位

2. 相位差

在某正弦交流电路中，电压 u 和电流 i 的频率是相同的，但初相位不一定是相同的。计算两个同频率正弦量的加减运算时，它们之间的相位差是一个关键参数。相位差是指两个同频率正弦量的相位之差，用 φ 来表示，有

$$|\varphi| \leq \pi \tag{3-8}$$

如图 3-4 所示，电压 u 和电流 i 的瞬时值表达式分别为

$$\begin{cases} u = U_m \sin(\omega t + \psi_u) \\ i = I_m \sin(\omega t + \psi_i) \end{cases} \quad (3\text{-}9)$$

它们的初相位分别为 ψ_u 和 ψ_i。

在式(3-9)中，电压 u 和电流 i 的相位差为

$$\varphi = \psi_u - \psi_i \quad (3\text{-}10)$$

若 $\varphi = \psi_u - \psi_i > 0$，电压 u 超前电流 i 一个相位角 φ，或者说电流 i 滞后电压 u 一个相位角 φ，所以 u 较 i 先到达正的幅值。

若 $\varphi = \psi_u - \psi_i < 0$，电流 i 超前电压 u 一个相位角 φ，或者说电压 u 滞后电流 i 一个相位角 φ，所以 i 较 u 先到达正的幅值。

若 $\varphi = \psi_u - \psi_i = 0$，电压 u 和电流 i 相位相同或称同相，u 和 i 两个正弦量总是同时到达最大值或者零点，二者的变化步调一致。图 3-5 为正弦电压与电流波形同相示意图。

若 $\varphi = \psi_u - \psi_i = \pm 90°$，电压 u 和电流 i 相位正交，u 和 i 两个正弦量当某一个正弦量到达最大值时，另外一个正弦量刚好到达零点。图 3-6 为正弦电压与电流波形正交示意图。

若 $\varphi = \psi_u - \psi_i = \pm 180°$，电压 u 和电流 i 相位相反或称反相，u 和 i 两个正弦量当某一个正弦量到达正的最大值时，另外一个正弦量刚好到达负的最大值，二者的变化过程完全相反。图 3-7 为正弦电压与电流波形反相示意图。

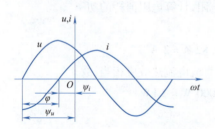

图 3-4 正弦电压与电流波形图

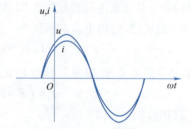

图 3-5 正弦电压与电流波形同相

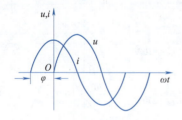

图 3-6 正弦电压与电流波形正交

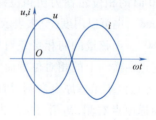

图 3-7 正弦电压与电流波形反相

例 3-3 求下面两个正弦量 $i_1 = 10 \sin(314t - 45°)$，$i_2 = 8 \sin(314t + 225°)$ 的相位差。

解 根据相位差的定义

$$\varphi = -45° - 225° = -270°$$

因为 $|\varphi| \leq \pi$，所以，$\varphi = -270° + 360° = 90°$。

3. 复数的表示形式及其四则运算

(1) 复数的表示形式

实轴和虚轴构成的平面称为复平面。每个复数 $A = a + jb$ 在复平面上都有一个点 $A(a,b)$ 与之对应。如图 3-8 所示,复数 A 可以用复平面上的有向线段 OA 矢量来表示,r 称为复数 A 的模,等于 OA 矢量的长度,它与实轴正向之间的夹角 ψ 称为辐角,各量间的关系可表示为

$$\begin{cases} r = \sqrt{a^2 + b^2} \\ a = r\cos\psi \\ b = r\sin\psi \\ \psi = \arctan\dfrac{b}{a} \end{cases} \tag{3-11}$$

复平面不同象限的取值如图 3-9 所示。

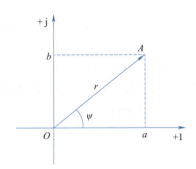

图 3-8　复平面上的复数 A

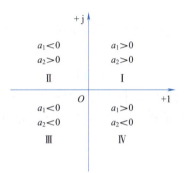

图 3-9　复平面不同象限的取值

根据各量之间的关系,可将复数 A 表示为代数形式、三角函数形式、指数形式和极坐标形式,见表 3-1。

表 3-1　复数 A 的表达形式

代数形式	三角函数形式	指数形式	极坐标形式
$A = a + jb$	$A = r\cos\psi + jr\sin\psi$ $= r(\cos\psi + \sin\psi)$	$A = re^{j\psi}$	$A = r\angle\psi$

注:j 为虚数单位,$j = \sqrt{-1}$。由欧拉公式:$e^{j\psi} = \cos\psi + j\sin\psi$。

在实际应用中,代数形式和极坐标形式应用最为广泛,经常需要相互转换。

例 3-4　化复数为代数形式:①$A = 9.5\angle 73°$;②$A = 13\angle 112.6°$;③$A = 10\angle 90°$。

解　根据式(3-11)可得

①$A = 10\angle 73° = 10\cos 73° + j10\sin 73° = 2.8 + j9.5$。

②$A = 13\angle 112.6° = 13\cos 112.6° + j\sin 112.6° = -5 + j12$。

由于 112.6° > 90°,复数 $A = 13\angle 112.6°$ 对应的矢量在复平面上第Ⅱ象限,如图 3-9 所示,故其实部为负。

③$A = 10\angle 90° = 10\cos 90° + j\sin 90° = j10$。

这个复数对应的矢量在复平面上沿虚轴正向,故其实部为负。

例 3-5　化复数为极坐标式:①$A = 10 + j10$;②$A = 8 - j6$;③$A = -20 - j40$。

解 ① $a = \sqrt{10^2 + 10^2} = 10\sqrt{2}$；$\psi = \arctan\dfrac{10}{10} = 45°$；$A = 10\sqrt{2}\angle 45°$。

② $a = \sqrt{8^2 + (-6)^2} = 10$；$\psi = \arctan\dfrac{-6}{8} = -36.9°$；$A = 10\angle -36.9°$。

③ $a = \sqrt{(-20)^2 + (-40)^2} = 44.7$；$\psi = \arctan\dfrac{-40}{-20} = 63.4° + 180° = 243.4°$；$A = 44.7\angle 243.4°$。

因为复数的实部和虚部均为负值，其辐角应在复平面第Ⅲ象限，故由算得 63.4° 后加上 180° 才是 ψ 值。

(2) 复数的四则运算

设有两个复数：

$$A_1 = a_1 + jb_1 = r_1\angle\psi_1$$
$$A_2 = a_2 + jb_2 = r_2\angle\psi_2$$

①复数的加、减。复数的加、减必须用代数形式进行，就是把两者的实部和虚部分别进行相加或相减，即

$$A_1 \pm A_2 = (a_1 + jb_1) \pm (a_2 + jb_2) = (a_1 \pm a_2) + j(b_1 \pm b_2)$$

②复数的乘、除。复数的乘、除运算一般采用指数形式或极坐标形式。当复数相乘时，运算规则是模值相乘，辐角相加；当复数相除时，运算规则是模值相除，辐角相减。

$$A_1 A_2 = r_1 r_2 \angle(\psi_1 + \psi_2)$$

$$\dfrac{A_1}{A_2} = \dfrac{r_1}{r_2}\angle(\psi_1 - \psi_2)$$

例 3-6 已知 $A = 10\angle -30°$，$B = 5 + j5$，计算 AB、$\dfrac{A}{B}$ 和 $A + B$。

解
$$A = 10\angle -30° = 5\sqrt{3} - j5$$
$$B = 5 + j5 = 5\sqrt{2}\angle 45°$$
$$AB = (10\angle -30°)(5\sqrt{2}\angle 45°) = 50\sqrt{2}\angle 15°$$
$$\dfrac{A}{B} = \dfrac{10\angle -30°}{5\sqrt{2}\angle 45°} = \sqrt{2}\angle -75°$$
$$A + B = (5\sqrt{3} - j5) + (5 + j5) = 5\sqrt{3} + 5$$

4. 正弦交流电的相量表示法

正弦量可以用矢量表示，矢量又可以用复数表示。因而，正弦量可以用复数来表示，这种复数就称为相量。用复数的模表示正弦量的有效值（或最大值）；用复数的辐角表示正弦量的初相位。在大写字母上加"·"来表示该复数，如

$$u = U_m \sin(\omega t + \psi_u) = \sqrt{2}U\sin(\omega t + \psi_u)$$

最大值相量为

$$\dot{U}_m = U_m \angle \psi_u$$

有效值相量为

$$\dot{U} = U\angle\psi_u$$

把几个同频率正弦量的相量展现在同一复平面上,称为相量图,如

$$i_1 = I_{m1}\sin(\omega t + \psi_1)$$
$$i_2 = I_{m2}\sin(\omega t + \psi_2)$$

画出的有效值相量图如图 3-10 所示,可以很直观地看出 i_1 和 i_2 之间的大小和相位关系,i_1 超前 i_2,相位差为 $\psi_1 - \psi_2$。

在相量表示法中,需注意:只有正弦量才能用相量表示。同时,由于相量只具备了正弦量三要素中的两个要素,因此只是代表正弦量,并不等于正弦量。

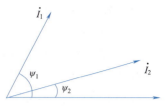

图 3-10 有效值相量图

任务实施

1. 训练目的
①了解正弦交流电的特点。
②掌握正弦交流电的三要素。
③会使用函数信号发生器和示波器调试正弦波形。

2. 训练器材
函数信号发生器 1 台、示波器 1 台。

3. 训练步骤
①将所需器材整齐摆放于干净台面并确保器材正确接入电源。
②函数信号发生器进入工作状态,认识面板各按钮含义。
③选择函数信号发生器 CH1 或 CH2 通道输出的波形为正弦波,设定波形参数。
④将函数信号发生器的 CH1 或 CH2 测试线(红色夹子)接到示波器 CAL"输出端"。黑色架子接到"接地端",按下 Output 按钮,再按下示波器的 Auto 按钮。
⑤待波形稳定后,记录示波器上显示的波形峰值和周期等参数。
⑥设置信号发生器 CH1 的输出频率 $f = 5$ kHz,电压振幅为 10 V,初相位为 0 V,观察波形并记录电压峰值、频率大小等。
⑦分别改变正弦波的频率和振幅值,再次观察波形并记录相关数据。

任务 2　单一参数的正弦交流电路

任务内容

①掌握纯电阻电路的特性,理解单一元件的电路特性,能够分析电压、电流相位关系,有功功率等,准确写出相量表达式。
②掌握纯电感电路的特性,理解单一元件的电路特性,能够分析电压、电流相位关系,无功功率等,准确写出相量表达式。
③掌握纯电容电路的特性,理解单一元件的电路特性,能够分析电压、电流相位关系,无功功率等,准确写出相量表达式。
④对比 R、L、C 三个元件的特点,熟练运用在不同组合中。

1. 纯电阻电路

在交流电路中,电阻起阻碍作用。日常生活中所用的白炽灯、电饭锅、热水器等在交流电路中都可以看成电阻元件。

(1)电压与电流的关系

如图3-11(a)所示,在电阻 R 两端加上正弦交流电压,电路中就会有交流电流流过。在关联参考方向下,电压和电流的关系仍满足欧姆定律,即

$$u = Ri = RI_m \sin \omega t = U_m \sin \omega t \tag{3-12}$$

由式(3-12)看出,电阻元件上的电压的频率和初相位与电流相同,其波形如图3-11(b)所示。对比正弦交流电的三要素,可得

①电压、电流均为同频率的正弦量。
②电压与电流的相位差 $\varphi=0$,即初相位相同。
③电压与电流的有效值成正比,即

$$U = IR$$

最大值的关系为

$$U_m = I_m R$$

上述结论可用相量形式表示为

$$\dot{U} = \dot{I}R \tag{3-13}$$

式(3-13)是电阻元件欧姆定律的相量形式,相量图如图3-11(b)所示。

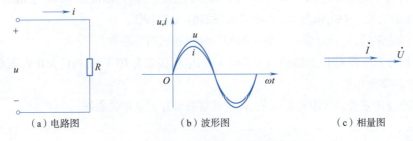

图3-11 电阻元件的电压与电流相位关系

(2)功率关系

①瞬时功率。电路任一瞬时所吸收的功率称为瞬时功率。瞬时电压与瞬时电流的乘积称为瞬时功率,用小写字母 p 来表示,即

$$p = p_R = ui = \sqrt{2}U\sqrt{2}I\sin^2\omega t = UI(1-\cos 2\omega t) \tag{3-14}$$

由式(3-14)可知,p 由两部分组成,第一部分是常数 UI,第二部分是振幅为 UI 并以 2ω 的角频率随时间变化的交变量 $UI\cos 2\omega t$。瞬时功率的波形图如图3-12所示,可以看出瞬时功率 $p \geq 0$,说明电阻元件总是从电源吸收功率,即电阻属于耗能元件。

②平均功率。瞬时功率在一个周期内的平均值,称为平均功率或有功功率,用大写字母 P 来表示,单位是瓦(W)或千瓦(kW)。那么,在电阻元件上消耗的平均功率为

$$P = \frac{1}{T}\int_0^T p\,dt = \frac{1}{T}\int_0^T UI(1-\cos 2\omega t)\,dt = UI = I^2 R = \frac{U^2}{R}$$

(3-15)

它和直流电路的公式在形式上一样,但这里的 P 是平均功率,U 和 I 是有效值。由于有效值是用和周期量在热效应方面相当的直流值定义的,故二者具有同样的结果。

例 3-7 已知一个 10 Ω 的电阻接入正弦电压 $u = 10\sin(314t + 30°)$ V 中,试求通过电阻的电流相量和瞬时值表达式。

解 电压相量为

$$\dot{U}_m = U_m \angle \psi = \frac{10}{\sqrt{2}} \angle 30° \text{ V} = 7.07 \angle 30° \text{ V}$$

电流相量为

$$\dot{I} = \frac{\dot{U}}{R} = \frac{7.07 \angle 30°}{10} \text{ A} = 0.707 \angle 30° \text{ A}$$

电流的瞬时值表达式为

$$i = 0.707\sin(314t + 30°) \text{ A}$$

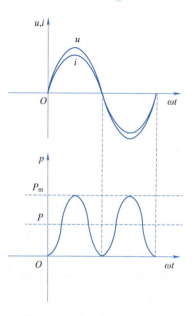

图 3-12 瞬时功率的波形图

2. 纯电感电路

有电流通过导线时,导线周围就会产生磁场。当线圈的电流变化时,周围的磁场也要变化。这种变化着的磁场在线圈中将产生感应电压。这种感应现象称为自感应,相应的器件称为自感元件,简称电感,图形符号如图 3-13 所示,用字母 L 来表示,电感的单位为亨利,简称亨,用 H 表示。

电感元件的感应电压为

$$u = L\frac{di}{dt} \quad (3\text{-}16)$$

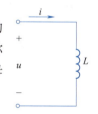

图 3-13 电感图形符号

式(3-16)表明,任一时刻,电感元件的电压并不取决于这一时刻电流自身大小,而是与这一时刻的电流变化率成正比。电感元件虽有电流,但若不变(直流),那么电感两端电压为零,电感元件就如同短路一样。

电感元件的磁场储能为

$$W_L = \frac{1}{2}Li^2 \quad (3\text{-}17)$$

由式(3-17)可知,只要电感有电流,便会有储能,与达到这个数值的过程无关,也与电压大小无关。L 一定时,电流越大,磁场越强,储能就越多。

(1)电压与电流的关系

设 $i = I_m \sin \omega t$,当电压和电流的参考方向关联时

$$u = L\frac{di}{dt} = L\frac{dI_m \sin \omega t}{dt} = \omega L I_m \sin(\omega t + 90°) = U_m \sin(\omega t + 90°)$$

由上式可得出关于电感元件的一般结论:

①电压和电流均为同频率的正弦量。

②电压与电流的相位差 $\psi = +90°$,即电压超前于电流 $90°$,波形图如图 3-14(a)所示。
③电压与电流的有效值关系为

$$U_m = I_m \omega L \quad \text{或} \quad \frac{U_m}{I_m} = \frac{U}{I} = \omega L$$

令

$$X_L = \omega L = 2\pi f L$$

则

$$I = \frac{U}{X_L} = \frac{U}{\omega L} = \frac{U}{2\pi f L} \tag{3-18}$$

由式(3-18)可知,电压一定时,X_L 越大,电流越小,可见电感在电路中具有阻碍电流通过的性质,所以称 X_L 为电感电抗,简称感抗,单位为欧。

在直流电路中,$f = 0$,$X_L = 0$,电感 L 视为短路。在交流电路中,X_L 随着 f 的增大而增大,因此可知电感具有"通直隔交"的作用。

若用相量来表示,则

$$\dot{U} = jX_L \dot{I} \quad \text{或} \quad \dot{I} = -j\frac{\dot{U}}{X_L} = \frac{\dot{U}}{jX_L} \tag{3-19}$$

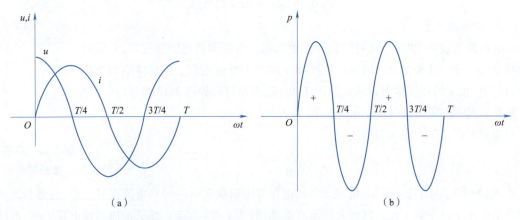

图 3-14 电感的电压与电流相位关系及有功功率分布

(2)功率关系

电感元件交流电路中的瞬时功率为

$$p = ui = I_m \sin \omega t \, U_m \sin\left(\omega t + \frac{\pi}{2}\right) = U_m I_m \cos \omega t \sin \omega t = UI \sin 2\omega t \tag{3-20}$$

由式(3-20)可知,电感元件交流电路中的瞬时功率的频率是电压和电流频率的 2 倍。如图 3-14(b)所示,在第 1 个和第 3 个 1/4 周期内,电流由零上升到峰值,这是磁场建立的过程,在此期间,电压 u 与电流 i 实际方向相同,瞬时功率为正,它表示外电路向电感输送能量,并转换为磁能而存储于线圈磁场内。在第 2 个和第 4 个 1/4 周期内,电流由峰值下降到零,这是磁场消失的过程,在此期间,电压 u 与电流 i 实际方向相反,瞬时功率为负,它表示电感把磁场储能释放给外电路。这是一种可逆的能量互换过程。因此,电感元件的平均功率为

$$P = \frac{1}{T}\int_0^T p\,dt = \frac{1}{T}\int_0^T UI\sin 2\omega t\,dt = 0$$

上式说明，电感元件中没有任何能量消耗，只有电感与外电路之间的能量互换，其能量交换的规模用无功功率 Q 来衡量。规定电感的无功功率 Q_L 等于其瞬时功率的振幅，即

$$Q_L = UI = I^2 X_L = \frac{U^2}{X_L} \tag{3-21}$$

无功功率的单位是"乏"，用 var 表示。

值得注意的是：无功功率并非无用功率，是指"交换而不损耗"。在以后学习电动机、变压器的工作原理时就会知道，没有无功功率，电动机、变压器将无法运转。

例 3-8 已知一个 1 H 的电感接在正弦电压 $u = 10\sqrt{2}\sin(314t + 30°)$ V 两端，试求通过电感的电流相量和无功功率。

解 感抗：

$$X_L = \omega L = 314 \times 1 \ \Omega = 314 \ \Omega$$

电流相量：

$$\dot{I}_L = \frac{\dot{U}_L}{jX_L} = \frac{10\angle 0°}{j314} \text{ A} = 0.032\angle -90° \text{ A}$$

无功功率：

$$Q_L = U_L I_L = 10 \times 0.032 \text{ var} = 0.32 \text{ var}$$

3. 纯电容电路

把两块金属薄板用绝缘介质隔开，就会形成一个实际电容器，其特点是能在两极板上储集等量异号的电荷，忽略实际电容器的能耗和漏电流，这样的电容器就称为理想电容器，简称电容。衡量电容元件储集电荷能力的物理量称为电容量，用字母 C 表示，单位是法拉，简称法，用符号 F 来表示。

电容元件的电流为

$$i = C\frac{du}{dt} \tag{3-22}$$

式(3-22)表明，任一时刻，电容元件的电流并不取决于这一时刻电压自身大小，而是与这一时刻的电压变化率成正比；电容元件虽有电压，但若大小不变（直流），那么电流为零，电容元件就如同开路。

电容元件的电场储能为

$$W_C = \frac{1}{2}Cu^2 \tag{3-23}$$

由式(3-23)可知，只要有电压，便会有储能，与电压达到这个数值的过程无关，也与电流大小无关。C 一定时，电压越高，电场越强，储能也就越多。

(1) 电压与电流的关系

设 $u = U_m \sin \omega t$，当电压和电流的参考方向关联时：

$$i = C\frac{du}{dt} = C\frac{dU_m \sin \omega t}{dt} = U_m \omega C\cos \omega t = U_m \omega C\sin\left(\omega t + \frac{\pi}{2}\right)$$

由上式可得出关于电容元件的一般结论：
①电压和电流均为同频率的正弦量。
②电压与电流的相位差 $\psi = -90°$，即电压滞后于电流 $90°$，波形图如图 3-15(a)所示。
③电压与电流的有效值关系为

$$I_m = U_m \omega C \quad 或 \quad \frac{U_m}{I_m} = \frac{U}{I} = \frac{1}{\omega C}$$

令

$$X_C = \frac{1}{\omega C} = \frac{1}{2\pi f C}$$

则

$$I = \frac{U}{X_C} = U\omega C = U 2\pi f C \tag{3-24}$$

式中，X_C 称为电容电抗，简称容抗，单位为欧。

在直流电路中，$f = 0$，X_C 趋于无穷大，电容 C 视为开路。在交流电路中，X_C 随着 f 的增大而减小，因此可知电容具有"通交隔直"的作用。

若用相量来表示，则

$$\dot{U} = -jX_C \dot{I} \quad 或 \quad \dot{I} = j\frac{\dot{U}}{X_C} = -\frac{\dot{U}}{jX_C} \tag{3-25}$$

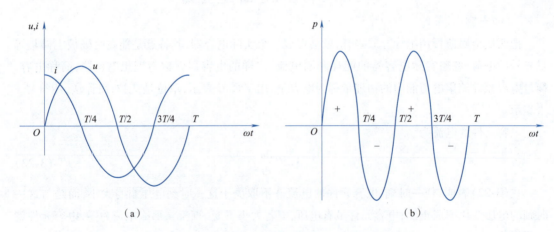

图 3-15　电容的电压与电流相位关系及有功功率分布

(2)功率关系

电容元件交流电路中的瞬时功率为

$$p = ui = I_m \sin \omega t \, U_m \sin\left(\omega t + \frac{\pi}{2}\right) = U_m I_m \cos \omega t \sin \omega t = UI \sin 2\omega t \tag{3-26}$$

由式(3-26)可知，电容元件交流电路中的瞬时功率的频率是电压和电流频率的 2 倍。如图 3-15(b)所示，在第 1 个和第 3 个 1/4 周期内，电容的瞬时功率为正值，表示电容吸收电源的能量，在第 2 个和第 4 个 1/4 周期内，电容的瞬时功率为负值，表示电容储存的能量送回电源。这是一种可逆的能量互换过程。因此，电容元件的平均功率为

$$P = \frac{1}{T}\int_0^T p\,\mathrm{d}t = \frac{1}{T}\int_0^T UI\sin 2\omega t\,\mathrm{d}t = 0$$

上式说明,电容元件中没有任何能量消耗,只有电容与外电路之间的能量互换,其能量交换的规模用无功功率 Q 来衡量。规定电容的无功功率 Q_C 等于其瞬时功率的振幅,即

$$Q_C = UI = I^2 X_C = \frac{U^2}{X_C} \tag{3-27}$$

例 3-9 已知一个 29 μF 的电容接在正弦电压 $u = 220\sin(314t + 30°)$ V 两端,试求通过电容的电流相量和瞬时值表达式。

解 容抗:

$$X_C = \frac{1}{\omega C} = \frac{1}{314 \times 29 \times 10^{-6}}\,\Omega \approx 110\,\Omega$$

电流相量:

$$\dot{I}_C = -\frac{\dot{U}}{\mathrm{j}X_C} = \frac{220\angle 30°}{110\angle -90°}\,\mathrm{A} = 2\angle 120°\,\mathrm{A}$$

瞬时值表达式:

$$i = 2\sqrt{2}\sin(314t + 120°)\,\mathrm{A}$$

任务实施

1. 训练目的

①了解单一参数正弦交流电路的特性。

②掌握 R、L、C 元件交流电路中电压与电流相位的关系及功率。

2. 训练器材

函数信号发生器 1 台、示波器 1 台、100 Ω 电阻 2 个、10 mH 电感 1 个、1 μF 电容 1 个。

3. 训练步骤

①将所需器材整齐摆放于干净台面并确保仪器正确接入电源。

②函数信号发生器进入工作状态,选择 CH1 通道,设置输出波形为正弦波,输出频率 f = 5 kHz,电压振幅为 10 V,初相位为 0 V。

③将 2 个电阻元件在面包板上串联连接于信号发生器的 Output 端口上,示波器的连接端子置于其中 1 个电阻两端,观察并记录示波器上电流和电压波形峰值和相位关系。

④将其中 1 个电阻元件更换为电感元件,1 个电阻元件和电感元件在面包板上串联连接于信号发生器的 Output 端口上,示波器的连接端子置于电感元件两端,观察并记录示波器上电流和电压波形峰值和相位关系。

⑤将电感元件更换为电容元件,1 个电阻元件和电容元件在面包板上串联连接于信号发生器的 Output 端口上,示波器的连接端子置于电容元件两端,观察并记录示波器上电流和电压波形峰值和相位关系。

任务 3 　RLC 组合交流电路

任务内容

①掌握 RLC 电路的特性,如电压三角形、阻抗三角形、功率三角形等。
②掌握功率因数对电力系统的重要性,以及如何提高功率因数,能够计算补偿电容的数值。
③掌握复阻抗的串并联计算,能准确计算阻抗大小。
④掌握谐振电路的特点,理解串联和并联谐振下谐振频率和品质因数的表达式。

知识储备

1. RLC 电路的特性

(1)电压三角形

图 3-16 所示为 RLC 的串联电路,假设电阻、电容、电感元件串联在电路中,流过各元件的电流为 $i = I_m \sin \omega t$,则各元件的分电压为

$$u_R = RI_m \sin \omega t$$
$$u_L = X_L I_m \sin(\omega t + 90°)$$
$$u_C = X_C I_m \sin(\omega t - 90°)$$

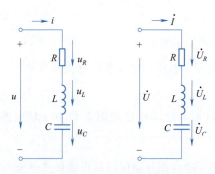

图 3-16 　RLC 的串联电路

根据基尔霍夫电压定律,总电压为

$$u = u_R + u_L + u_C \tag{3-28}$$

对应的电压有效值相量表达式为

$$\dot{U} = \dot{U}_R + \dot{U}_L + \dot{U}_C = R\dot{I} + jX_L\dot{I} - jX_C\dot{I} = [R + j(X_L - X_C)]\dot{I} = Z\dot{I} \tag{3-29}$$

式中,$Z = R + j(X_L - X_C)$ 称为复阻抗;$X = X_L - X_C$ 称为电抗,单位均为欧。

复阻抗是一个复数,实部是电阻,虚部是电抗。复阻抗的模是阻抗的大小,复阻抗的辐角就是电压和电流的相位差 φ。式(3-29)称为欧姆定律的相量表达式,用相量图表示如图 3-17 所示。

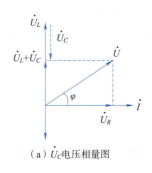 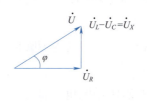

(a) $\dot{U}_C$ 电压相量图　　　　　　　(b) 电压有效值三角形

图 3-17　复阻抗的相量图

图 3-17(a) 所示为电压相量图，φ 为电压 $\dot{U}$ 与电流 $\dot{I}$ 之间的相位差，数值上与阻抗角相等。图 3-17(b) 所示为电压有效值三角形，简称电压三角形。总电压与电流有效值之间的关系为

$$U = \sqrt{U_R^2 + (U_L - U_C)^2} = I\sqrt{R^2 + (X_L - X_C)^2} \tag{3-30}$$

电压与电流之间的相位差 φ 为

$$\varphi = \arctan\frac{U_X}{U_R} = \arctan\frac{U_L - U_C}{U_R} \tag{3-31}$$

(2) 阻抗三角形

由

$$Z = R + j(X_L - X_C) = R + jX$$

得

$$|Z| = \sqrt{R^2 + (X_L - X_C)^2} \tag{3-32}$$

$$\varphi = \varphi_u - \varphi_i = \arctan\frac{X_L - X_C}{R} \tag{3-33}$$

式中，$|Z|$ 为阻抗模值，反映了电阻、电感和电容串联电路对正弦交流电流所产生总的阻碍作用；辐角 φ 为阻抗角。

由 R、X 和复阻抗的模 $|Z|$ 构成的三角形称为阻抗三角形，如图 3-18 所示。

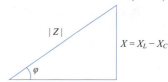

图 3-18　复阻抗的阻抗三角形

由 $\dot{U} = Z\dot{I}$ 可得

$$\begin{cases} Z = \dfrac{\dot{U}}{\dot{I}} = \dfrac{U\angle\varphi_u}{I\angle\varphi_i} = |Z|\angle(\varphi_u - \varphi_i) = |Z|\angle\varphi \\ |Z| = \dfrac{U}{I} \\ \varphi = \varphi_u - \varphi_i \end{cases} \tag{3-34}$$

可见，复阻抗的模 $|Z|$ 等于电压的有效值与电流的有效值之比。辐角 φ 等于电压与电流的相位差。

当频率一定时，电路的性质由电路参数决定（R、L、C），即

① 若 $X_L > X_C$，则 $\varphi > 0$，此时电压超前电流 φ 角，电路呈感性。

② 若 $X_L = X_C$，则 $\varphi = 0$，此时电压与电流同相位，电路呈阻性。

③ 若 $X_L < X_C$，则 $\varphi < 0$，此时电压滞后电流 φ 角，电路呈容性。

(3) 功率三角形

① 瞬时功率。RLC 串联电路所吸收的瞬时功率为

$$p = ui = (u_R + u_L + u_C)i = u_R i + u_L i + u_C i = p_R + p_L + p_C \tag{3-35}$$

式中，p_R、p_L、p_C 分别是电阻、电感和电容的瞬时功率。

在任何一个时刻，电源提供的能量一部分被耗能元件消耗掉，一部分与储能元件进行能量交换。

② 有功功率。由于电感和电容不消耗能量，因此电路所消耗的功率就是电阻所消耗的功率，电路在一个周期内的平均功率，即有功功率为

$$P = \frac{1}{T}\int_0^T (u_R i + u_L i + u_C i)\mathrm{d}t$$

$$= \frac{1}{T}\int_0^T u_R i\,\mathrm{d}t$$

$$= U_R I = I^2 R = \frac{U_R^2}{R}$$

由电压三角形可知

$$U_R = U\cos\varphi$$

所以

$$P = U_R I = UI\cos\varphi = UI\lambda \tag{3-36}$$

式中，$\lambda = \cos\varphi$ 称为功率因数。

在电源频率一定时，功率因数的大小由电路本身的参数决定，即 $\cos\varphi = \dfrac{R}{|Z|}$。功率因数反映了电源设备的"利用率"。若 $\cos\varphi = 1$，则表示电路和电源之间不存在能量互换，有功功率等于视在功率，电源向电路最大限度地输出有功功率，电源得到重复利用；若 $\cos\varphi < 1$，则表示电路和电网之间出现能量互换，有功功率小于视在功率，电源的利用率降低。

③ 无功功率。在电路中，由于 L 与 C 的电流、电压相位相反，所以电感与电容的瞬时功率符号始终相反，即当电容吸收能量时，电感释放能量；反之亦然。两者能量相互补偿的差值才是电源交换的能量，把这种能量交换规模的大小称为无功功率。

$$Q = Q_L - Q_C = U_L I - U_C I = (U_L - U_C)I = U_X I = XI^2 = \frac{U_X^2}{X} = UI\sin\varphi \tag{3-37}$$

④ 视在功率。额定电压与额定电流的乘积称为视在功率，用大写字母 S 表示，单位为伏·安（V·A），即

$$S = UI \tag{3-38}$$

视在功率不是电路中实际消耗的功率，常用于标称电源设备的容量。

⑤ 功率三角形。根据式(3-34)~式(3-36)可将有功功率 P、无功功率 Q 和视在功率 S 组成一个三角形，称为功率三角形，如图 3-19 所示。三者的关系为

$$\begin{cases} P = S\cos\varphi \\ Q = S\sin\varphi \\ S = \sqrt{P^2 + Q^2} \\ \varphi = \arctan\dfrac{Q}{P} \end{cases} \quad (3\text{-}39)$$

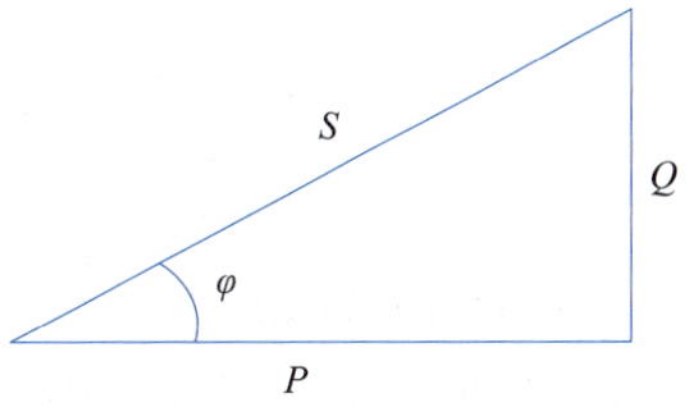

图 3-19 复阻抗的功率三角形

(4)功率因数的提高

异步电动机是工业生产中最常用的感性负载,在运行时其功率因数为 0.8 左右,轻载时为 0.25 左右。提高功率因数既能使发电设备的容量得以充分利用,又能使电能得到大量节约。常用的办法是在感性负载的两端并联适当大小的电容器(装在用户或变电所),这种电容器就称为补偿电容,如图 3-20 所示。

设未并联电容器时电源提供的无功功率,即感性负载所需无功功率为

$$Q_L = UI\sin\varphi_1 = P\tan\varphi_1$$

并联电容器后电源向感性负载提供的无功功率为

$$Q' = UI\sin\varphi_2 = P\tan\varphi_2$$

并联电容器后电容补偿的无功功率为

$$|Q_C| = Q_L - Q' = P(\tan\varphi_1 - \tan\varphi_2)$$

由于

$$|Q_C| = X_C I = \frac{U^2}{X_C} = \omega C U^2 = 2\pi f C U^2$$

所以

$$C = \frac{P}{2\pi f U^2}(\tan\varphi_1 - \tan\varphi_2) \quad (3\text{-}40)$$

提高功率因数相量图如图 3-21 所示,通常只将功率因数提高到 0.9~0.95 之间。我国供电规则中要求:高压供电企业的功率因数不低于 0.95,其他用电单位不低于 0.9。

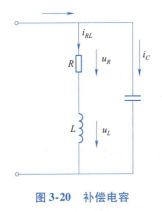

图 3-20 补偿电容

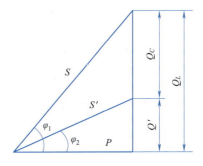

图 3-21 提高功率因数相量图

例 3-10 已知感性负载的功率 $P = 100$ W,电源电压表达式 $u = 100\sqrt{2}\sin(314t + 30°)$ V,功率因数 $\cos\varphi_1 = 0.6$,要将功率因数提高到 $\cos\varphi_2 = 0.9$,求两端应并联多大的电容器。

解 根据式(3-38)可得

$$C = \frac{P}{2\pi f U^2}(\tan\varphi_1 - \tan\varphi_2) = \frac{100}{314 \times 100^2}(1.33 - 0.48)\text{F} = 27\ \mu\text{F}$$

2. 复阻抗的串并联

(1) 复阻抗的串联

前文已讲解直流电路中的串联和并联关系,交流电路的分析方法和证明方法与直流电路完全类似,也满足欧姆定律,因此直接列写结论。

若有 n 个复阻抗串联,则它们的等效复阻抗就等于这 n 个复阻抗的和。

$$Z = Z_1 + Z_2 + \cdots + Z_n = \sum_{k=1}^{n} Z_k \qquad (3\text{-}41)$$

串联复阻抗的模一般不等于两个复阻抗模相加,即 $|Z| \neq |Z_1| + |Z_2|$。

相应的分压关系为

$$\dot{U}_i = \frac{Z_i}{Z}\dot{U} = \frac{Z_i}{Z_1 + Z_2 + \cdots + Z_n}\dot{U} \qquad (3\text{-}42)$$

式中,$\dot{U}$、$\dot{U}_i$ 分别是总电压相量和 Z_i 的电压相量。

(2) 复阻抗的并联

若有 n 个复阻抗并联,则它们的等效复阻抗的倒数就等于这 n 个复阻抗的倒数和。

$$\frac{1}{Z} = \frac{1}{Z_1} + \frac{1}{Z_2} + \cdots + \frac{1}{Z_n} \qquad (3\text{-}43)$$

需要注意的是,复数运算中 $\frac{1}{|Z|} = \frac{1}{|Z_1|} + \frac{1}{|Z_2|} + \cdots + \frac{1}{|Z_n|}$。

分流关系:若已知 Z_1、Z_2、$\dot{I}$,则

$$\begin{cases} \dot{I}_1 = \frac{\dot{U}}{Z_1} = \frac{Z}{Z_1}\dot{I} = \frac{Z_2}{Z_1 + Z_2}\dot{I} \\ \dot{I}_2 = \frac{Z_1}{Z_1 + Z_2}\dot{I} \end{cases} \qquad (3\text{-}44)$$

例 3-11 已知两个复阻抗 $Z_1 = 50\angle 30°\ \Omega$ 和 $Z_2 = 50\angle -90°\ \Omega$ 串联接在 $\dot{U} = 100\angle 60°\ \text{V}$ 的电源上。试求 Z、$\dot{U}_1$ 及 $\dot{U}_2$。

解 由式(3-39)可得等效复阻抗为

$$Z = Z_1 + Z_2 = (50\angle 30° + 50\angle -90°)\Omega = (25\sqrt{3} + \text{j}25 - \text{j}50)\Omega = 50\angle -30°\ \Omega$$

根据分压公式得

$$\dot{U}_1 = \frac{Z_1}{Z}\dot{U} = \frac{Z_1}{Z_1 + Z_2}\dot{U} = \frac{50\angle 30°}{50\angle -30°} \times 100\angle 60°\ \text{V} = 100\angle 120°\ \text{V}$$

$$\dot{U}_2 = \frac{Z_2}{Z}\dot{U} = \frac{Z_2}{Z_1 + Z_2}\dot{U} = \frac{50\angle -90°}{50\angle -30°} \times 100\angle 60°\ \text{V} = 100\angle 0°\ \text{V}$$

3. 谐振电路

电感、电容是交流电路中性质相反的两种电抗元件。如果调节电源的频率或电路的参数时,

电路两端的电压和其中的电流会出现同相的情况,整个电路的负载呈纯电阻性,这种现象称为谐振。谐振发生的条件:电压和电流相位相同。按谐振发生的电路不同,谐振分为串联谐振和并联谐振两种。

(1) 串联谐振

RLC 串联电路如图 3-16 所示。当 $X_L = X_C$ 时,$\varphi = 0$,电源电压和电流同相。此时的频率称为谐振频率。根据 $\omega L = \dfrac{1}{\omega C}$,可得出谐振频率

$$\begin{cases} f_0 = \dfrac{1}{2\pi\sqrt{LC}} \\ \omega_0 = \dfrac{1}{\sqrt{LC}} \end{cases} \tag{3-45}$$

由式(3-45)可知,串联电路谐振频率 ω_0 或 f_0 仅由电路本身的储能元件的参数 L 和 C 所确定。f_0 称为电路的固有频率。

电路发生串联谐振时具有以下几个特点:

①电路的阻抗最小且呈纯电阻性,此时电路阻抗为

$$|Z| = \sqrt{R^2 + (X_L - X_C)^2} = R \tag{3-46}$$

②在一定的电压下,电路中的电流有效值最大,谐振电流为

$$I_0 = \dfrac{U}{|Z_0|} = \dfrac{U}{R} \tag{3-47}$$

③$U_L = U_C$,是端电压的 Q 倍且相位相反,互相抵消。

谐振时,电感或电容的端电压与外电压的比值为

$$Q = \dfrac{U_L}{U} = \dfrac{X_L I}{RI} = \dfrac{X_L}{R} = \dfrac{\omega_0 L}{R} = \dfrac{1}{R}\sqrt{\dfrac{L}{C}} \tag{3-48}$$

当 $X_L \gg R$ 时,电感和电容的端电压就大大超过外加电压,二者的比值 Q 称为谐振电路的品质因数。Q 只与电路的 R、L 及 C 有关,是一个没有量纲的量。

(2) 并联谐振

并联谐振电路如图 3-22(a)所示。当总电流 $\dot{I}$ 和电压 $\dot{U}$ 同相时,$\varphi = 0$,电路产生并联谐振,即 $X_L = X_C$,谐振频率 $f_0 = \dfrac{1}{2\pi\sqrt{LC}}$。

当电路发生并联谐振时,具有以下几个特点:

①电路的阻抗最大,呈电阻性,此时电路阻抗为

$$|Z_0| = \dfrac{L}{RC} = Q^2 R \tag{3-49}$$

②电路的总电流有效值最小,谐振电流为

$$I_0 = \dfrac{U}{|Z_0|} \tag{3-50}$$

③$I_L \approx I_C$,且都是总电流的 Q 倍。谐振总电流和支路电流的相量关系如图 3-22(b)所示。

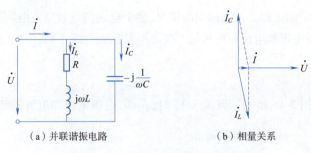

（a）并联谐振电路　　　　　　（b）相量关系

图 3-22　*RLC* 并联谐振电路及相量关系

任务实施

1. 训练目的

①掌握延时开关电路的基本工作原理，能够独立选择元器件型号和绘制电路图。

②掌握 *RLC* 电路的特性。

③熟练运用电工仪表，对电路中的各参数进行测试。

2. 训练器材

交流电源 1 台、单刀双掷开关 1 个、计时器 1 个、可调电位器 1 个、100 Ω 电阻器 1 个、200 μF 和 500 μF 电容器各 1 个、灯泡 1 个。

3. 训练步骤

①绘制延时开关电路图，如图 3-22 所示，并计算所用元器件的参数，在电路图中标出元器件型号，计算灯泡理论延时时间。

②正确选用元器件，并按电路图在面包板上进行规范布线。

③将电路接入电源中，单刀双掷开关 S 置于电源端，灯泡亮。

④单刀双掷开关 S 倒置于另外一端的同时，计时器开始计时，直到灯泡熄灭，计时结束，记录时间差。

⑤调整可调电位器的大小或更换电容器的大小，再次重复步骤③、④。

⑥实验结束，断开电源，将元器件归还，对比理论延时时间和实际延时时间。

项目评价表

学　院		专　业		姓　名	
学　号		小　组		组长姓名	
指导教师		日　期		成　绩	
学习目标	素质目标： 1. 树立正确的世界观、人生观、价值观。 2. 具有良好的沟通合作能力，协调配合能力。 3. 具有爱岗敬业、耐心务实、精益求精的工匠精神。 4. 具有良好的身心素质和人文素养				
	知识目标： 1. 掌握正弦交流电的三要素特性。				

学习目标	2. 掌握复数的表示形式和正弦交流电的相量表达式,并将两者结合使用。 3. 掌握 R、L、C 元件在正弦交流电路中的特性。 4. 掌握谐振电路的特点。 5. 掌握设计延时开关电路的技巧 技能目标: 1. 具备电气元件的识别能力,能够通过型号判断电气元件的使用规则,具备根据电路实际选用合适的元器件的能力。 2. 具备正弦交流电路的基本分析能力,能够分析电压、电流的相位关系和计算复阻抗值、有功功率等参数,厘清电路呈现的状态,绘制出电压三角形、功率三角形和阻抗三角形。 3. 具备电路装调及排查故障能力,能够组合元件并焊接固定在面包板上;观察实验现象,如有故障,利用仪器仪表查找并排除故障			
任务评价	任务内容			完成情况
	1. 掌握正弦交流电的频率、振幅和初相位三要素			
	2. 掌握同频率下正弦交流电的相位差			
	3. 掌握复数的表示形式及其四则运算			
	4. 掌握正弦交流电的相量表示法及其他表示法			
	5. 掌握纯电阻电路的特点,理解单一元件的电路特性,能够分析电压、电流相位关系和有功功率等,准确写出相量表达式			
	6. 掌握纯电感电路的特性,理解单一元件的电路特性,能够分析电压、电流相位关系和无功功率等,准确写出相量表达式			
	7. 掌握纯电容电路的特性,理解单一元件的电路特性,能够分析电压、电流相位关系和无功功率等,准确写出相量表达式			
	8. 对比 R、L、C 三个元件的特点,熟练运用在不同组合中			
	9. 掌握 RLC 电路的特性,如电压三角形、阻抗三角形、功率三角形等			
	10. 掌握功率因数对电力系统的重要性,以及如何提高功率因数,能够计算补偿电容的数值			
	11. 掌握复阻抗的串并联计算,能准确计算阻抗大小和电压、电流相量表达式			
	12. 掌握谐振电路的特点,理解串联和并联谐振下谐振频率和品质因数的表达式			
质量检查	请指导老师检查本组作业结果,并针对问题提出改进措施及建议			
	综合评价			
	建 议			
评价考核	评价项目	评价标准	配 分	得 分
	理论知识学习	理论知识学习情况及课堂表现	25	
	素质能力	能理性、客观地分析问题	20	
	作业训练	作业是否按要求完成,电气元件符号表示是否完全正确	25	
	质量检查	改进措施及能否根据讲解完成线路装调及故障排查	20	
	评价反馈	能对自身客观评价和发现问题	10	
	任务评价	基本完成( ) 良好( ) 优秀( )		
	教师评语			

国产电容式触摸屏引领新技术

随着科技发展日新月异,触摸屏的电子设备也逐步成为日常生活中的重要工具,如手机、平板电脑等智能终端。而其关键零件之一——触摸屏尤为重要。使用过程中是否曾有过这样的疑问:触摸屏的工作原理是什么?它是如何知道我们手指的位置?为什么手机贴了膜一样可以使用,而戴着手套就不能正常使用了呢?

目前,市面上使用的触摸屏多数是电容式触摸屏。电容式触摸屏是一种通过触摸屏幕上的电容来检测和定位触摸的技术。与传统的电阻式触摸屏相比,电容式触摸屏具有更高的灵敏度、更快的响应速度、更长的使用寿命以及更好的抗划痕性能等优点。电容屏是一个四层复合玻璃板,其中有层氧化铟锡材料,它透明并且可以导电,适合于制造触摸屏。当手指接触屏幕上某个部位时,就会与氧化铟锡材料构成耦合电容,改变触点处的电容大小。屏幕的四个角会有导线,由于交流电可以通过电容器,四个导线的电流会奔向触点,并且电流大小与到触点的距离有关。手机内部的芯片可以分析四个角的电流,通过计算就可以得到触点的位置。

随着智能化时代的到来,电容式触摸屏技术在各个领域得到广泛应用,成为现代化生活中必不可少的元素。作为一种先进的技术,电容式触摸屏的应用领域不断拓展,它的研发和生产也在不断进步。在这方面,国产企业已经成为领先者,他们在创新精神、大国工匠精神等方面表现突出,引领这项新技术的发展。

首先,国产企业在电容式触摸屏技术方面的创新精神非常突出。他们在研发过程中积极探索,不断寻求创新,将技术推向更高的水平。比如,一些企业开发了多点触控技术,使电容式触摸屏可以支持多指操作,增加了用户的交互体验。还有一些企业通过改进材料、设计等方面,不断提高电容式触摸屏的性能,使之更加灵敏、更加耐用,受到了广大用户的好评。这些创新不仅提高了国产电容式触摸屏的竞争力,也推动了整个产业的发展。

其次,国产企业展现了大国工匠精神。他们在生产制造方面非常注重细节和质量,将产品质量放在首位。比如,一些企业引入了自动化生产线,提高了生产效率的同时也保证了产品的质量和稳定性。还有一些企业在产品生产过程中采用严格的质量控制标准,对每一个环节都进行监督和把控,确保产品的每一个细节都达到了最高标准。这种大国工匠精神不仅提高了国产电容式触摸屏的品质,也体现了中国制造业的实力和声誉。

最后,国产电容式触摸屏的引领新技术不仅仅在国内,也在国际市场上得到广泛应用。在智能手机、平板电脑、汽车娱乐系统等消费电子产品方面,国产电容式触摸屏已经成为全球市场的领导者之一。这不仅证明了国产企业在电容式触摸屏技术方面的实力,也体现了中国制造业的国际竞争力。

未来,电容式触摸屏技术将继续发展和创新,可能会有以下趋势:

①高分辨率:随着手机、平板电脑等设备的分辨率越来越高,触摸屏的分辨率也需要提高,以保证更好的用户体验。

②更快的响应速度:响应速度是电容式触摸屏的关键指标之一,未来的技术将更加注重快速响应和更低的延迟。

③更大的尺寸:目前市场上电容式触摸屏的尺寸通常不超过10英寸(1英寸=2.54 cm),未来可能会出现更大的触摸屏产品,例如大型商业屏幕和家庭娱乐设备。

④更好的防误触技术:随着触摸屏尺寸的增大,误触的可能性也会增加,未来的技术将更加注重防误触功能,以提高用户体验。

⑤弹性触摸屏:弹性触摸屏是一种新兴的触摸屏技术,它可以让触摸屏在受到外力撞击时有一定的弹性,从而提高触摸屏的耐用性和抗震能力。

课后习题

一、填空题

1. 电压源的特点是它的_____恒定不变,但它的_____可以随外电路的变化而变化。

2. _____、_____、_____是正弦量的三要素。

3. 当两个正弦量的相位差是 π/2 时,称它们是_____关系;当相位差是 π 时,称它们是_____关系;当相位差是_____时,称它们是同相关系。

4. 交流电路中,频率越高,容抗越_____,电流越_____。

5. 工业上提高感性负载功率因数常用的办法是_____。

6. 设 $u = 100\sqrt{2}\sin\left(314t + \dfrac{\pi}{3}\right)$ V,则它的角频率为_____,初相角为_____,有效值为_____。

二、选择题

1. 在复平面上,复数 6 + j12 位于(　　)。
   A. 第Ⅰ象限　　　B. 第Ⅱ象限　　　C. 第Ⅲ象限　　　D. 第Ⅳ象限

2. 电容两端电压变成原来的两倍,其中的储能将(　　)。
   A. 保持不变　　　B. 减半　　　C. 是原来的两倍　　　D. 是原来的四倍

3. 指出下列各式中正确的是(　　)。
   A. $\dfrac{u}{i} = X_L$　　B. $\dfrac{\dot{U}}{\dot{I}} = \omega L$　　C. $I = \dfrac{u}{R}$　　D. $u = L\dfrac{di}{dt}$

4. 已知电容上施加正弦电压,当升高电源频率时,电容电流有效值将(　　)。
   A. 减少　　　B. 增加　　　C. 不变

5. 电容器和电阻器串联在正弦电压上,频率的大小使得容抗和电阻一样,因此,每个元件上电压有效值一样大。如果频率减小,则(　　)。
   A. $U_R > U_C$　　　B. $U_R < U_C$　　　C. $U_R = U_C$

6. 某负载的有功功率为 40 W,无功功率为 30 var,则视在功率为(　　)。
   A. 70 V·A　　　B. 10 V·A　　　C. 50 V·A　　　D. 50 W

7. 频率反映交流电变化的(　　)。
   A. 位置　　　B. 快慢　　　C. 大小　　　D. 方向

8. 正弦电压 $u = 10\sin(314t + 60°)$ V,电流 $i = 10\sin(31.4t + 30°)$ A 的相位差是(　　)。
   A. 0°　　　B. 30°　　　C. -30°　　　D. 不确定

9. 我国生活用电电压是 220 V,这个数值是交流电的( )。

　　A. 最大值　　　　B. 有效值　　　　C. 瞬时值　　　　D. 平均值

10. 串联 RL 电路中,若输入正弦电压的频率增加时,阻抗将( )。

　　A. 加倍　　　　　B. 不变　　　　　C. 增加　　　　　D. 减小

三、判断题

1. 电感元件可以存储电场能量,电容元件可以存储磁场能量。　　　　　　　　( )
2. 当两个电容元件 C_1 和 C_2 串联时,其等效电容 $C = C_1 + C_2$。　　　　　　　( )
3. 电容器和电感器可以进行能量转换,所以它们是储能元件。　　　　　　　　( )
4. 当正弦量的零点在坐标原点的左边,其初相为负。　　　　　　　　　　　　( )
5. 电阻元件上只消耗有功功率,不产生无功功率。　　　　　　　　　　　　　( )

四、计算题

1. 已知 $A = 8 + j6, B = 5 + j5$,求 $AB、\dfrac{A}{B}$ 和 $A + B$。

2. 计算下列各题,并说明电路的性质(感性、容性或阻性)。

(1) $\dot{U} = 10\angle 30° \text{ V}, Z = (10 + j10) \ \Omega, \dot{I} = ?$

(2) $\dot{U} = 100\angle 30° \text{ V}, \dot{I} = -10\angle -120° \text{ A}, Z = ?$

(3) $\dot{U} = -100\angle 30° \text{ V}, \dot{I} = 10\angle -60° \text{ A}, Z = ?$

3. 一个电阻、电感、电容串联电路,已知电源电压 $u = 10\sqrt{2}\sin(314t)$ V, $R = 2\ \Omega$, $X_L = 4\ \Omega$, $X_C = 2\ \Omega$,试用相量法求电流和各元件电压,并画出相量图。

4. 如图 3-23 所示,两个复阻抗 Z_1、Z_2 并联,试计算图中标出的三个电流相量并画出相量图。

已知 $Z_1 = 50\angle 53.1°\ \Omega, Z_2 = 62.5\angle -90°\ \Omega, \dot{U} = 100\angle 0°$ V。

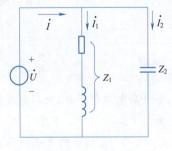

图 3-23　题 4 图

典型电气控制电路的分析、仿真与调试

项目引入

电气设备中的控制环节犹如大脑对人体的控制,是设备控制的核心。要分析电气控制原理,需要掌握电气控制线路主回路、控制回路等各部分的工作规律。充分发挥仿真软件的作用和功能,运用机电运动控制仿真软件有效完成典型电路的装调与仿真,通过软件的仿真功能进行分析,通过相应现象分析成因,为实际电气控制电路装调提供参考。

学习目标

①掌握低压电气元件的基本结构、工作原理、符号表示、型号含义等基本知识。
②了解宇龙机电运动控制仿真软件的基本功能。
③掌握宇龙机电运动控制仿真软件的电路装调方法、仿真技巧。
④提高电气控制电路分析能力,锻炼思维能力。
⑤能够通过仿真软件对典型电路进行装调及仿真。
⑥培养故障的分析能力和排除故障的技巧。

任务 1　多地控制电路的分析、仿真与调试

任务内容

①认识常见的低压电气元件,理解多地控制电路涉及的元器件在电路中的功能。
②分析多地控制电路的功能特点,厘清控制原理及控制过程的具体现象。
③了解宇龙机电运动控制仿真软件的各项功能,使用其对多地控制电路进行线路装调及模拟仿真。
④根据仿真现象与线路预期控制现象进行对比,若出现故障及时排除。

知识储备

1. 低压电路元器件

凡是根据外界特定信号要求,自动或手动接通和断开电路,断续或连续改变电路参数,实现对电路或非电现象的切换、控制、保护、检测及调节的电气设备均称为电器。根据工作电压的高低,电器可分为高压电器和低压电器。一般把工作在交流额定电压 1 200 V 及以下,直流额定电

压 1 500 V 及以下的电器称为低压电器。低压电器作为基本器件,广泛应用于输配电系统和电力拖动系统中,在工业生产、交通运输和国防工业等领域起着极其重要的作用。

随着科学技术的迅速发展,工业自动化程度不断提高,供电系统的容量不断扩大,低压电器的使用范围也日益扩大,其品种规格不断增加,产品的更新替换速度加快。低压电器长时间工作过程中,经常会遇到使用维护不当或元器件老化等问题,这就需要从事相关工作的人员特别是维修人员掌握低压电器的工作原理,熟悉其结构,能够进行电器线路的装调。

1)交流接触器

如图 4-1 所示,交流接触器(KM)是一种自动接通或断开大电流电路的电器,可以频繁地接通或断开交流电路,并可实现远距离控制。其主要控制对象是电动机,也可用于控制电热设备、电焊机、电容器组等其他负载,具有低电压释放保护功能。交流接触器具有控制容量大、过载能力强、寿命长、设备简单、经济等特点,是电力拖动自动控制电路中使用最广泛的低压电器。交流接触器从线路装调角度而言,主要包括线圈、主触点、辅助触点三个部分,实际控制过程中,当交流接触器线圈得电时,主触点吸合,常开辅助触点闭合,常闭辅助触点断开,如图 4-2 所示为交流接触器的图形符号。

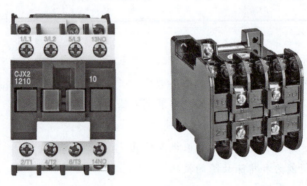

图 4-1 交流接触器

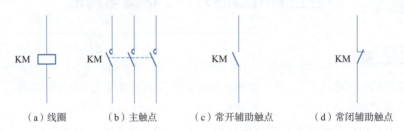

(a)线圈　　　(b)主触点　　　(c)常开辅助触点　　　(d)常闭辅助触点

图 4-2 交流接触器的图形符号

(1)交流接触器的基本结构

交流接触器主要由电磁系统、触点系统、灭弧装置、绝缘外壳及附件等部分组成。图 4-3 为交流接触器触点系统示意图。

①电磁系统。包括吸引线圈、动铁芯和静铁芯。

②触点系统。包括三组主触点和一至两组常开、常闭辅助触点,它和动铁芯是连在一起互相联动的。

③灭弧装置。一般容量较大的交流接触器都设有灭弧装置,以便迅速切断电弧,免于烧坏主触点。

项目4 典型电气控制电路的分析、仿真与调试

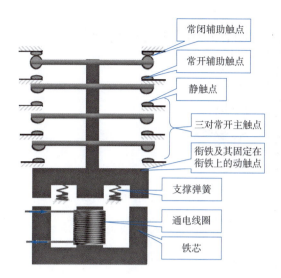

图 4-3　交流接触器触点系统示意图

④绝缘外壳及附件。具体包括各种弹簧、传动机构、短路环、接线柱等。

（2）交流接触器的工作原理

当线圈通电时，静铁芯产生电磁吸力，将动铁芯吸合，由于触点系统与动铁芯联动，因此动铁芯带动三条动触片同时运行，触点闭合，从而接通电源。当线圈断电时，吸力消失，动铁芯联动部分依靠弹簧的反作用力而分离，使主触点断开，切断电源。交流接触器利用主触点来开闭电路，用辅助触点来执行控制指令。

主触点一般只有常开触点，而辅助触点常有两对具有常开和常闭功能的触点，小型接触器也经常作为中间继电器配合主电路使用。交流接触器触点通常由银钨合金制成，具有良好的导电性和耐高温烧蚀性。交流接触器的动作动力来源于交流电磁铁，电磁铁由两个"山"字形的硅钢片叠成，其中一个固定，在上面套上线圈。工作电压有多种供选择。为了使磁力稳定，铁芯的吸合面加上短路环。交流接触器在失电后，依靠弹簧复位。另一半是活动铁芯，构造和固定铁芯一样，用以带动主触点和辅助触点的开断。20 A 以上的接触器加有灭弧罩，利用断开电路时产生的电磁力，快速拉断电弧，以保护触点。交流接触器制作为一个整体，外形和性能也在不断提高，但是功能始终不变。虽技术的发展日新月异，交流接触器在电气控制线路中依旧有其重要的地位。

（3）交流接触器的型号含义

交流接触器的型号不同，常在代号中有所体现，如 GSK980TDc 数控机床采用的是施耐德交流接触器，它的型号含义如图 4-4 所示。

2）继电器

（1）继电器的工作原理

继电器是一种利用各种物理量的变化，将电量或非电量信号转化为电磁力或使输出状态发生阶跃变化，从而通过其触点或突变量促使在同一电路或另一电路中的其他器件或装置动作的一种控制元件。它用于各种控制电路中进行信号传递、放大、转换、联锁等，控制主电路和辅助电路中的器件或设备按预定的动作程序进行工作，实现自动控制和保护的目的。

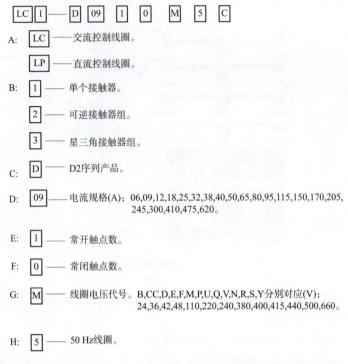

图 4-4 GSK980TDc 数控机床的交流接触器型号含义

常用的继电器按动作原理分有电磁式、磁电式、感应式、电动式、光电式、压电式、热继电器与时间继电器等。按激励量不同分为交流、直流、电压、电流、中间、时间、速度、温度、压力、脉冲继电器等。

（2）常用继电器介绍

①中间继电器。所谓中间继电器（K）就是用于继电保护与自动控制系统中,以增加触点的数量及容量。它用于在控制电路中传递中间信号。中间继电器的结构和原理与交流接触器基本相同,与交流接触器的主要区别在于:交流接触器的主触点可以通过大电流,而中间继电器的触点只能通过小电流。因此它只能用于控制电路中,一般是没有主触点,因其过载能力比较小。所以它用的全部都是辅助触点,数量比较多。中间继电器的作用是用来传递信号或同时控制多个电路,也可直接用它来控制小容量电动机或其他电气执行元件。

继电器的工作原理是当某一输入量（如电压、电流、温度、速度、压力等）达到预定数值时,使它动作,以改变控制电路的工作状态,从而实现既定的控制或保护的目的。在此过程中,继电器主要起了传递信号的作用。比如 GSK980TDc 机床中用中间继电器 KA7、KA8 做电压转化,将直流 24 V 转换为交流 110 V。

a. 基本结构。中间继电器由固定铁芯、动铁芯、弹簧、动触点、静触点、线圈、接线端子和外壳组成。

b. 工作原理。中间继电器的工作原理和接触器是一样的,可以用"线圈通电,触点动作"来概括。图 4-5 所示为中间继电器实物图,图 4-6 所示为中间继电器的图形符号。

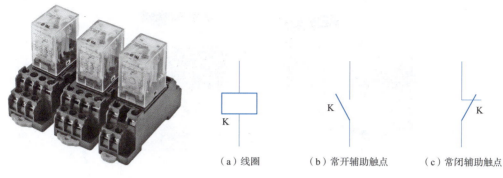

(a)线圈　　　　　　(b)常开辅助触点　　　　(c)常闭辅助触点

图 4-5　中间继电器实物图　　　　图 4-6　中间继电器的图形符号

②热继电器。如图 4-7 所示,热继电器(FR)主要用于电动机的过载保护、断相保护、电流不平衡运行的保护及其电气设备发热状态的控制。其图形符号如图 4-8 所示。

a. 基本机构。热继电器的主要由热元件、动作机构、触点系统、电流整定装置、复位机构和温度补偿元件等组成。

b. 工作原理。热继电器是电流通过热元件加热使双金属片弯曲,推动执行机构动作的电器,主要用来保护电动机或其他负载免于过载以及作为三相电动机的断相使用。

图 4-7　热继电器实物图

(a)热元件　　　　(b)常闭辅助触点　　　　(c)常开辅助触点

图 4-8　热继电器的图形符号

③时间继电器。时间继电器(KT)是一种利用电磁原理或机械动作原理实现触点延时接通或断开的自动控制电器。它广泛用于需要按时间顺序进行控制的电气控制线路中。图 4-9 所示为时间继电器实物图,图 4-10 所示为通电延时型时间继电器的图形符号,图 4-11 所示为断电延时型时间继电器的图形符号。

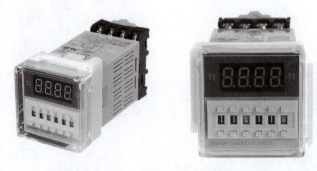

图 4-9　时间继电器实物图

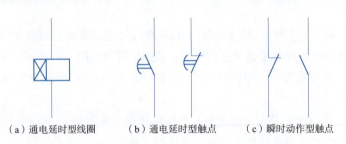

(a) 通电延时型线圈　　(b) 通电延时型触点　　(c) 瞬时动作型触点

图 4-10　通电延时型时间继电器的图形符号

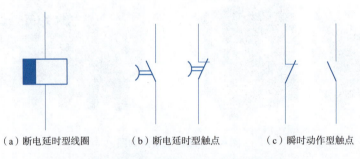

(a) 断电延时型线圈　　(b) 断电延时型触点　　(c) 瞬时动作型触点

图 4-11　断电延时型时间继电器的图形符号

a. 基本机构。时间继电器一般的结构是电磁系统、延时机构和触点系统三部分。

b. 工作原理。线圈通电时,由于延时机构的作用,衔铁缓慢吸合,触点延时动作,延时的时间即时间继电器设定的时长。随着电子技术的发展,电子式时间继电器在时间继电器中已成为主流产品,采用大规模集成电路技术的电子智能式数字显示时间继电器,具有多种工作模式,不但可以实现长延时时间,而且延时精度高、体积小、调节方便、使用寿命长,使得控制系统更加简单可靠。

c. 主要类型。时间继电器分为通电延时动作和断电延时复位。时间继电器的触点图形符号主要是触点的半圆符号的开口的指向,遵循的原则是:半圆开口方向是触点延时动作的指向。

对于通电延时型时间继电器,当线圈通电时,通电延时型触点经延时时间后动作(常闭触点断开、常开触点闭合),线圈断电后,该触点马上恢复常态。对于断电延时型时间继电器,当线圈通电时,断电延时型触点马上动作,即常闭触点断开、常开触点闭合,线圈断电后,该触点需要经延时时间后才会恢复到常态。

时间继电器的种类很多,主要有空气阻尼式、电磁式、电动式和电子式。

a. 空气阻尼式时间继电器又称气囊式时间继电器,根据空气压缩产生的阻力来进行延时,其结构简单,价格便宜,延时范围大,范围在 0.4~180 s,但延时精确度相对较低。

b. 电磁式时间继电器延时时间短,范围在 0.3~1.6 s,但它结构比较简单,通常用在断电延时场合和直流电路中。

c. 电动式时间继电器的原理与钟表类似,由内部电动机带动减速齿轮转动而获得延时。这种继电器延时精度高,延时范围宽,范围在 0.4~72 h,但结构比较复杂,价格较高。

d. 电子式时间继电器利用延时电路来进行延时。这种继电器精度高、体积小。

3) 低压断路器

如图 4-12 所示,低压断路器(QF)又称自动开关或空气开关。低压断路器是一种不仅可以接通和分断正常负荷电流和过负荷电流,还可以接通和分断短路电流的开关电器。低压断路器在电路中除起控制作用外,还具有一定的保护功能,如过负荷、短路、欠电压和漏电保护等。低压断路器的分类方式很多,按使用类别分,有选择型(保护装置参数可调)和非选择型(保护装置参数不可调);按灭弧介质分,有空气式和真空式(国产多为空气式)。低压断路器容量范围很大,最小为 4 A,而最大可达 5 000 A。低压断路器广泛应用于低压配电系统各级馈出线、各种机械设备的电源控制和用电终端的控制和保护。低压断路器的图形符号如图 4-13 所示。

图 4-12　低压断路器实物图　　　　　　　　图 4-13　低压断路器的图形符号

① 基本结构。低压断路器主要由触头、脱扣器、电动操作机构、释能电磁铁、转动操作手柄、加长手柄、手柄闭锁装置组成。

② 工作原理。低压断路器的工作原理如图 4-14 所示,低压断路器的主触点是靠手动操作或电动合闸的主触点闭合后,自由脱扣机构将主触点锁在合闸位置上。过电流脱扣器的线圈和热脱扣器的热元件与主电路串联,欠电压脱扣器的线圈和电源并联。当电路发生短路或严重过载时,过电流脱扣器的衔铁吸合,使自由脱扣机构动作,主触点断开主电路。当电路过载时,热脱扣器的热元件发热使双金属片向上弯曲,推动自由脱扣机构动作。当电路欠电压时,欠电压脱扣器的衔铁释放,也使自由脱扣机构动作。分励脱扣器则作为远距离控制使用,在正常工作时,其线圈是断电的,在需要距离控制时,按下启动按钮,使线圈通电,衔铁带动自由脱扣机构动作,使主触点断开。

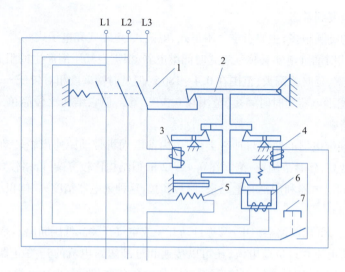

1—主触点；2—自由脱扣机构；3—过电流脱扣器；4—分励脱扣器；
5—热脱扣器；6—欠电压脱扣器；7—停止按钮。

图 4-14　低压断路器的工作原理图

③选用原则。以常用来作配电电路和电动机的过载与短路保护的低压断路器为例，其选用原则如下：

a. 断路器额定电压等于或大于线路额定电压。

b. 断路器额定电流等于或大于线路或设备额定电流。

c. 断路器通断能力等于或大于线路中可能出现的最大短路电流。

d. 欠电压脱扣器额定电压等于线路额定电压。

e. 分励脱扣器额定电压等于控制电源电压。

f. 长延时电流整定值等于电动机额定电流。

g. 瞬时整定电流：对保护笼型感应电动机的断路器，瞬时整定电流为 8~15 倍电动机的额定电流；对于保护绕线型感应电动机的断路器，瞬时整定电流为 3~6 倍电动机的额定电流。

h. 6 倍长延时电流整定值的可返回时间等于或大于电动机实际启动时间。

④低压断路器与隔离开关的区别。与低压断路器在电路当中功能类似的是隔离开关（QS），二者在使用过程中有一定区别。具体如下：

a. 性质不同。QF 代表断路器，QS 代表隔离开关。QF 开关是一种具有漏电保护功能的断路器，又称漏电断路器，而 QS 开关是一个无弧功能的开关器件。

b. 适用范围不同。QF 开关的适用范围分为高压断路器和低压断路器，高低压界线划分比较模糊。一般将交流 1 200 V 以上的称为高压电器。QS 开关的适用范围包括：电路隔离，确保在维修或更换电气设备时电源已完全切断；适用于低压配电系统，以及需要频繁操作或需要明显断开点的控制电路，确保操作安全及电路维护的便利性。

c. 使用负荷状态不同。QF 开关可以带负荷操作；QS 开关不能带负荷操作。

4）熔断器

熔断器（FU）是指当电流超过规定值时，以本身产生的热量使熔体熔断，断开电路的一种电器。熔断器广泛应用于高低压配电系统、控制系统以及用电设备中，作为短路和过电流的保护器，是应用最普遍的保护器件之一。图 4-15 所示为熔断器实物图，图 4-16 为熔断器内部熔体。

图 4-15　熔断器实物图

图 4-16　熔体

①熔断器的结构。熔断器主要由熔体、安装熔体的熔管和熔座三部分组成。

②熔断器的常见类别：

插入式熔断器：它常用于 380 V 及以下电压等级的线路末端，作为配电支线或电气设备的短路保护。

螺旋式熔断器：熔体的上端盖有一熔断指示器，一旦熔体熔断，指示器马上弹出，可透过瓷帽上的玻璃孔观察到，它常用于机床电气控制设备中。螺旋式熔断器分断电流较大，可用于电压等级 500 V 及其以下、电流等级 200 A 以下的电路中，作短路保护。

封闭式熔断器：封闭式熔断器分有填料熔断器和无填料熔断器两种。有填料熔断器一般用方形瓷管，内装石英砂及熔体，分断能力强，用于电压等级 500 V 以下、电流等级 1 kA 以下的电路中。无填料熔断器将熔体装入密闭式圆筒中，分断能力稍小，用于 500 V 以下，600 A 以下电力网或配电设备中。

快速熔断器：快速熔断器主要用于半导体整流元件或整流装置的短路保护。由于半导体元件的过载能力很低，只能在极短时间内承受较大的过载电流，因此要求短路保护具有快速熔断的能力。快速熔断器的结构和有填料封闭式熔断器基本相同，但熔体材料和形状不同，它是以银片冲制的有 V 形深槽的变截面熔体。快速熔断器通常简称"快熔"，其特点是熔断速度快、额定电流大、分断能力强、限流特性稳定、体积较小。

自复熔断器：采用金属钠作熔体，在常温下具有高电导率。当电路发生短路故障时，短路电流产生高温使钠迅速汽化，气态钠呈现高阻态，从而限制了短路电流。当短路电流消失后，温度下降，金属钠恢复原来的良好导电性能。自复熔断器只能限制短路电流，不能真正分断电路。其优点是不必更换熔体，能重复使用。熔断器的图形符号如图 4-17 所示。

③工作原理。熔体串接于被保护的电路中，当电路发生短路故障时，熔体被瞬时熔断而分断电路，起到保护作用。其工作原理为电流热效应，即正常时电流等于额定电流，温度高于熔点，熔体不熔断；短路时电流大于或远大于额定电流，温度高于熔点，熔体熔断一切断电路。电流大于额定电流时，电流大小和熔体的熔断时间是负相关的，保护特性如图 4-18 所示。

④选用原则：

a. 根据使用条件确定熔断器的类型。

b. 首先选定熔体的规格，然后再根据熔体去选择熔断器的规格。

c. 熔断器的保护特性应与被保护对象的过载特性有良好的配合。

图 4-17　熔断器的图形符号　　　　图 4-18　熔断器的保护特性

d. 在配电系统中,各级熔断器应相互匹配,一般上一级熔体的额定电流要比下一级熔体的额定电流大 2~3 倍。

e. 对于保护电动机的熔断器,应注意电动机启动电流的影响。熔断器一般只作为电动机的短路保护,过载保护应采用热继电器。

f. 熔断器的额定电流应不小于熔体的额定电流,额定分断能力应大于电路中可能出现的最大短路电流。

⑤熔断器和热继电器的比较:

a. 不同点:熔断器主要用于短路保护,热继电器用于过载保护;熔断器利用的是热熔断原理,要求熔体有较高的熔断系数;热继电器利用的是热膨胀原理,要求双金属片有较高的膨胀系数;热继电器保护有较大的延迟性,而短路保护要求熔断器的动作必须具有瞬时性。

b. 相同点:都属于电流保护电器,都具有反时限特性。

5)主令电器

主令电器主要用来接通或断开控制电路,以发布命令或信号,改变控制系统工作状况的电器。常用的主令电器有控制按钮、行程开关、钮子开关等。

(1)控制按钮

如图 4-19 所示,控制按钮(SB)是常见的电气元件,按下按钮,触点动作;松开按钮,触点复位。一般按钮上有一组常开触点,一组常闭触点。控制按钮的结构和图形符号如图 4-20 所示。

图 4-19　控制按钮

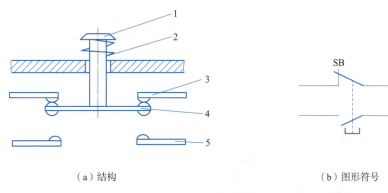

（a）结构　　　　　　　　（b）图形符号

1—按钮帽;2—复位弹簧;3—动断触点;4—动合触点;5—连接件。

图 4-20　控制按钮的结构和图形符号

(2)行程开关

如图 4-21 所示,行程开关(SQ)又称限位开关,可将机械位移转变为电信号控制机械运动。行程开关根据不同的工作原理和结构可以分为直动式行程开关、滚轮式行程开关、微动开关式行程开关等。

图 4-21　行程开关

行程开关的内部结构和按钮是类似的,只是适用场合不一样,如图 4-22 所示。

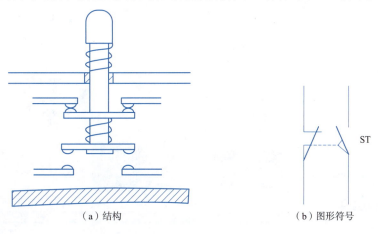

（a）结构　　　　　　　　（b）图形符号

图 4-22　行程开关内部结构和图形符号

(3) 钮子开关

如图 4-23 所示,钮子开关(SA)是一种手动控制开关,通过来回移动杠杆来打开或是关闭电路。主要用于交直流电源电路的通断控制,但一般也能用于几千赫或高达 1 MHz 的电路中。具有体积小、操作方便等特点,是电子设备中常用的开关。

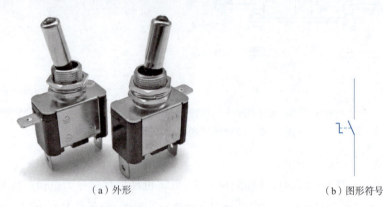

(a) 外形　　　　　　　　　　　　　　(b) 图形符号

图 4-23　钮子开关及其图形符号

2. 宇龙机电控制仿真软件简介

宇龙机电控制仿真软件是上海宇龙软件工程有限公司开发的,其中包括了机电控制仿真、汽车维修仿真和数控加工仿真等。宇龙机电控制仿真软件是用于电工电子及相关专业实验室实训的仿真软件,该软件由元器件库和用户可以自由选择一些元器件进行自由搭建所想象的自动控制系统的平台构成。元器件库由电路元器件、液压系统功能部件、气压系统功能部件以及各种应用构件组成。

宇龙机电控制仿真软件的元器件库是一个开放式的资源库,可根据需求不断将各种元器件和功能部件添加到现有库中。有些元器件或功能部件还可以让用户自己添加或修改。图 4-24 所示为宇龙机电控制仿真软件界面。

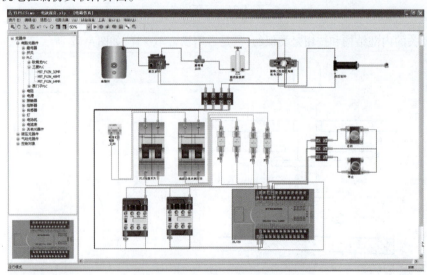

图 4-24　宇龙机电控制仿真软件界面

宇龙机电控制仿真软件是纯软件的实验实训仿真软件。因此,不仅具有投资小、占地面积小、安全、耐用无损耗等优点,用户还可以使用元器件库自主发挥想象搭建各种控制系统。此外,宇龙机电控制仿真软件具有对用户编制的程序进行自动、合理、可视化的评判等功能。

元器件库由电路元器件、液压元器件、气动元器件以及各种控制对象组成。宇龙机电控制仿真软件的元器件库是一个开放式的资源库,可根据需求将各种元器件和控制对象添加到现有库中。结合"电工与电子技术"课程实际,这里着重对电气线路的模拟仿真进行介绍。

(1) 仿真软件介绍

① 运行"宇龙机电控制仿真软件"。软件登录有两种方式:一是输入用户名及密码登录,二是加密锁状态下登录。

方式一:用户名和密码登录的方式需联系上海宇龙软件工程有限公司获取。获取用户名和密码后在登录界面输入即可进入相应界面。

方式二:启动加密锁后,选择"开始"→"程序"→"宇龙机电控制仿真软件"命令运行软件,弹出图 4-25 所示的登录界面。

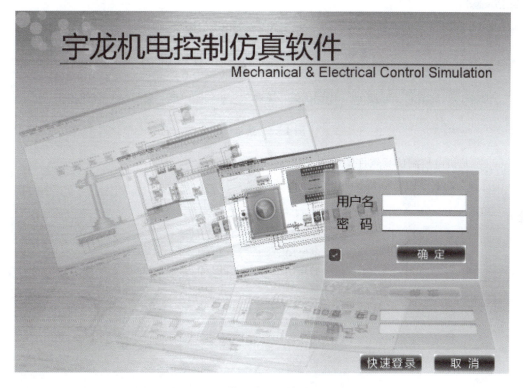

图 4-25 宇龙机电控制软件登录界面

② 机电运动控制系统。完成启动后,进入宇龙机电控制仿真软件的"机电控制系统"功能界面,如图 4-26 所示。

软件登录界面由标题栏、菜单栏、工具栏、元器件库和机电控制仿真平台几部分组成。其中,标题栏位于界面最上方,显示为"宇龙机电控制仿真软件";菜单栏位于标题栏下方,包括文件、编辑、视图、电路仿真、工具、三维控制对象、窗口、帮助等选项,如图 4-27 所示。

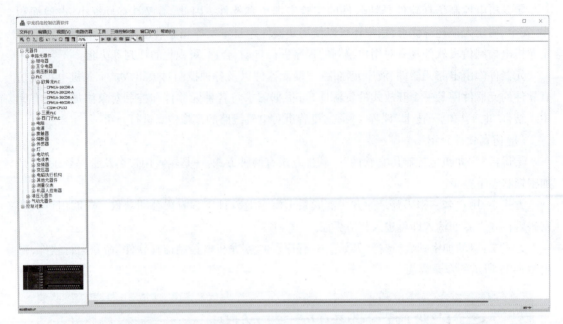

图 4-26　宇龙机电控制仿真软件登录界面

图 4-27　菜单栏

（2）宇龙机电控制仿真软件的使用方法

①选择"文件"菜单，显示图 4-28 所示的选项。

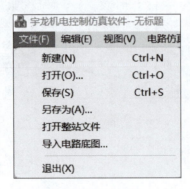

图 4-28　"文件"菜单栏

  a. 新建项目。选择"新建"命令，弹出子系统选择界面，如图 4-29 所示。

  b. 编辑项目。选择"保存"或"另存为"命令，显示如图 4-30 所示的界面，可保存文件，扩展名为 .ylp，如命名为"多地控制"后选择保存路径到桌面，即可在桌面上找到此文件。选择"编辑"命令，显示的子菜单如图 4-31 所示。

  c. 查找项目。选择"查找"命令，显示界面如图 4-32 所示。

项目4　典型电气控制电路的分析、仿真与调试

图 4-29　新建项目

图 4-30　保存文件界面

图 4-31　"编辑"子菜单

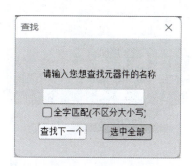

图 4-32　"查找"界面

75

"查找"界面功能为：输入要查找的元器件名称，在平台上查找所需元器件。选择"选取"命令，可以在平台上查找所需元器件。选择"抓手工具"命令把鼠标移动到平台上，鼠标变成小手的形状，单击左键并移动鼠标就可以将整个平台上的元器件进行整体移动；选择"导线"命令，显示如图 4-33 所示的界面。

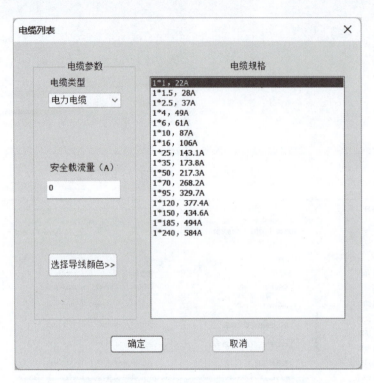

图 4-33　导线选择界面

根据用户的需求，选择电缆类型、电缆规格以及导线的颜色，完成电路元器件的搭建。选择"液压导管"命令，可以对液压元器件进行搭建；选择"气动导管"命令，可以对气动元器件进行搭建；在平台上选取某个元器件，选择"编辑"菜单里的"元器件特性"命令，显示如图 4-34 所示的电动机元器件属性界面。

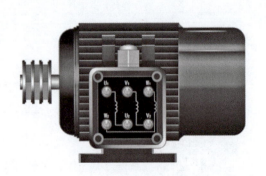 

图 4-34　元器件属性界面

在平台上选取某个元器件,选择"编辑"菜单里的"剪贴"、"复制"、"粘贴"或"删除"命令可以完成对元器件的相应操作。选择"撤销"命令,可以对完成的操作进行恢复,最多可恢复 16 次操作。

②单击"电路仿真"子菜单,显示如图 4-35 所示的菜单。

选择"开始运行"命令,启动机电控制仿真平台。用于通车运行时,必须先启动机电控制仿真平台,否则平台上的元器件失去作用。

选择"停止运行"命令,停止机电控制仿真平台。用于通车结束时,必须先停止机电控制仿真平台,否则不能对平台上的系统进行修改。

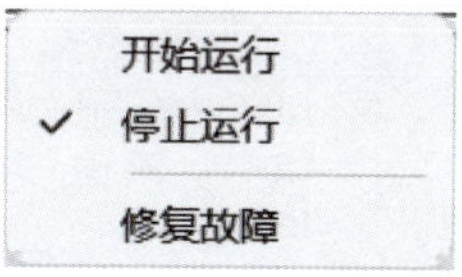

图 4-35 "电路仿真"子菜单

单击"工具"子菜单,显示对应操作界面。

注意:启动机电控制仿真平台的时候可用这些工具对仿真工作区中搭建的电路进行测量。

任务实施

1. 训练目的

①锻炼电路图的分析能力。

②根据宇龙机电运动控制仿真软件的功能及特点,熟练掌握在宇龙机电运动控制仿真软件中线路装调方法和技巧。

③通过多地控制实训,掌握电气控制线路装调的要点。

2. 训练器材

电气线路图 1 张、宇龙机电运动控制仿真软件、刀开关 1 个、熔断器 1 个、接触器 1 个、主回路热继电器 1 个、控制回路热继电器 2 个、启动按钮 2 个、停止按钮 2 个、三相异步电动机 1 台。

3. 训练步骤

(1)多地控制线路图(见图 4-36)分析

所谓多地控制,是指能够在不同的地点对电动机的动作进行控制。在一些大型机床设备中,为了操作方便,经常采用多地控制方式。通常把动合启动按钮并联在一起,实现多地启动控制;而把动断停止按钮串联在一起,实现多地停止控制。在大型设备上,为了操作方便,需几个操作者都发出主令信号,即按压动合启动按钮,常要求能多个地点进行控制操作;在某些机械设备上,为保证安全,需要满足多个条件,设备才能开始工作。

根据多地控制要求,线路的搭建需要三相交流电源(380 V)、刀开关、熔断器、接触器、热继电器、三相异步电动机、启动及停止按钮两组。控制回路中,将 SB1(停止按钮)与 SB3(启动按钮)作为一组,SB2(停止按钮)与 SB4(启动按钮)作为一组,使用过程中控制电动机启动的两地分别设置一组开关,通过开关的启停控制电路的多地启停。

两组按钮在线路控制中具体动作分析如下:

①在控制回路中按下 SB3,此时控制回路 FR—SB1—SB2—SB3—KM1 线路得电,而 KM1 线圈得电,其连接在主回路中的主触点和控制回路中的辅助常开触点得电,主触点得电使得主回路接通,电动机转动;控制回路中辅助触点 KM1 得电使得线路实现自锁,松开 SB3 后,线路仍旧保持得电状态。当线路需要停止运行时,按下 SB1,从而切断电路,电动机停止运行。

②在控制回路中按下 SB4,此时控制回路 FR—SB1—SB2—SB4—KM1 线路得电,而 KM1 线

圈得电,其连接在主回路中的主触点和控制回路中的辅助常开触点得电,主触点得电使得主回路接通,电动机转动;控制回路中辅助触点 KM1 得电使得线路实现自锁,松开 SB4 后,线路仍旧保持得电状态。当线路需要停止运行时,按下 SB2,从而切断电路,电动机停止运行。

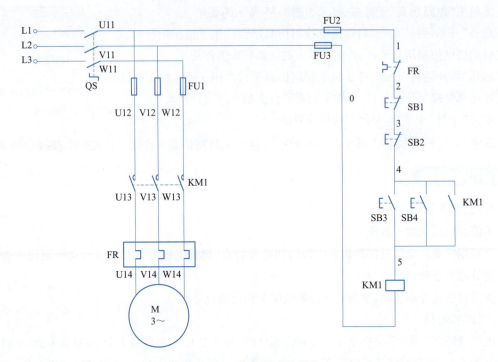

图 4-36　多地控制线路图

(2)电路编辑

①分析系统组成。通过分析多地控制电路系统控制要求,得知该系统需要用到交流电源(220 V)、三相交流电源(380 V)、刀开关、熔断器、接触器、热继电器、三相异步电动机、启动及停止按钮两组。在控制回路中,将 SB1(停止按钮)与 SB3(启动按钮)作为一组,SB2(停止按钮)与 SB4(启动按钮)作为一组。

②在仿真平台上添加元器件:

电源添加:首先在元器件选择区电源栏下,单击 380 V 三相交流,选择四线制电源,将鼠标移动至机电控制仿真平台的合适位置,单击鼠标左键,添加电源;单击 220 V 单相交流两线制电源,并添加至合适位置。

低压断路器添加:单击断路器,AM2-40 断路器、DZ5 系列、DZ47 系列、DZ108 系列、NM1-H、NM1-R、NM1-S、SGR/2 IEC61008 等系列,本电路中选取 DZ47 系列中的 DZ47-60 C10 3P 型号低压断路器,选取后添加至合适位置。

熔断器添加:单击熔断器,在熔断器的选择中,有 NT、RNT、RT、RL 四个系列。本电路涉及主回路、控制回路两个熔断器,主回路中选取 RT18 型组合熔断器,控制回路中选取 RL 系列 fuse-1 熔断器两个,添加至合适位置。

接触器添加:元器件选择区的接触器包括 CJ20、CJT1、NC1、LC1、CJX1、CJX2 等系列,本电路选择 CJT1 系列中 CJT1-1 组熔断器一个,选取后进行添加。

热继电器添加:元器件选择区的继电器类型较多,包括通用继电器、热继电器、固态继电器、时间继电器、中间继电器、速度继电器、过电流继电器、微计算机时控开关、欠电流继电器、过电压继电器、欠电压继电器。本电路中选取 HR-1 型的热继电器,选取后进行添加。

电动机添加:在元器件选择区电动机栏下,有三相异步电动机、直流电动机、步进电动机、步进驱动器、三相双速电动机、延边三角形电动机、伺服电动机等系列,本电路中选取三相异步电动机中 Y100 系列,选取后进行添加。

按钮开关添加:在主令电器栏目下,包含按钮开关、限位开关、刀开关、万能转换开关、钮子开关、波段开关、主令控制器、电器按钮、跷板开关等类型,单击按钮开关,选择两个型号为 BS-1 启动按钮、两个型号为 BS-2 停止按钮。

在完成上述"多地控制"线路元器件选取和添加后,元器件默认名称与实际不一致,可根据电路图进行改名,操作方式为:单击元器件,右击,对话框中设置元器件名称,输入名称即可完成修改。图 4-37 所示为元器件添加后的仿真界面截图。

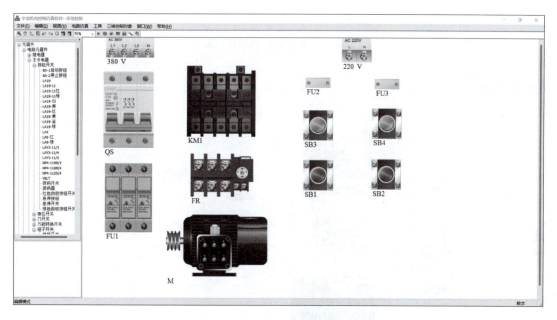

图 4-37　元器件添加后的仿真界面截图

在进行多地控制线路装调前,可单击"试图切换"将视图切换成原理图显示模式。在原理图显示状态下,每一个电气元件内部结构、通断状态均能展示明晰。图 4-38 为各元器件内部结构图,在装调过程中,可通过视图切换的方式来分析、判断线路装调好坏。

元器件摆放在合适位置后,在界面空白处右击,选择导线,进入线路装调模式。装调过程中单击某元器件触点后,软件自动进行"冷压端子"。根据图 4-36 所示的多地控制线路图,逐步完成其主回路和控制回路的连接。

注意:在本线路的连接过程中,控制回路供电方式是选用一个 AC 220 V 的交流电源对控制回路进行供电,便于主回路与控制回路的区分;在电动机的连接过程中,可采用星形接法和三角形接法,两类方式在本线路装调中均适用。图 4-39 所示为多地控制电路装调接线图。

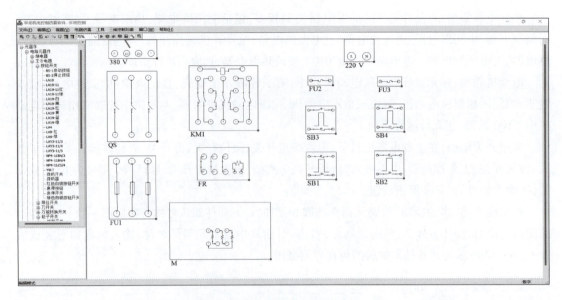

图 4-38　各元器件内部结构图

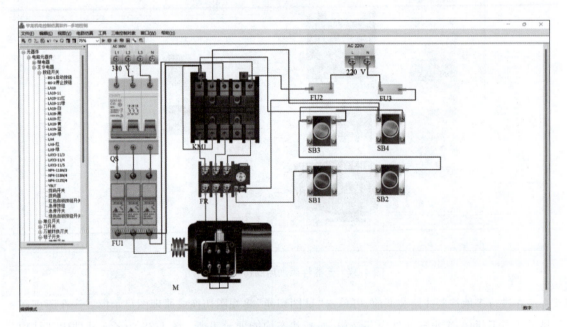

图 4-39　多地控制电路装调接线图

(3) 电路仿真

确认线路装调无误后,单击"电路仿真"子菜单,选择图 4-40 所示仿真选项中"开始运行"命令,此时线路能够开始仿真运行。

执行仿真时,首先合上刀开关 QS,此时主回路由于接触器 KM1 主触点未得电,电动机不工作;按下启动按钮 SB3,控制回路中 KM1 线圈得电,KM1 主触点吸合,主回路开始得电,电动机开始工作,由于线路中通过 KM1 的辅助触点实现了线路的自锁,在松开 SB3 时,电动机能够保持正常转动。图 4-41

图 4-40　"电路仿真"子菜单

所示为电动机运行线路仿真图。按下停止按钮 SB1,切断控制回路,线圈 KM1 失电,其主触点也失电,此时电动机停止运行。另外,SB4 和 SB2 对线路的控制可类比 SB3 和 SB1,按下启动按钮 SB4,控制回路中 KM1 线圈得电,KM1 主触点吸合,主回路开始得电,电动机开始工作,由于线路中通过 KM1 的辅助触点实现了线路的自锁,在松开 SB4 时,电动机能够保持正常转动,按下停止按钮 SB2,切断控制回路,线圈 KM1 失电,其主触点也失电,此时电动机停止运行。

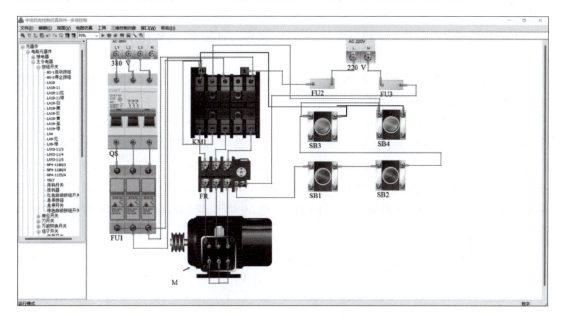

图 4-41　电动机运行线路仿真图

任务 2　顺序启动电路的分析、仿真与调试

任务内容

①分析顺序启动电路图的工作原理,厘清控制原理及控制过程的具体现象。
②使用宇龙机电运动控制仿真软件对多地控制电路进行线路装调及模拟仿真。
③掌握宇龙机电运动控制仿真软件的操作技巧,能够举一反三对类似电路进行装调及仿真。

知识储备

1. 顺序控制电路的功能与应用

顺序控制电路,也称为顺序控制器,是一种能够自动地控制多个电气设备按特定顺序进行工作的电路。它可以通过控制多个电气元件的启动和停止顺序,实现自动化生产流程的优化和效率提升。顺序控制电路广泛应用于需要多个设备按特定顺序工作的领域,如工业生产中的流水线、自动化仓储系统等。通过实现设备的顺序控制,可以提高生产效率、降低故障率并优化生产流程。

2. 顺序控制电路的工作原理

顺序控制电路的工作原理主要是通过电路中的电子开关、接触器等装置来控制电动机的启动顺序和运行状态。

电源电压：通过主控制开关将电源电压送入电路中。

控制电路：电路中包含控制器、继电器等元件，这些元件配合工作以实现对电动机的启动顺序控制。

电路启动：通过启动开关来控制电路的启动，在启动过程中，电动机按照设定的顺序依次启动。

电动机停止：在电动机工作一定时间后，计时器将发出停止信号，控制器接收到信号后将继电器动作，停止当前电动机的运行。

主电路中实现顺序控制：以图4-42所示的主电路中实现电动机顺序控制电路为例。其特点是：电动机 M1 和 M2 分别通过接触器 KM1 和 KM2 来控制，控制回路 KM1 的常开辅助触点接在了控制回路的两条支路上，当按下 SB1 时，KM1 线圈得电，M1 电动机转动，同时，控制回路中两条支路上的 KM1、KM2 的常开辅助触点均吸合。进一步，按下 SB2 时，KM2 线圈得电，M2 电动机转动。若先按下 SB2，由于 KM1 触点未得电，KM2 线圈无法得电，电动机 M2 的转动是以 M1 转动为前提的。

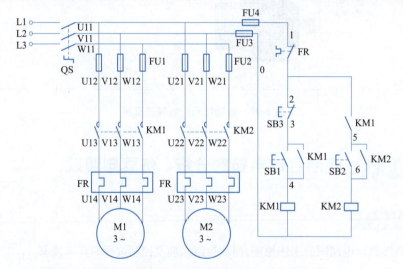

图 4-42 顺序启动电路图

3. 顺序控制电路的分类

顺序控制电路可以按照控制方式的不同进行分类，主要包括以下几种类型：

①利用主电路实现顺序控制：这种方式的特点是 M2 电动机的主电路的电源取自 M1 电动机主电路接触器 KM1 主触点下端口，保证 M1 电动机先启动后，M2 电动机才能启动，如图4-42所示。

②利用控制电路实现顺序控制：这种方式可以分为"顺序启动、同时停车"，"顺序启动、顺序停车"，"顺序启动、逆序停车"三种顺序控制功能。通过控制电路中先启动接触器的辅助常开触点串联到后启动接触器的线圈回路中，实现启动顺序的制约。

项目4　典型电气控制电路的分析、仿真与调试

任务实施

1. 训练目的

①掌握宇龙机电运动控制仿真软件的操作方法。

②掌握电路分析方法、元器件选择方法，能够在宇龙机电运动控制仿真软件中装调出顺序启动电路。

③掌握宇龙机电运动控制仿真软件中的模拟方法，能够根据现象及时排除电路中出现的故障。

2. 训练器材

顺序启动电路图1幅（见图4-42），计算机1台，计算机中安装好宇龙机电运动控制仿真软件。

3. 训练步骤

（1）电路组成

通过分析顺序启动电路系统控制要求，得知该系统主回路采用三相交流电源（380 V）、控制回路采用交流电源（220 V）、刀开关1个、熔断器2个、接触器2个、热继电器2组、三相异步电动机2台、启动按钮2组、停止按钮1组。

（2）电路分析

该控制系统具体动作分析如下：在控制回路中按下启动按钮SB1，此时控制回路中KM1线圈得电，则KM1主触点吸合，图4-42中M1所在主回路得电，主回路中电动机M1开始工作，同时，控制回路中两个KM1常开辅助触点吸合；进一步，按下SB2，在KM1常开辅助触点吸合状态下，控制回路中KM2线圈得电，则KM2主触点吸合，图4-42中M2所在主回路得电，主回路中电动机M2开始工作；当要切断线路时，按下停止按钮SB3即可切断电路。需要注意的是，若KM1线圈未得电情况下，按下SB2，M2电动机不能正常工作。

（3）元器件选取

在宇龙机电运动控制仿真软件中，依次选择并添加相应元器件，在界面中调整其位置，使界面布局合理。图4-43所示为顺序启动元器件布局图。

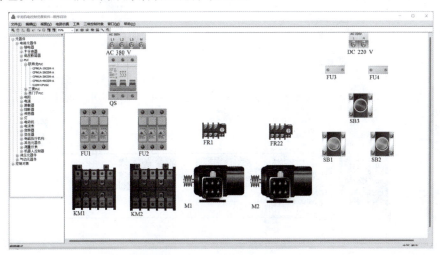

图4-43　顺序启动元器件布局图

(4)电路装调

在宇龙机电运动控制仿真软件中,根据顺序控制电路图对线路进行连接,连接过程中遵循"等电位"原则,避免一个接线柱上连接多根导线等情况。图4-44所示为顺序启动电路装调接线图。

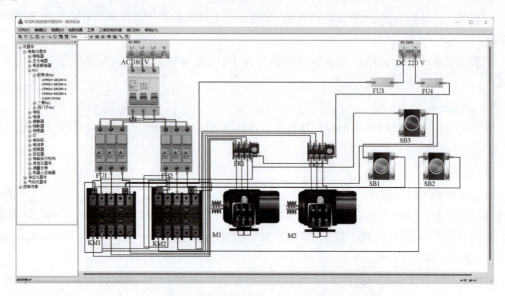

图4-44 顺序启动电路装调接线图

(5)电路仿真

首先,选择"电路仿真"→"开始仿真"命令,合上刀开关QS,按下启动按钮SB1,此时主回路中电动机M1开始转动,如图4-45所示为电动机M1启动仿真图;继续按下SB2,主回路中电动机M2开始工作,如图4-46所示为电动机M1和M2同时运行仿真图;单击停止按钮SB3,电路停止运行。

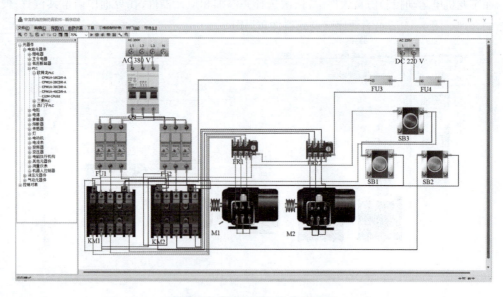

图4-45 电动机M1启动仿真图

项目4 典型电气控制电路的分析、仿真与调试

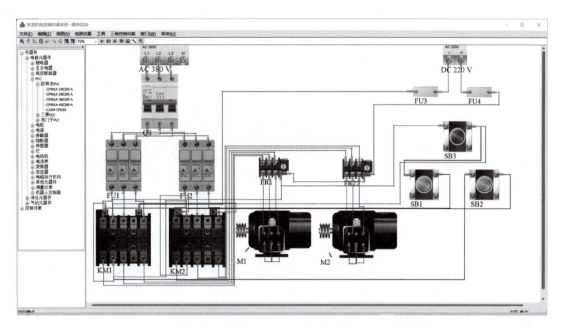

图 4-46 电动机 M1 和 M2 同时运行仿真图

项目评价表

学　　院		专　　业		姓　　名	
学　　号		小　　组		组长姓名	
指导教师		日　　期		成　　绩	
学习目标	素质目标： 1. 树立正确的世界观、人生观、价值观。 2. 具有良好的沟通合作能力，协调配合能力。 3. 具有爱岗敬业、耐心务实、精益求精的工匠精神。 4. 具有良好的身心素质和人文素养					
	知识目标： 1. 掌握电路控制的基本原理及方法。 2. 掌握多地控制线路图的分析方法和仿真技巧。 3. 掌握顺序控制线路图的分析方法和仿真技巧。 4. 掌握宇龙机电控制仿真软件的使用方法。 5. 掌握电气元件的基本结构及选用方法。 6. 掌握仿真过程中的故障分析和问题排查方法					
	技能目标： 1. 具备电气元件的识别能力，能够通过型号判断电气元件的使用规则，具备根据电路实际选用合适的元器件的能力。 2. 具备三相电路的基本分析能力，能够厘清主回路和控制回路的联动关系，分析判断线路的动作规律。 3. 具备电路的装调及仿真能力，能够使用宇龙机电控制仿真软件，正确装调典型的三相电路。 4. 具备电路的故障分析和排查能力，在软件仿真过程中，能够根据电路现象分析故障位置，并逐步排除故障					

任务评价	任务内容	完成情况
	1. 认识常见的低压电路元器件,理解多地控制线路涉及的元器件在线路中的功能	
	2. 分析多地控制线路的功能特点,厘清控制原理及控制过程的具体现象	
	3. 了解宇龙机电控制仿真软件的各项功能,使用其对多地控制线路进行线路装调及模拟仿真	
	4. 根据仿真现象与线路预期控制现象进行对比,若出现故障及时排除	
	5. 分析顺序启动电路图的工作原理,厘清控制原理及控制过程的具体现象	
	6. 掌握宇龙机电控制仿真软件的操作技巧,能够举一反三对类似电路进行装调及仿真	

质量检查	请指导老师检查本组作业结果,并针对问题提出改进措施及建议	
	综合评价	
	建 议	

评价考核	评价项目	评价标准	配 分	得 分
	理论知识学习	理论知识学习情况及课堂表现	25	
	素质能力	能理性、客观地分析问题	20	
	作业训练	作业是否按要求完成,电气元件符号表示是否完全正确	25	
	质量检查	改进措施及能否根据讲解完成线路装调及故障排查	20	
	评价反馈	能对自身客观评价和发现问题	10	
	任务评价	基本完成( ) 良好( ) 优秀( )		
	教师评语			

技术赋能

一颗心,一条路,一生情——记规划设计集团劳动模范梁言桥

从1986年到2018年,他亲历了中国电网输变电技术发展从"0"到"1",从"新"到"精"的历史变迁;见证了中国能建规划设计集团旗下中南院(以下简称"中南院")从"小"到"大",从"大"到"强",从"强"到"优"的成长历程。悠悠三十余载,他在中国电力事业发展的道路上,一步一个脚印诠释着一名电网人的人生价值与人文情怀。

他,就是湖北省五一劳动奖章获得者、中国能建规划设计集团劳动模范、中南院副总工程师梁言桥。

梁言桥,1965年出生,1986年毕业于华中科技大学(原华中工学院),先后主持、参与四十余个国内外大型输变电工程项目设计,锦屏换流站、灵宝换流站、宜都换流站、高岭换流站等工程荣获全国优秀工程勘察设计,国家优质工程金、银奖。作为"特高压±800 kV直流输电工程"项目的主要完成人荣获了2017年度国家科学技术进步奖特等奖。

初心所向,素履所往:1986年,梁言桥从华中工学院电力工程系电力系统及其自动化专业毕业,并于同年分配到中南院。"刚参加工作时,看到总设计师什么难题都能解决,觉得很了不起,

就迫切希望自己能快速成长起来。""当时没有计算机制图,要用铅笔画好后送去描图,很麻烦,但看着平面的图纸一点点变成了投产带电的庞然大物,自豪和激动的心情难以形容。"谈起第一次做主设人的工程,梁言桥像个孩子般笑了起来。当谈及当时的电网技术水平时,他的笑容却淡了下来。"500 千伏汉阳变电站之前,变电站内主要电气设备如变压器、断路器等,大部分要从瑞典、德国等国进口,造出来的产品可以说是'八国联军'。设计方面,刚刚开始引进和学习 ABB、西门子公司的先进理念和技术,所以那时候特别希望看到中国造的设备和中文资料。"在深深地感受到差距后,梁言桥和同事们立下了一个志愿——中国的电网技术和装备试验不能一直落后,一定要缩小与发达国家的差距,甚至要做到世界最先进水平!为了学习先进的电力技术,梁言桥和几位同事被中南院选派到意大利、瑞典学习。

初心致远,沉潜求索:20 世纪 90 年代初,我国的电力设计事业在改革开放逐步深入的大潮中迎来了春天,其中,三峡水电外送工程迸发涌现。三峡输变电工程——"三峡输变电工程是世界电网建设史上最壮阔的系统工程,也是我国第一个在电站规划建设之初就对其输电规模、输电计划、负荷落点等进行统一规划的电力项目。这项工程的第一个新建工程——500 千伏南昌变电站,是我作为设总开展的第一个项目。""当时,国外有计算机控制系统、保护就地布置的方式,而采用国产化设备后,模拟屏和手把能否用计算机实现、保护屏是否可以放在配电装置区就近控制都是未知数。"反复调整优化设计方案——"我们频繁与厂家和研究所沟通,反复论证新方案,不断试验调整、优化设计,终于首次实现了现在广泛使用的微机监控系统和就地保护小室的布置。"由规划设计集团中南院公司编制的三峡电站供电区(华中部分)电力规划设计面对西方先进技术装备的垄断与对自主管理、国产技术创新的渴望,激烈的矛盾冲突在他内心激荡。当我国第一个大区联网的直流背靠背换流站工程开建的机会到来时,他毫不犹豫带领团队一头扎了进去。没有资料,就去厂家调研;没有数据,那就不断尝试对比推算;没有程序,那就手算加自己编程;不成功,就继续改方案;不理想,就继续演算……"就这样我们克服重重障碍,提出了两条技术路线本土化和并行实施的整体解决方案,在直流自主设计领域取得历史性突破。"

初心不渝,玉汝于成:进入 21 世纪,输送清洁能源,守护绿水青山,建设美丽中国,成为新时代电气工程师义不容辞的时代使命与担当。特高压交直流输电技术的纵深发展势必引领世界能源建设的新一轮革命,为此他又踏上了新的征途。

梁言桥作为中电工程中南电力的技术骨干代表加入了中国电力工程顾问集团组织成立的特高压工作组。而在随后的近十年的时间里,皖电东送淮南至上海 1 000 kV 交流特高压输变电工程、蒙西至天津南 1 000 kV 交流特高压输变电工程、锡林郭勒盟至山东 1 000 kV 交流特高压输变电工程、淮南—南京—上海 1 000 kV 交流特高压输变电工程……多项特高压交流输变电工程陆续在中国的广袤大地上绽放光芒。

2009 年 1 月 6 日,代表国际输变电技术最高水平的交流输变电工程,由我国自主设计、拥有完全的自主知识产权的第一个特高压输变电工程——1 000 kV 晋东南—南阳—荆门特高压交流试验示范工程投入商业运行。

2011 年,世界首项 ±660 kV 电压等级直流输电工程,也是我国新电压等级自主化水平最高的直流输电工程——宁东—山东 ±660 kV 直流输电示范工程建成投运。

2012 年,创造了特高压长距离直流输电的新纪录,代表了当时世界直流输电技术的最高水平的锦屏—苏南 ±800 kV 特高压直流输电工程建成投运。

2014年,我国自主设计、制造和建设,当时世界输送容量最大的直流工程——哈密南—郑州±800 kV特高压直流输电工程建成投运。

2016年,世界上首次采用大容量柔直与常直组合的背靠背直流工程——鲁西背靠背直流异步联网工程投运。

2017年,梁言桥同志作为主编人历时2年完成了《电力工程设计手册》系列手册——《换流站设计》。

2018年,目前世界上电压等级最高、输送容量最大、送电距离最远、技术水平最先进、世界首个±1 100 kV特高压直流输电工程——昌吉—古泉±1 100 kV特高压直流输电线路工程古泉换流站,交流系统如期启动带电。

2018年,由国家电网公司和南方电网公司共同牵头完成的"特高压±800 kV直流输电工程"项目荣获了2017年度国家科学技术进步奖特等奖,中南院作为主要设计单位、梁言桥同志作为项目主要完成人榜上有名。

这一路,一步一步走来,从青葱岁月走到了两鬓斑白。

梁言桥先后主持、参与40余个国内外大型输变电工程项目设计,锦屏换流站、灵宝换流站等工程获全国优秀工程勘察设计和国家优质工程金、银奖,负责和完成5项关键技术研究课题、6项单项研究专题及20项初步设计专题。

"成绩的获得从来都不是一蹴而就,也不是凭一己之力",面对盛赞,梁言桥显得云淡风轻,"国家的需求,企业的发展才是我们每个人实现个人价值的方向和舞台"。

课后习题

①请简述低压电气元件的概念,并说明常用的低压电气元件。

②请绘制出本任务中所涉及的低压电气元件图形符号,并备注名称及其英文缩写。

项目 5

电动机正反转控制电路的安装与调试

项目引入

三相交流异步电动机正转控制电路是最基本的、最典型的电动机控制电路之一,是一种使机械能与电能相互转化的机械,具有传输效率高、控制方便等优点,所以,三相交流异步电动机广泛应用于工业生产及人们日常生活中。而电路或电气设备的电压、流经电路或电气设备的电流、电气元件的电阻值、电路或设备的绝缘电阻值、接地装置的电阻值等参数,均需要仪表测量。电气设备故障检修,也需要仪表查出何处断线何处短路或短接。

通过本项目的学习,掌握仪器仪表的使用方法,掌握电动机控制电路中低压电器的作用、结构、工作原理、接线方法等,为以后继续学习电动机其他控制电路打下扎实的基础。

学习目标

①熟知电动机的启动方式,三相交流异步电动机直接启动及降压启动的几种典型电路。
②了解一些与电动机有关的常用规程,熟知电动机正反转控制电路的工作原理。
③进一步掌握电动机正反转控制电路装调工艺。
④进一步提高处理电动机(机床)控制电路故障的能力。

任务 1　电工仪表的使用与元件检测

任务内容

①掌握万用表的作用、结构、原理和正确使用方法。
②掌握钳形电流表的作用、结构、原理和正确使用方法。
③了解兆欧表的作用、结构、原理和正确使用方法。
④掌握验电器的作用、结构、原理和正确使用方法。
⑤掌握低压电气元件的测量方法。

知识储备

1. 电工仪表的使用

(1)万用表

万用表是一种多功能携带式电工仪表。它可用来测量交、直流电压和电流,直流电阻以及二极管、晶体管参数等,是电工必备的一种测量仪表。万用表按其原理不同可分为模拟万用表和数字万用表两大类。

①万用表的作用。万用表又称万能表,是一个多功能测量仪表,可测量直流电压电流、交流电压、交流电流、电阻值,甚至有些万用表还有测量晶体管放大倍数、分贝大小等功能。

②万用表的结构。万用表由表头、测量电路及转换开关等三个主要部分组成。万用表的面板上装有标度尺,转换开关旋钮、调零旋钮及端钮(或插孔)等。图5-1所示为万用表的结构。

a. 表头有万用表的"心脏"之称,用以指示被测量的数值。万用表的主要性能指标基本上取决于表头的性能。

b. 测量电路:测量电路由电阻、半导体元件及电池组成。它包含了多量程直流电流表、多量程直流电压表、多量程交流电压表及多量程欧姆表等多种电路。测量电路的作用是将各种不同的被测电量、不同量程,经过一系列处理,如整流、分流等,变成统一的一定量限的直流电流后,送入表头进行测量。

c. 转换开关:其作用是用来选择各种不同测量的电路,以满足不同种类和不同量程的测量要求。当转换开关处在不同位置时,它相应的固定触点就闭合,万用表就可变为各种量程不同的电工测量仪表。

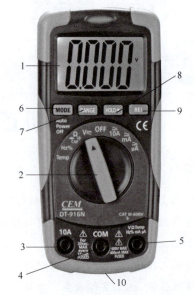

1—4 000位的液晶显示屏;2—功能选择转盘;
3—测量10 A直流或交流电流的10 A(正极)端口;
4—COM负极输入端口;5—正极插孔;6—模式按键;
7—量程按键;8—数据保持/背光按键;
9—相对值按键;10—电池门。

图5-1 万用表的结构

③万用表的原理。数字式万用表的核心部分为数字电压表(DVM),它只能测量直流电压。因此,各种被测量的测量都是首先经过相应的功能变换器,将各被测量转换成DVM可接受的直流电压,然后送给DVM,在DVM中,经过模数(A/D)转换,变成数字量,然后利用电子计数器计数并以十进制数字显示被测参数。数字式万用表的一般结构框图如图5-2所示。其中,在功能变换器中,主要有电流-电压(I/U)变换器、交流-直流(AC/DC)变换器、电阻-电压(R/U)变换器等。

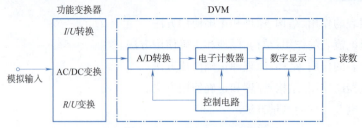

图5-2 数字式万用表的一般结构框图

为了适应测量各种不同项目和选择不同量程的需要,万用表都有一套测量电路。这里以测量电阻的原理来说明万用表的工作原理。

万用表测量电阻的部分,实际上是一块欧姆表,它的原理如图5-3所示。图中E是直流电池,R_A表示表头内阻,R_0表示调零电阻,R_1是串联电阻,I表示电路电流,R_x是被测电阻。根据欧姆定

律 $I = U/R$ 可知,当其他已知电阻保持不变时,电路电流的大小取决于被测电阻 R_x,因而表头指针偏转角的大小也取决于 R_x,这样通过欧姆表的标度尺寸就可以反映出 R_x 的大小。由于电流 I 与 R_x 的关系成反比,因而它的刻度是不均匀的,而且是反向的,如图 5-4 所示。R_0 的作用:当 $R_0 = 0$ 时,R_x 应为最大值,但是由于电池电压的变化等原因,致使指针偏转角达不到满刻度值,这时可改变 R_0 阻值,即改变分流电流,从而改变流入表头的电流,使指针回到欧姆表零位。

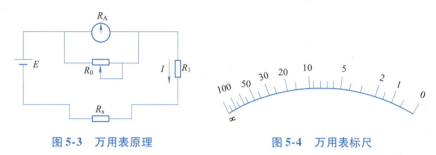

图 5-3 万用表原理　　　　图 5-4 万用表标尺

④万用表的使用注意事项:

a. 使用前必须将万用表面板上各控制器件的作用,以及标尺结构和各种符号的意义弄清楚;否则,容易造成测量错误或损坏表头。

b. 测量前一定要把转换开关打到所测量的对应挡位上。

c. 测量高电压或大电流时,为了避免烧坏开关,应在切断电压、电流的情况下转换量程。

d. 测量未知量电压或电流时,应先选择最高量程,然后逐渐转至适当位置以取得准确测量。

e. 测量高电压时,要站在干燥绝缘板上,单手操作,以防意外事故发生。

f. 测量电阻时,禁止带电测量,以防烧坏仪表;同时,读数要快而准,太慢会消耗电池电量。测完电阻,应将转换开关打到交流电压挡最大量程位置上,以免下次使用时,由于疏忽未选择挡位就进行测量,而造成仪表损坏。

g. 在使用万用表测量时,要注意手不可触及测试笔的金属部分,以保证安全和测量的准确性。

h. 仪表应保存在室温 0 ~ 40 ℃,相对湿度不超过 85% 并不含有腐蚀性气体的场所。

(2)钳形电流表

①钳形电流表的作用。钳形电流表简称钳表,用于测量交流电路流过的电流大小,单位为安培(A),简称"安"。

②钳形电流表的结构。钳表由一只电流互感器和带整流装置的磁电式表头组成,如图 5-5 所示。

③钳形电流表的工作原理。电流互感器的铁芯呈钳口形,当捏紧钳表把手时,其铁芯张开,载流导线可以穿过钳形铁芯张口放入;松开把手后,钳形铁芯闭合,通过被测载流导线成为电流互感器的一次绕组。被测电流在铁芯中产生磁通,使绕在钳形铁芯上的电流互感器二次绕组产生感应电动势,测量电路就有电流 I_2 流过,这个电流按不同的分流比,经整流后通过表头。标尺是按一次电流 I_1 刻度的,所以表的读数就是被测电流。量程的改变由转换开关改变分流器的电阻来实现。

图 5-5 钳表的结构

④钳形电流表的使用注意事项：

a. 选择适当的量程，不可用小量程挡去测量大电流。如果测量未知电流的大小时，选用最大电流量程挡测量。当将导线套入钳口后发现量程不合适时，必须把钳口退出导线，然后调节量程再进行测量。

b. 钳口套入导线以后，应使钳口完全密贴，并使导线处于正中，若有杂声可重新开合一次；若仍有杂声应检查钳口是否有污垢存在。若有污垢，则应清除后再测量。

c. 测量前，要注意被测电路电压的高低，选择相应绝缘电压等级的钳表。如果用低压表去测量高电压电路中的电流，容易造成事故或者引起触电危险。

d. 测量电流较小读数不明显时，可将载流导线多绕几圈放进钳口进行测量，但是应将读数除以所绕的圈数才是实际的电流值。

e. 在测量大电流后测量小电流时，为了减少测量误差，应把钳口开合几次，以消除大电流所产生的剩磁后，再进行小电流测量。

f. 测量完毕要将调节开关放在最大量程挡位置，以免下次使用时，由于疏忽未选择量程就进行测量，从而造成钳表损坏。

（3）兆欧表

①兆欧表的作用。如图 5-6 所示，兆欧表大多采用手摇发电机供电，故又称摇表。兆欧表的刻度是以兆欧（MΩ）为单位的，是电工常用的一种测量仪表，主要用来检查电气设备或电气线路对地及相间的绝缘电阻，以保证这些电气设备或电气线路工作在正常状态，避免发生触电伤亡及设备损坏等事故。

②兆欧表的工作原理。兆欧表的工作原理示意图如图 5-7 所示。它的磁电式流比计有两个互成一定角度的可动线圈，装在一个有缺口的圆柱铁芯上面，并与指针一起固定在一转轴上，构成流比计的可动部分，被置于永久磁铁中。磁铁的磁极与圆柱铁芯之间的气隙是不均匀的。流比计不像其他仪表，它的指针没有阻尼弹簧，指针可以停留在任何位置。

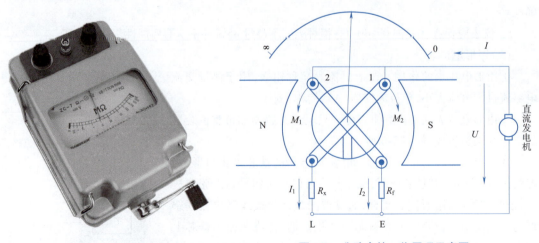

图 5-6　兆欧表　　　　　图 5-7　兆欧表的工作原理示意图

③兆欧表的选择。兆欧表有 250 V、500 V、1 000 V、2 500 V 和 5 000 V 等几个电压等级。使用时，应根据被测电路或设备的额定电压选择相对应电压等级的兆欧表。

a. 对于额定电压在500 V以下的电路或设备可选用500 V或1 000 V的兆欧表。选用过高电压等级的兆欧表可能会损坏被测设备的绝缘。

b. 高压设备或电路选用2 500 V电压等级的兆欧表。

c. 特殊要求的高压或电路选用5 000 V电压等级的兆欧表。

④兆欧表的使用注意事项：

a. 测量前应检查兆欧表是否良好。

b. 切断被测电路或设备的电源，禁止不切断电源测量绝缘电阻。测量前后均应对设备进行放电（对容性设备更应充分放电），放电前切勿用手触及测量部分和兆欧表的接线柱。

c. 测量时，若指针迅速指"0"，说明绝缘已损坏，电阻值为零，应立即停摇，此时若继续摇动手柄，兆欧表会烧坏。

d. 测大容量设备时，摇动手柄使兆欧表指针指示为稳定的数值后再读数，读数后应继续摇动手柄，使兆欧表（发电机）在发电的状态下断开测试线，以防电路存储的电能对仪表放电。

e. 摇动兆欧表手柄的速度不宜太快或太慢，一般为120 r/min，允许有20%的变化，最高不应超过规定值的25%。

f. 禁止在雷电时或附近有高压导体的设备上进行测量。只有在设备不带电又不可能受其他电源感应而带电的情况下才可测量。

g. 测量时，接线必须正确。

h. 兆欧表应定期校验。校验方法是直接测量有确定值的标准电阻，检查它的测量误差是否在允许范围以内。

(4)验电器

①验电器的结构。如图5-8所示，验电器又称试电笔，分低压和高压两种。在机床电气设备检修时使用的为低压验电器。它是检验导线和电气设备是否带电的一种电工常用工具。低压验电器的电压测量范围为60～500 V，其结构如图5-9所示。

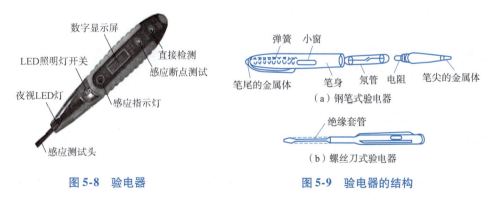

图5-8 验电器　　　　　　　　　图5-9 验电器的结构

②验电器的使用方法及用途。使用验电器时，应以手指触及笔尾的金属体，使氖管小窗背光朝向自己，如图5-10所示。

验电器除可测试物体的带电情况外，还有以下用途：

a. 用于区别电压的高低。测试时，可根据氖管发光的强弱程度来估计电压的高低。

b. 用于区别直流电与交流电。交流电通过验电器时，氖管里的两个极同时发光；直流电通过验电器时,氖管里只有一个极发光。

c. 用于区别直流电的正、负极。把验电器连接在直流电路的正、负极之间,氖管发光的一端为直流电的正极。

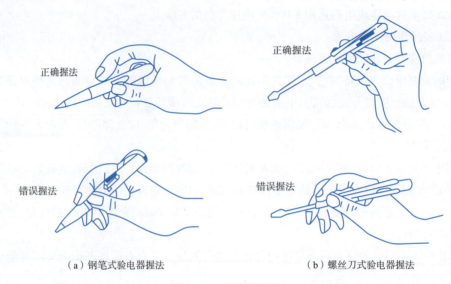

图 5-10　验电器的握法

任务实施

1. 训练目的

①熟悉电气元件的结构和工作原理。

②掌握万用表的使用方法和技巧。

③通过测试低压电气元件的通断情况和用万用表测试刀开关、接触器、熔断器、热继电器、按钮开关等主要元器件的基本情况,为后面的学习奠定基础。

2. 训练器材

万用表 1 块、电气线路图 1 张、刀开关 1 个、熔断器 2 个、接触器 2 个、热继电器 1 个、启动按钮 2 个、停止按钮 1 个、三相异步电动机 1 台。

3. 训练步骤

(1)工具及耗材领取

在实训室中领取相应的实验器材,具体包括训练器材中涉及的内容。

(2)元件测试

万用表测量线路通断过程中,常通过电阻测量来实现,而数字式万用表专门针对测量线路通断设计了蜂鸣器挡位,当线路为通路时,万用表则发出"滴滴"的蜂鸣声。测试过程中,先将万用表置为蜂鸣器挡位,然后将红表笔一端直接接到黑表笔一端,如果听到万用表发出蜂鸣声,则表示电路是通的;如果没有声音,则表示电路是断开的。

以图 5-11 所示 CJX2s-1210 接触器为例,在测试过程中,应当测量控制线圈:A1-A2;主触点:L1-T1、L2-T2、L3-T3,常开辅助触点 NO,常闭辅助触点 NC。用万用表测试中,红表笔连接 A1 触点,黑表笔连接 A2 触点,若发出蜂鸣声则为正常;主触点测试过程中,手动按下位于接触器中部与辅助触点连接的红色卡扣,分别用红黑表笔测量 L1-T1、L2-T2、L3-T3,若发出蜂鸣声则为正常;辅助触点测试过程中,红黑表笔测量常闭辅助触点 NC 时,若发出蜂鸣声则为正常,测量常闭辅助触点 NO 时,未发出蜂鸣声则为正常。测试过程中若发现异常,则应进行检修或更换零件,否则在实际装调完成后影响正常运行。其余电路中的元件可根据元件结构进行类似的检测,确保装调前电气元件处于正常工作状态。

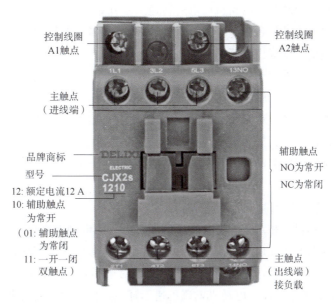

图 5-11　CJX2s-1210 接触器

(3)完成元器件状态记录单(见表 5-1)

表 5-1　元器件状态记录单

元器件名称	数目	元器件型号	元器件图形符号	元器件测试结果	备注
刀开关	1				
熔断器	2				
接触器	2				
热继电器	1				
启动按钮	2				
停止按钮	1				
三相异步电动机	1				

任务 2　电动机正反转控制电路装调

任务内容

①掌握电动机的启动方式,三相交流异步电动机直接启动及降压启动的几种典型电路。
②了解一些与电动机有关的常用规程;掌握电动机正反转控制电路的工作原理。

③进一步提高电动机控制电路安装接线工艺,提高处理电动机(机床)控制电路故障的能力。

知识储备

1. 三相异步电动机启动概述

三相异步电动机的启动是指电动机通电后转速从零开始逐渐增加到正常转速运行的过程。由于三相异步电动机所拖动的各种生产、运输机械及电气设备经常需要进行启动和停止,因此,要对三相异步电动机的启动提出以下要求:

①电动机应有足够大的启动转矩。

②在保证一定大小的启动转矩前提下,电动机的启动电流应尽量小。

③启动所需的控制设备应尽量简单,价格力求低廉,操作及维护方便。

④启动过程中的能量损耗应尽量小。

三相笼形异步电动机的启动方式有两类,即在额定电压下的直接启动和降低启动电压的降压启动。

2. 三相异步电动机的直接启动控制电路

直接启动即将电动机三相定子绕组直接接到额定电压的电网上来启动电动机,所以直接启动也称全压启动。这种方法在启动时,合上开关就直接把电源电压全部加在电动机的定子绕组上。直接启动虽然启动电流会达到额定电流的 5 倍,但对于小容量的电动机来说,由于转动惯量不大,转速可很快达到额定值而使电动机电流迅速下降,对电网的影响、对电网上其他电气设备的影响、对电动机本身的危害都不大,而且全压启动还能维持较大的启动转矩,所以小容量电动机经常采用直接启动方法启动。一台三相异步电动机能否采用直接启动由电动机的容量、电网的容量(变压器的容量)、启动次数、电网允许干扰的程度等许多因素决定,究竟多大容量的电动机能够直接启动呢? 通常认为只需满足下列三个条件中的一个,电动机即可采用直接启动:

①容量在 7.5 kW 以下的三相异步电动机一般可采用直接启动。

②用户由专用的变压器供电时,如电动机容量小于变压器容量的 20% 时,允许直接启动。对于不经常启动的电动机,则该值可放宽到 30%。

③用下面的经验公式来粗估电动机是否可以直接启动:

$$\frac{I_{st}}{I_N} < \frac{3}{4} + \frac{变压器容量(kV \cdot A)}{4 \times 电动机功率}$$

式中,I_{st}/I_N 即电动机启动电流倍数,当电动机启动电流倍数小于上式右边的数值时,可直接启动。

直接启动的电路具有设备简单、启动时间短、安装维护方便等优点;缺点是对电动机及电网有一定的冲击,电动机的容量越大,冲击越大。所以,当电动机容量较小时,这种启动方式应优先考虑采用。常用的三相异步电动机直接启动控制电路有手动控制和自动控制两类。

3. 三相异步电动机直接启动的手动控制电路

所谓手动控制,是指用手动电路进行电动机直接启动操作。可以使用的手动电器有刀开关、空气断路器、转换开关和组合开关等。图 5-12 所示为几种电动机直接启动的手动控制电路。

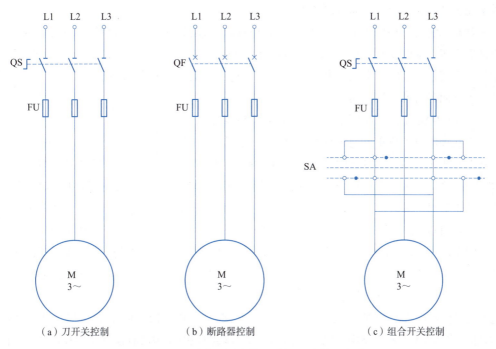

图 5-12　几种电动机直接启动的手动控制电路

(1) 刀开关控制电路

图 5-12(a)所示为刀开关控制电路。当采用胶壳开关控制时,电动机的功率最大不要超过 5.5 kW;若采用铁壳开关控制时,由于铁壳开关电流容量大、动作迅速以及触点装有灭弧机构等优点,因此可控制 28 kW 以下的电动机直接启动。

用刀开关控制电动机时,无法利用双金属片式热继电器进行过载保护,只能利用熔断器进行短路和过载保护,同时电路也无失电压和欠电压保护,这一点在使用时要特别注意。

(2) 断路器控制电路

图 5-12(b)所示为断路器控制电路。断路器除可手动操作外,还具有自动跳闸保护功能。图中断路器带过电流脱扣器和热脱扣器,用以对电路进行短路和过载保护。

(3) 组合开关(倒顺开关)控制电路

图 5-12(c)所示为组合开关(倒顺开关)控制电路。倒顺开关专门用于对电动机正反转进行操作,由于其触点灭弧机构,因此,电动机功率最大不要超过 5.5 kW。正反换向操作时速度不要太快,以免受到过大的反接制动电流冲击而影响使用寿命。

用手动电器直接控制电动机启动时,操作人员是通过手动电器直接对主电路进行接通和断开操作的,安全性能和保护性能较差,操作频率也受到限制,因此,当电动机容量较大(一般超过 10 kW)和操作频繁时就应该考虑采用接触器控制。

4. 接触器控制的直接启动电路

接触器具有电流通断能力大、操作频率高,以及可实现远距离控制等特点。在自动控制系统中,它主要承担接通和断开主电路的任务,同时接触器本身具有失电压和欠电压保护功能。所谓失电压和欠电压保护,是指当控制电源停电或电压降低至定值时,接触器将自动释放,因此,不会造成不经启动而直接吸合接通电源的事故。

接触器控制的三相异步电动机直接启动电路属于自动控制类型,典型的接触器控制三相异步电动机直接启动电路有:电动机单向运行(正转)控制电路、电动机正转与点动控制电路,以及电动机正反转控制电路。常见的电动机正反向运行的控制电路有很多种,下面介绍几种典型的电动机正反向运行的控制电路。

(1)不带互锁的电动机正反向运行直接启动控制电路

不带互锁的电动机正反向运行直接启动控制电路如图 5-12 所示。

从电动机正反转控制电路中的主电路可以看出,当合上隔离开关 QS,接触器 KM1 主触点闭合,接触器 KM2 主触点断开时,电动机定子三相绕组引出线 U1、V1、W1 分别接电源 L1、L2、L3 三相绕组产生顺时针旋转的磁场,电动机正向转动;当接触器 KMI 主触点断开,接触器 KM2 主触点闭合时,电动机定子三相绕组引出线 U1、V1、W1 分别接电源 L3、L2、L1,也就说,接入电动机定子三相绕组 U1、V1、W1 的电源相序发生了变化,导致三相绕组产生逆时针旋转的磁场,电动机反向转动。从主电路也可直接看出,当接触器 KM1 主触点、接触器 KM2 主触点同时闭合时,主电路会产生严重的相间短路,因此,控制电路必须设有防止 KM1、KM2 同时动作的保护措施。具体保护措施有:按钮互锁(机械互锁)、电气互锁(接触器互锁)和双重互锁三种方式,互锁也称为联锁。

从图 5-13 所示控制电路中可以看出,电动机正反转控制电路中没有设计任何互锁,电动机需进行正反向换接时,必须先将电动机停转后,才允许反方向的接通。如果工作人员不小心,很容易造成误操作,即如果在正转或者反转运行过程中,工作人员或非工作人员误按启动按钮 SB3 或 SB2,导致接触器 KM1 和 KM2 同时通电,造成相间短路事故。因此,该电路不能应用在实际控制中。

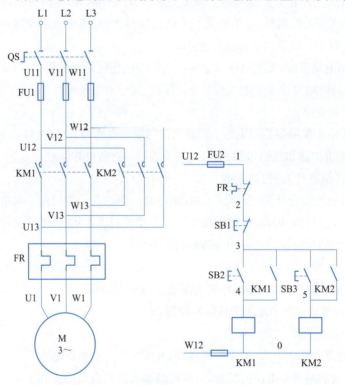

图 5-13 不带互锁的电动机正反向运行直接启动控制电路

（2）按钮互锁的电动机正反向运行直接启动控制电路

按钮互锁的电动机正反向运行直接启动控制电路如图 5-14 所示。

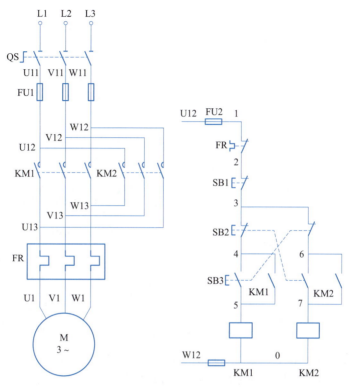

图 5-14　按钮互锁的电动机正反向运行直接启动控制电路

此电路充分利用了复合按钮两对触点（常开、常闭触点）之间一通一断的特性，将它们分别串入两个接触器线圈的控制回路上，保证不论按哪个按钮，也只能有其中一个接触器线圈接通电源，从而杜绝了因误操作导致接触器 KM1 和 KM2 同时动作而造成的相间短路事故。这个控制电路可以在不按停止按钮的情况下，直接进行正反转转换。电动机直接进行换向操作的工作原理如下：

假如电动机正在正向运行，那么按反向启动按钮 SB2→SB2 的常闭触点先断开接触器 KM1 线圈，KM1 主触点断开正向电源，电动机因惯性继续正向转动→SB2 的常开触点接通→接触器 KM2 线圈得电→KM2 主触点接通反向电源→经短时反接制动后反向启动并转入正常运行。

按钮互锁的电动机正反向运行直接启动控制电路没有设置接触器（电气）互锁，一旦运行时接触器出现触点熔焊，而这种故障又无法在电动机运行过程中判断出来，此时如果再进行直接正反向转换操作，将引起主电路电源相间短路。

由于按钮互锁正反向运行电路存在上述缺陷，安全性和可靠性较差，因此一般情况下不用于实际工作中。

（3）电气互锁的电动机正反向运行直接启动控制电路

电气互锁的电动机正反向运行直接启动控制电路如图 5-15 所示。此电路采用了电气互锁，避免了因误操作和接触器触点熔焊而可能引发的相间短路事故，使电路的可靠性和安全性大大增加，但该电路不能对电动机进行直接正反向运行操作，因此，主要用于无须直接正反向换接控制的场合。

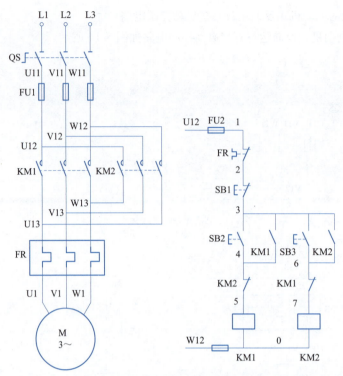

图 5-15　电气互锁的电动机正反向运行直接启动控制电路

按钮互锁和电气互锁是保证电路可靠性和安全性而采取的重要措施,在控制电路中,凡是有两个或两个以上的线圈不允许同时通电时,这些线圈之间必须进行触点互锁,否则电路可能会因误操作或触点熔焊等原因而引发事故。

(4)双重互锁的电动机正反向运行直接启动控制电路

双重互锁的电动机正反向运行直接启动控制电路如图 5-16 所示。

图 5-16 所示电路是在按钮互锁的基础上增加了接触器(电气)互锁,构成双重互锁控制电路。这个电路既保留了电气(接触器)互锁的优点,即两个线圈不会同时通电,不会因为误操作或触点熔焊而造成相间短路事故,可靠性、安全性高,同时又保留了按钮互锁的优点,能直接进行正反转换接,因而使用广泛。但是,双重互锁正反转控制电路在直接对电动机进行正反向换接操作时,电动机有短时反接制动过程,此时会有很大的制动电流出现,因此,正反向换接操作不要过于频繁,不适合用来控制容量较大或正反向换接操作频繁的电动机。

双重互锁的电动机正反向运行控制电路工作原理(操作过程):

①正转启动过程:

a. 合上隔离开关 QS,电动机正反转控制电路进入带电状态。但由于正转启动按钮 SB3 常开触点断开,切断正转启动回路,接触器 KM1 常开辅助触点断开,切断正转自锁回路,KM1 线圈无法得电,不动作,主触点不闭合,电动机无法正转启动运行。同样,反转启动按钮 SB2 常开触点断开,接触器 KM2 常开辅助断开,也导致电动机无法反转启动运行,如图 5-17(a)所示。

b. 电动机正转启动:按下正转启动按钮 SB3,其常开触点闭合,正转启动回路接通,KM1 线圈得电,KM1 主触点闭合,电动机得电开始正转启动。KM1 常开辅助触点也闭合,接通正转自锁控制回路,KM1 实现自锁,为正转连续运行做好准备。

项目5 电动机正反转控制电路的安装与调试

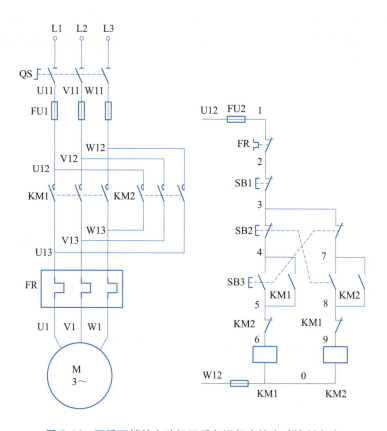

图 5-16 双重互锁的电动机正反向运行直接启动控制电路

在 SB3 常开触点闭合的同时，SB3 常闭触点断开，切断反转控制回路，起到机械互锁作用；与此同时，KM1 常闭辅助触点也断开，切断反转控制回路，实现电气互锁。双重互锁更有效地保证 KM1、KM2 不能同时动作，防止主电路相间短路，如图 5-17（b）所示。

c. 电动机正转运行：当松开正转启动按钮 SB3 时，虽然正转启动按钮 SB3 的常开触点断开，但 KM1 线圈通过 KM1 闭合的辅助常开触点仍接通电源，接触器 KM1 实现自锁，KM1 主触点和常开辅助触点仍闭合，电动机继续正转运行。此时，KM1 常闭辅助触点断开，切断反转控制回路，实现电气互锁，如图 5-17（c）所示。

②反转启动过程：

a. 按下反转启动按钮 SB2，SB2 常闭触点断开，切断正转控制回路，KM1 线圈失电，KM1 触点复位，KM1 主触点断开，电动机失电停止正向转动。KM1 常开辅助触点断开，切断正转自锁控制回路。KM1 常闭辅助触点闭合，为电动机反转启动做好准备，如图 5-17（d）所示。

b. 电动机反转启动：当将反转启动按钮 SB2 按到底时，SB2 常开触点闭合，反转启动回路接通，KM2 线圈得电，KM2 主触点闭合，电动机得电开始反转启动。KM2 常开辅助触点闭合，接通反转自锁控制回路，为反转连续运行做好准备。KM2 常闭辅助触点断开，与 SB2 常闭触点一起切断正转控制回路，实现双重互锁，有效保证 KM1 与 KM2 不能同时动作，防止主电路相间短路，如图 5-17（e）所示。

c. 电动机反转运行：当松开正转启动按钮 SB2 时，虽然正转启动按钮 SB2 的常开触点断开，

101

但 KM2 线圈通过其自身闭合的辅助常开触点仍接通电源,接触器 KM2 实现自锁,KM2 主触点和常开辅助触点仍闭合,电动机继续反转运行。此时,KM2 常闭辅助触点断开,切断反转控制回路,实现电气互锁,如图 5-17(f)所示。

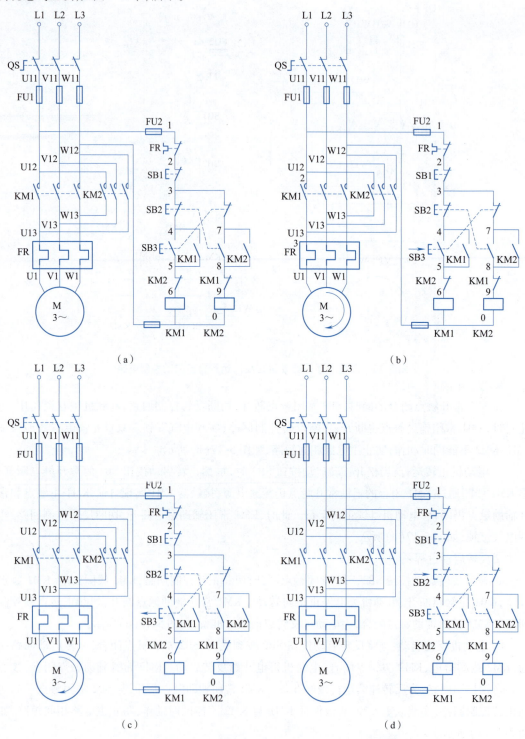

图 5-17 双重互锁的电动机正反向运行控制电路工作原理图分析

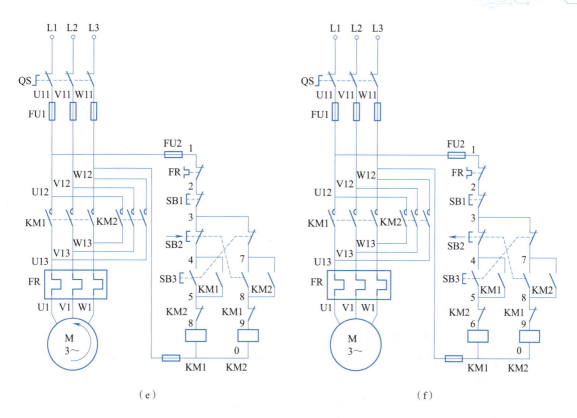

图 5-17 双重互锁的电动机正反向运行控制电路工作原理图分析(续)

电动机正反转的停止过程和过载保护过程,与电动机单方向运行直接启动控制电路的停止过程相同。

(5)其他电动机正反向运行直接启动控制电路

其他不同功能的电动机正反向运行直接启动控制电路如图 5-18 所示。

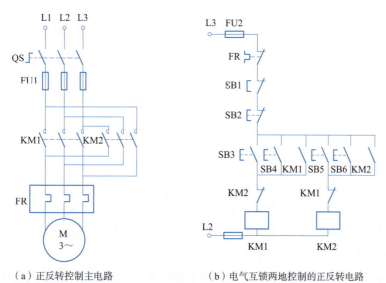

(a)正反转控制主电路　　(b)电气互锁两地控制的正反转电路

图 5-18 其他不同功能的电动机正反向运行直接启动控制电路

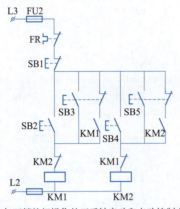
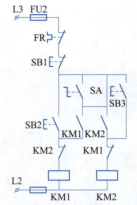

（c）电气互锁按钮操作的正反转启动和点动控制电路　　　（d）电气互锁、转换开关选择启动和点动功能

图 5-18　其他不同功能的电动机正反向运行直接启动控制电路（续）

任务实施

1. 训练目的

①了解电动机正反转控制回路互锁的重要性。

②掌握三相异步电动机双重互锁直接启动正反转控制电路安装接线与调试的操作技能。

2. 训练器材

常用电工工具 1 套，万用表 1 块、500 V 兆欧表 1 块，电路安装板 1 块，导线、紧固件、塑槽、号码管、导轨等若干。电气元件明细表见表 5-2。

表 5-2　三相异步电动机正反转双重互锁控制电路电气元件明细表

代号	名称	型号	规格	数量
M	三相异步电动机	Y2-100L1-4	2.2 kW、350 V、5.1 A、1 430 r/min	1
QF	空气开关	DZ-10	三极、10 A	1
FU1	熔断器	RT1-15	500 V、15 A、配 10 A 熔体	3
FU2	熔断器	RT1-15	500 V、15 A、配 2 A 熔体	2
KM1、KM2	交流接触器	CJ10	10 A、线圈电压 350 V	2
FR	热继电器	JR16-20	三极、20 A、整定电流 5.1 A	1
SB1、SB2、SB3	按钮	LA4-3H	保护式、500 V、5 A、按钮数 3	1
XT	端子板	JX2-1015	500 V、10 A、15 节	1

训练原理图参见图 5-15。

3. 训练步骤

①按电气元件明细表将所需器材配齐并检查电气元件质量。

②在电路安装板上按图 5-15 安装所有电气元件及塑槽。

③在图 5-15 上对主电路和控制回路进行标注。

④接主电路。连接前每根连接线的两端应先套入号码管；组合开关进线从端子板引接，热继电器到电动机的连接线接到端子板即止。

⑤接控制回路。连接前每根连接线的两端也应先套入号码管；从各电气元件与按钮 SB1、SB2、SB3 的连接线接到端子板即止。

⑥连接按钮 SB1、SB2、SB3 内部的连接线,并引出与其他电气元件的连接导线(每根连接线的两端也要套入号码管),然后对号接到端子板相应的端子上。

⑦检查电路接线的正确性。

⑧经指导教师检查后,进行不带电动机的通电校验,观察交流接触器的动作情况。

⑨确认接线正确后,接入电动机,进行负载通电校验,观察电动机的运转情况。

项目评价表

学　院		专　业		姓　名	
学　号		小　组		组长姓名	
指导教师		日　期		成　绩	

学习目标	素质目标: 1. 树立正确的世界观、人生观、价值观。 2. 具有良好的沟通合作能力,协调配合能力。 3. 具有爱岗敬业、耐心务实、精益求精的工匠精神。 4. 具有良好的身心素质和人文素养
	知识目标: 1. 掌握电工仪表的使用和测量方法。 2. 掌握万用表测试元器件的基本方法,根据测试现象得出相应结果。 3. 掌握三相异步电动机的直接启动控制电路动作规律。 4. 掌握不带互锁的电动机正反向运行直接启动控制电路,按钮互锁的电动机正反向运行直接启动控制电路,电气互锁的电动机正反向运行直接启动控制电路,双重互锁的电动机正反向运行直接启动控制电路,其他电动机正反向运行直接启动控制电路的控制区别及规律
	技能目标: 1. 具备对低压电气元件的测试和排故能力。 2. 具备三相异步电动机正反转电路的分析能力,能鉴别不同控制电路的核心区别。 3. 具备三相电路的装调能力,能够实现对典型电动机正反转电路进行装调。 4. 具备电路的故障分析和排查能力。装调过程完成后,能够使用电气检测工具检测并排除故障

任务评价	任务内容	完成情况
	1. 熟知电动机的启动方式,熟知三相交流异步电动机直接启动及降压启动的几种典型电路	
	2. 分析多地控制电气线路的功能特点,厘清控制原理及控制过程的	
	3. 进一步提高处理电动机(机床)控制电路故障的能力	
	4. 了解一些与电动机有关的常用规程,掌握电动机正反转控制电路的工作原理	
	5. 进一步提高电动机控制电路安装接线工艺	

质量检查	请教师检查本组作业结果,并针对问题提出改进措施及建议			
	综合评价			
	建　议			

评价考核	评价项目	评价标准	配　　分	得　　分
	理论知识	理论知识学习情况及课堂表现	25	
	素质能力	能理性、客观地分析问题	20	
	作业训练	作业是否按要求完成,电气元件符号表示是否完全正确	25	

评价考核	质量检查	改进措施及能否根据讲解完成线路装调及故障排查	20
	评价反馈	能对自身客观评价和发现问题	10
	任务评价	基本完成（　　）　良好（　　）　优秀（　　）	
	教师评语		

技术赋能

扎根电力一线 践行工匠精神

在我们身边，有这样一群人，他们努力钻研职业技能，靠着学习和创新，凭着专注和坚守，在各自领域追求着工作的极致，在平凡的岗位上演绎着精彩的人生。蒋祖立就是其中一员，从事电力行业生产一线变电检修十四年，用职业精神谱写工匠人生，夯实着电网安全的第一道防线。

蒋祖立是国网莆田供电公司变电二次二班副班长，从象牙塔到基层一线，扎根在继电保护专业的最前线，他一待就是十四年。面对着艰苦的工作环境、高压的工作强度，他孜孜不倦学习、踏踏实实钻研，从技术新兵到行家里手，从初级工到高级技师、高级工程师，仅用四年时间便成长为独当一面的省内继电保护专家。

十四年间，他行走于莆阳大地的城镇和乡野，穿梭于66座变电站的各个角落，主动承担变电检修的各项重要任务。多年来共开展电网事故抢修1 000多次，带头处理变电设备危急、严重缺陷300多条。继电保护专业是一项细而杂、多而繁且技术含量较高的工作，不仅需要扎实的业务技能，还需要一份高度的责任心，他常常深入现场，为"医治"设备"疑难杂症"开处方，提出并制定有效的技术措施、巧妙的施工方案，顺利完成了30多个大型改造工程，确保电网设备可靠安全运行。

他是电网安全运行的守护者，蒋祖立不仅拥有着一手精湛的技术，还拥有着一颗勇担责任、不辞辛苦的心。作为党员，在一次次的困难艰险中，他身先士卒；在一回回的棘手任务前，他奋勇争先。作为抢险抢修的急先锋，他始终将可靠供电的忠实卫士责任扛在肩上，无论是抗台抢险，还是防雨雪抗冰冻灾害，生产抢修的第一线始终活跃着他的身影。

2020年春节期间，蒋祖立连续值班一个月负责莆田片区各变电站的保供电任务，赶赴各变电站消缺、抢修，确保莆田地区电网的安全稳定运行。2月11、14日夜晚城厢变电站和埭头变电站分别出现多条10 kV线路事故跳闸，为查明跳闸原因，蒋祖立连夜冒雨赶往现场进行事故处理。2月26日盖尾变电站10 kV消弧线圈开关柜发生故障，CT二次电缆绝缘下降，必须更换，由于现场空间狭窄，只能躺着或蜷缩着身体进行施工，难度之大不言而喻，但在蒋祖立和同事们的努力下，从确定方案、准备材料、现场安装到成功送电仅用了半天时间，防止10 kV系统因失去感性电流补偿而处于"亚健康"状态，避免了因多点故障而造成事故范围扩大。

专业专注成就工匠口碑。"好手艺，不怕外人学；好技术，绝不留一手。"作为班组管理人员和技术带头人，他注重因材施教，共培养出高级技师2人、技师10人、青优2人。他牵头负责公司智能变电站二次实训室优化建设，为班组人员提供智能变电站新技术的训练和竞技平台，锻造出了一支强有力的技能队伍。

作为省公司兼职培训师，蒋祖立担任技能竞赛教练同时开展专业授课，参与省公司培训中心智能变电站及仿真系统建设。他不遗余力在技能传承上"传帮带",培养了一批批优秀的专业技术骨干,提高了省内继电保护专业的理论水平和专业技能水平,为电力行业的人才队伍培育贡献力量。

正是践行精益求精的工匠精神,蒋祖立不断突破自我,主持或参与编制专业规范和检验规程60多份;获得管理创新、质量管理和科技创新等奖项十余项,其中省部级以上奖项3项、专利4项。在他的"移动式综自监控后台在变电站验收中的应用"项目推广后,验收工作平均周期由14个工作日减少到7.5个工作日,工作人员由平均88人次减少到43人次,创造直接经济效益500多万元。

蒋祖立先后获得全国五一劳动奖章、福建省五一劳动奖章、福建省技术能手、福建省金牌工人、福建省青年岗位能手、闽电工匠、国网福建省电力有限公司技术能手等多项荣誉。面对荣誉,他表示,荣誉是再出发的新起点,他将继续怀揣坚守的毅力、担当的勇气、进取的锐意、创造的新意,为电网设备安全保驾护航。

课后习题

① 试述三相异步电动机正反转双重互锁控制电路的工作原理。
② 为了防止两个接触器同时动作,可以采取哪些措施?
③ 电动机的保护装置采用熔断器时,应如何选用熔芯?
④ 电动机降压启动有哪几种方法? 交流电动机所配装的降压启动器,应符合哪些要求?
⑤ 连续运行的三相异步电动机,什么情况下可以不装缺相保护装置?
⑥ 电动机操作开关的选择有何规定?

项目 6

直流稳压电源的制作

项目引入

在工业及电子产品领域,其控制电路往往是直流供电,电网供电为 380 V 或 220 V 交流电,通常需要将交流电转换为直流电。本项目从简易直流稳压电源入手,分析制作直流稳压电源各部分电路,为后续复杂电源的设计打下基础。

学习目标

① 掌握二极管的符号及工作原理。
② 掌握二极管的相关特性参数;会分析二极管电路。
③ 掌握整流电路,滤波电路,串、并联型直流稳压电路的组成、作用、工作原理及相关计算。
④ 掌握集成稳压电路的组成、作用、工作原理及相关计算。

任务 1　认识半导体二极管

任务内容

① 理解半导体基本知识、本征半导体的特点、杂质半导体的特点及 PN 结的单向导电性。
② 掌握二极管的伏安特性曲线、等效模型及其电路的分析方法。
③ 学习稳压管及其他特殊二极管的特点及用途。
④ 会识别并检测二极管。

知识储备

1. 半导体的基本知识

自然界中的物质,其化学性质是由价电子决定的,其导电性能也与价电子有关,按其导电能力可分为三大类:导体、半导体和绝缘体。导电能力介于导体和绝缘体之间的物质称为半导体,其主要制造材料是硅(Si)、锗(Ge)或砷化镓(GaAs)等,其中硅应用最多。

半导体具有热敏性、光敏性和掺杂性的特点。半导体受光照和热激发便能增强导电能力;掺入微量的三价或五价元素(杂质)能显著增强导电能力。

(1)本征半导体

完全纯净的、结构完整的半导体材料称为本征半导体。

①本征半导体的原子结构及共价键:单晶是指晶格排列完全一致的晶体,而晶体则指由原子或分子按照一定的空间次序排列而形成的具有规则外形的固体。在 Si 或者 Ge 的单晶体结构中,原子在空间排成很有规律的空间点阵(称为晶格),由于原子之间的距离很近,价电子不仅受到所属原子核的作用,而且还受到相邻原子核的吸引,使得一个价电子为相邻原子核所共有,形成共价键。图 6-1 所示为硅和锗的原子结构和共价键结构。晶体中的共价键具有很强的结合力。共价键内的两个电子由相邻的原子各用一个价电子组成,称为束缚电子。

②本征激发和两种载流子——自由电子和空穴。在热力学零度(-273.15 ℃)且无光照时,价电子没有能力脱离共价键的束缚,在这种情况下,晶体中没有自由电子,半导体是不能导电的。在室温或光照下,少数价电子获得足够的能量摆脱共价键的束缚成为自由电子。束缚电子脱离共价键成为自由电子后,在原来的位置留出一个空位,称为空穴。温度升高,半导体材料中产生的自由电子便增多。本征半导体中,自由电子和空穴成对出现、数目相同。图 6-2 为本征激发所产生的电子-空穴对。

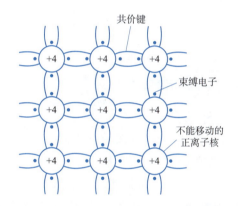

图 6-1 硅和锗的原子结构和共价键结构

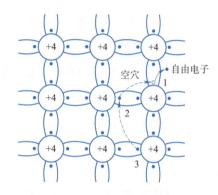

图 6-2 本征激发所产生的电子-空穴对

(2)杂质半导体

在本征半导体中加入微量杂质,可使其导电性能显著改变。根据掺入杂质的性质不同,杂质半导体分为 N 型半导体和 P 型半导体。

①N 型半导体。在本征半导体(如硅)中,用扩散等工艺掺入少量的五价元素(如磷),一个磷原子外层有五个价电子,四个价电子与硅原子的价电子形成共价键,多出的一个价电子不受共价键的束缚,形成自由电子,这样晶体中将产生大量多余的自由电子,自由电子的浓度大大增加,导电能力将随之大大提高。在掺有五价元素的半导体中,自由电子的数量很多,称为多数载流子;而空穴的数量很少,称为少数载流子,因而这种半导体材料中主要靠自由电子导电。以自由电子导电作为主要导电方式的半导体称为电子型半导体,简称 N 型半导体,N 型半导体晶体结构图和示意图如图 6-3 所示。

②P 型半导体。在本征半导体(如硅)中,当掺入了少量的三价元素(如硼),由于硼原子外层只有三个价电子,在与硅原子的价电子组成共价键时,将出现一个空穴。这时晶体中空穴的浓度大大增加,导电能力提高,在这种半导体中,空穴的浓度很大。所以,空穴是多数载流子,自由电子是少数载流子。因而这种掺有三价元素的半导体中,其导电方式主要是空穴导电,这种半导体称为空穴型半导体,简称 P 型半导体,P 型半导体晶体结构图和示意图如图 6-4 所示。

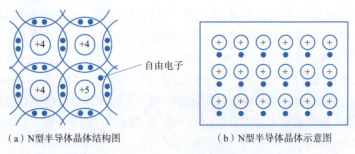

图 6-3 N 型半导体晶体结构图和示意图

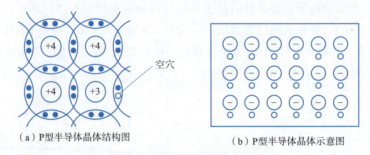

图 6-4 P 型半导体晶体结构图和示意图

(3) PN 结

① PN 结的形成。在 P 型半导体和 N 型半导体结合后,由于 N 区内电子很多而空穴很少,而 P 型区内空穴很多电子很少,在它们的交界处就出现了电子和空穴的浓度差。这样,电子和空穴都要从浓度高的地方向浓度低的地方扩散。于是,电子从 N 区向 P 区扩散,空穴从 P 区向 N 区扩散。它们扩散的结果就使 P 区一边失去空穴,留下了带负电的杂质离子,N 区一边失去电子,留下了带正电的杂质离子。半导体中的离子不能随意移动,因此不参与导电。这些不能移动的带电粒子在 P 区和 N 区交界面附近,形成了一个很薄的空间电荷区,就是所谓的 PN 结。空间电荷区有时又称耗尽区。扩散越强,空间电荷区越宽。

在出现了空间电荷区以后,由于正负电荷之间的相互作用,在空间电荷区就形成了一个内电场,其方向是从带正电的 N 区指向带负电的 P 区。显然,这个电场的方向与载流子扩散运动的方向相反,它是阻止扩散的。

另一方面,这个电场将使 N 区的少数载流子空穴向 P 区漂移,使 P 区的少数载流子电子向 N 区漂移,漂移运动的方向正好与扩散运动的方向相反。从 N 区漂移到 P 区的空穴补充了原来交界面 P 区所失去的空穴,从 P 区漂移到 N 区的电子补充了原来交界面 N 区所失去的电子,这就使空间电荷区减少,因此,漂移运动的结果是使空间电荷区变窄。当漂移运动和扩散运动的载流子数目相同时,PN 结便处于动态平衡状态,PN 结就形成了,如图 6-5 所示。

② PN 结的单向导电性。如果在 PN 结上加正向电压,即外电源的正端接 P 区,负端接 N 区,即 PN 结正向偏置如图 6-6(a) 所示,这时,外电场与内电场的方向相反,因此,扩散运动和漂移运动的平衡被破坏,削弱了内电场,使空间电荷区变窄,多数载流子的扩散运动增强,形成了较大的扩散电流(正向电流),在一定范围内,外电场越强,正向电流(由 P 区流向 N 区的电流)越大,这时 PN 结呈现的电阻很低。

若给 PN 结加上反向电压,即外电源的正端接 N 区,负端接 P 区,即 PN 结反向偏置,如图 6-6(b)所示,这时,外电场与内电场方向一致,也破坏了载流子的扩散运动和漂移运动的平衡,外电场驱使空间电荷区两侧的空穴和自由电子向两边移动,使得空间电荷区变宽,内电场增加,使多数载流子的扩散运动难以进行。但另一方面,内电场的增强也加剧了少数载流子的漂移运动,在外电场的作用下,P 区的自由电子(少数载流子)越过 PN 结进入 N 区,在电路中形成了反向电流(由 N 区流向 P 区的电流)。由于少数载流子的数量很少,因此,反向电流不大,即 PN 结呈现的反向电阻很高。

由以上分析可知,PN 结具有单向导电性,即在 PN 结上加正向电压时,PN 结电阻很低,正向电流较大,PN 结处于导通状态;在 PN 结上加反向电压时,PN 结电阻很高,反向电流很小,PN 结处于截止状态。

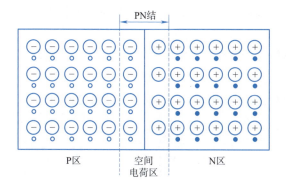

图 6-5　PN 结的形成

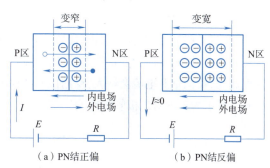

图 6-6　PN 结的单向导电性

2. 半导体二极管

(1)二极管的结构与类型

把一个 PN 结的两端接入电极引线,外面用金属管壳封闭起来,便构成了二极管,由 P 区引出的电极为阳极(正极),由 N 区引出的电极为阴极(负极)。其结构与图形符号如图 6-7 所示。

二极管按照制造材料可分为硅二极管(简称为硅管)、锗二极管(简称为锗管);按用途可分为整流二极管、稳压二极管、开关二极管、检波二极管等。根据构造上的特点和加工工艺的不同、二极管又可分为点接触型二极管、面接触型二极管和平面型二极管。

图 6-7　二极管的结构与图形符号

(2)二极管的伏安特性、温度特性及主要参数

①二极管的伏安特性:

a. 正向特性:二极管两端的电压 u 及流过二极管的电流 i 之间的关系曲线称为二极管的伏安特性,如图 6-8 所示。二极管所加正向电压较小时,二极管上流经的电流为 0,二极管仍截止,

此区域称为死区，U_{th} 称为死区电压(门槛电压)。硅二极管的死区电压约为 0.5 V，锗二极管的死区电压约为 0.1 V。

b. 反向特性：二极管外加反向电压时，电流和电压之间的关系称为二极管的反向特性。如图 6-8 所示，在常温下，二极管外加反向电压时，反向电流很小，而且在相当宽的反向电压范围内，反向电流几乎不变，因此，称此电流为二极管的反向饱和电流。

c. 反向击穿特性：从图 6-8 可见，当加于二极管的反向电压增大到一定值(U_{BR})时，二极管的反向电流将随反向电压的增加而急剧增大，这种现象称为反向击穿。反向击穿后，只要反向电流和反向电压的乘积不超过 PN 结容许的耗散功率，PN 结一般不会损坏，当反向电压下降到击穿电压以下后，其性能恢复到原有情况，即这种击穿是可逆的，称为电击穿。若反向击穿电流过大，则会导致 PN 结的结温过高而烧坏，这种击穿是不可逆的，称为热击穿。串接限流电阻可防止二极管因热击穿而烧坏。利用二极管的反向击穿特性，可以做成稳压二极管，但一般的二极管不允许工作在反向击穿区。

② 二极管的温度特性。二极管是对温度非常敏感的器件。实验表明，随温度升高，二极管的正向压降会减小，正向伏安特性左移，即二极管的正向压降具有负的温度系数(约为 -2 mV/℃)；温度越高，反向饱和电流会增大，反向伏安特性下移，温度每升高 10 ℃，反向电流大约增加一倍。图 6-9 所示为温度对二极管的影响。

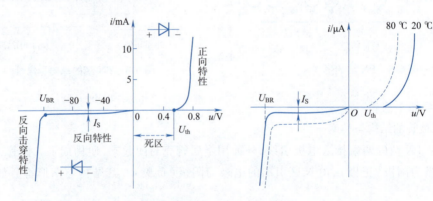

图 6-8　二极管的伏安特性曲线　　　图 6-9　温度对二极管的影响

③ 二极管的主要参数：

a. 最大整流电流 I_F：最大整流电流是指二极管长期正常工作时，允许通过二极管的最大正向电流的平均值。

b. 反向击穿电压 U_{BR}：反向击穿电压是指二极管击穿时的电压值。

c. 反向饱和电流 I_S：反向饱和电流是指二极管没有击穿时的反向电流值。其值越小，说明二极管的单向导电性越好。

d. 最高反向工作电压 U_{RM}：最高反向工作电压是指允许加在二极管两端的最大反向电压，通常规定为反向击穿电压 U_{BR} 的一半。

3. 特殊二极管

(1) 稳压二极管

稳压二极管简称稳压管，它是一种用特殊工艺制作的面接触型半导体二极管。

①稳压管的伏安特性和符号。图 6-10 为稳压管的伏安特性和图形符号,其正向特性曲线与普通二极管相似,而反向击穿特性曲线很陡,正常情况下稳压管工作在反向击穿区,由于曲线很陡,反向电流在很大范围内变化时,端电压变化很小,因而具有稳压作用。VZ 是稳压管的文字符号。

②稳压管的主要参数:

a. 稳定电压 U_Z。它是指当稳压管中的电流为规定值时,稳压管在其两端产生的稳定电压值。

b. 稳定电流 I_Z。它是指稳压管工作在稳压状态时,稳压管中流过的电流。有最小稳定电流 I_{Zmin} 和最大稳定电流 I_{Zmax} 之分。

c. 最大耗散功率 P_{ZM} 和最大稳压电流 I_{ZM}。$P_{ZM} = I_{ZM} U_Z$ 是为了保证稳压管不被热击穿而规定的极限参数,由稳压管允许的最高结温决定。

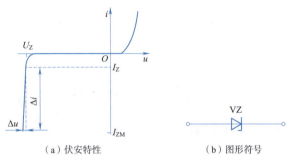

图 6-10 稳压管的伏安特性和图形符号

③应用稳压管时应注意的问题。稳压管主要应用于电视机里的过电压保护电路、电弧抑制电路、串联型稳压电路等。

稳压管稳压时,一定要外加反向电压,保证稳压管工作在反向击穿区。当外加的反向电压值大于或等于 U_Z 时,才能起到稳压作用;若外加的电压值小于 U_Z 时,稳压管相当于普通二极管。在稳压管稳压电路中,一定要配合限流电阻使用,保证稳压管中流过的电流在规定范围内。

④稳压管稳压电路的工作原理。如图 6-11(a) 所示稳压管稳压电路中,R 为限流电阻,R_L 为负载电阻。

当 R_L 不变而 U_I 增大时,U_O 随之上升,加于稳压管两端的反向电压增加,使电流 I_Z 大大增加。I_R 随之显著增加,从而使限流电阻的压降随之增大,U_I 增加的绝大部分降落在限流电阻上,而输出电压 U_O 维持基本恒定。反之,当 R_L 不变而 U_I 减小时,电路将产生与上述相反的稳压过程。

当 U_I 不变而 R_L 增大(即负载电流减小)时,U_O 随之增大,则 I_Z 大大增加,迫使 U_O 下降以维持基本恒定;反之,当 U_I 不变而 R_L 减小时,产生与上述相反的稳压过程。

综上所述,稳压管稳压电路的稳压原理是:当 R_L 和 U_I 变化时,电路能自动调节 I_Z 大小,以改变分压电阻的压降,从而维持 U_O 的稳定。

为使电路安全、可靠工作,应加足够的反偏电压,使稳压管工作在反向击穿区,且给稳压管串接适当大小的限流电阻,使稳压管电流 I_Z 满足:

$$I_{Zmin} \leq I_Z \leq I_{Zmax}$$

例 6-1 图 6-11(b) 所示电路中,电源电压为 15 V,稳压管的稳压值 $U_Z = 60$ mV,$I_{Zmin} = 50$ mA,最大功耗 $P_{Zmax} = 150$ mW。试求电阻 R 的取值范围。

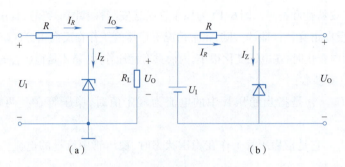

图 6-11 稳压管稳压电路

解 R 的取值范围由稳压管的工作条件 $I_{Zmin} \leq I_Z \leq I_{Zmax}$ 确定。

$$I_{Zmax} = \frac{P_{Zmax}}{U_Z} = \frac{150 \text{ mW}}{6 \text{ V}} = 25 \text{ mA}$$

$$R_{min} = \frac{U_I - U_Z}{I_{Zmax}} = \frac{(15-6)\text{V}}{25 \text{ mA}} = 0.36 \text{ k}\Omega$$

$$R_{max} = \frac{U_I - U_Z}{I_{Zmin}} = \frac{(15-6)\text{V}}{5 \text{ mA}} = 1.8 \text{ k}\Omega$$

因此 R 的取值范围为 $0.36 \sim 1.8 \text{ k}\Omega$。

(2) 发光二极管

发光二极管是一种光发射器件,通常由镓、砷、磷等元素的化合物制成。光亮度随电流增大而增强。发光二极管的颜色有红、黄、橙、绿、白和蓝六种,所发光的颜色主要取决于制作发光二极管的材料,例如砷化镓发出红光,而磷化镓则发出绿光,其中白色发光二极管是新型产品,主要应用在手机背光、液晶显示器背光和照明等领域。

发光二极管的图形符号和外形如图 6-12 所示。

(a) 图形符号　　　　(b) 外形

图 6-12　发光二极管的图形符号和外形

(3) 光敏二极管

光敏二极管是一种光接收器件,其 PN 结工作在反偏状态,可以将光能转换为电能,实现光电转换。图 6-13 所示为光敏二极管的基本电路和图形符号。

(4) 变容二极管

变容二极管是利用 PN 结的电容效应进行工作的,它工作在反向偏置状态。当外加的反偏电压变化时,其电容电量也随着改变,用于调频。图 6-14 所示为变容二极管的图形符号。

4. 二极管的应用

二极管是电子电路中最常用的器件。利用其单向导电性及导通时正向电阻很小的特点可以组成多种应用电路。例如整流、限幅、钳位电路或对其他元器件进行保护等。实际使用中,希望二极管具有理想特性:正向偏置时导通,电压降为零;反向偏置时截止,电流为零。具有这样特性的二极管称为理想二极管。在电路分析中,工作在大信号范围时也可采用理想模型。

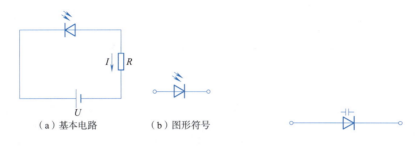

图 6-13　光敏二极管的基本电路和图形符号　　图 6-14　变容二极管的图形符号

(1) 整流

所谓整流,就是将交流电变成直流电。利用二极管的单向导电性组成整流电路,再经过滤波和稳压,就可以得到平稳的直流。

半波整流电路由电源变压器、二极管和用电负载组成,如图 6-15(a)所示。输入电压 u_0 为正弦交流电,在正弦交流电的正半周期,二极管导通,负载 R_L 上输出电压为正弦波,电流在负半周期,R_L 上无电压。这样在一个周期中只有半个周期有输出的电路称为半波整流电路。其波形如图 6-15(b)所示。

(2) 限幅

利用二极管导通后电压降很小且基本不变的特性,将输出电压幅度限制在某一电压值内。利用这个特点,可以组成各种限幅电路。

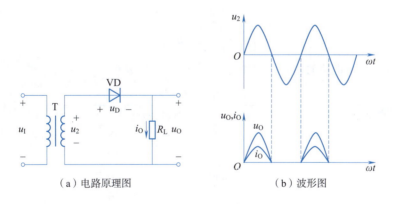

图 6-15　半波整流电路及波形图

二极管单向限幅电路如图 6-16(a)所示。信号源给定幅值为 8 V 的正弦波,当给二极管加正向电压时,二极管导通,输出电压限制为 5 V;当给二极管加反向电压时,二极管截止,输出电压为输入信号电压。通过示波器观察得到输入与输出电压波形,如图 6-16(b) 所示。

(3) 钳位

将电路中某点电位值钳制在选定数值的电路称为钳位电路。这种电路可组成二极管门电路,实现逻辑运算。

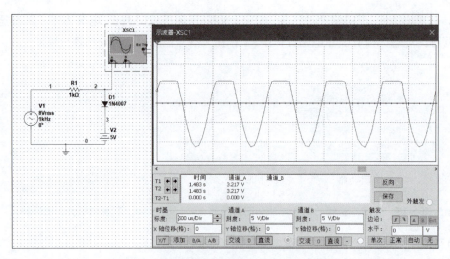

图 6-16　二极管单向限幅电路和输出波形[①]

例 6-2　图 6-17 所示为二极管门电路,设二极管为理想二极管,当输入电压 U_A、U_B 为低电压 0 V 和高电压 5 V 的不同组合时,求输出电压 U_O 的值。

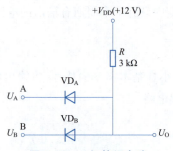

图 6-17　二极管门电路

解　图 6-17 所示电路的输入电压和输出电压的关系见表 6-1。

表 6-1　输入电压和输出电压的关系

输入电压		理想二极管		输出电压
U_A/V	U_B/V	VD_A	VD_B	U_O/V
0	0	正向导通	正向导通	0
0	5	正向导通	反向截止	0
5	0	反向截止	正向导通	0
5	5	正向导通	正向导通	5

任务实施

1. 训练目的

①更加直观地认识二极管,掌握判断二极管极性与质量的方法。
②学会选用二极管。

---

① 仿真图中某些元件的图形符号与国家标准符号不符,二者对照关系参见附录 A。

2. 训练器材

万用表、直流稳压电源、电阻器、不同型号的二极管若干。

3. 训练步骤

(1) 二极管极性的判定

将万用表调到欧姆挡,红黑表笔分别接二极管的两端,若测得的阻值很小(几千欧以下),则红表笔(与内部电源的负极相接)所接电极为阴极;若测得的阻值很大(几百千欧以上),则红表笔所接电极为阳极,如图6-18所示。

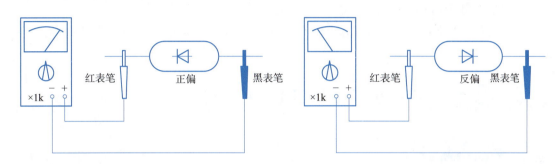

图 6-18 二极管极性的测试

(2) 二极管好坏的判定

二极管质量的简易判断见表6-2。

表 6-2 二极管质量的简易判断

正向电阻	反向电阻	二极管状况
较小(几千欧以下)	较大(几百千欧以上)	质量好
0	0	短路
∞	∞	断路
正向电阻和反向电阻值接近		质量不佳

(3) 二极管的检测

准备好以下型号的二极管,将检测结果填入表6-3中。

表 6-3 二极管检测结果

型号	正向电阻		反向电阻		二极管质量	
	挡位	阻值	挡位	阻值	好	坏
2AP9						
2CZ11						
1N4148						
1N4007						

(4) 二极管的选择

应根据二极管在电路中的作用和技术要求,选用功能和参数满足要求,且经济、通用、市场容易买到的管子。要注意元器件参数具有离散性,同型号管子的实际参数有可能有较大差别;而且器件手册中的参数是在一定条件下测得的,当工作条件发生较大变化时,参数值可能会有较大改变。例如,由于反向电流值随温度升高而显著增加,会导致常温下正常工作的电路在高温时性能恶化,所以选用参数时要考虑留有一定的裕量。

具体选用时注意:

①根据使用场合确定二极管类型。若用于整流电路,由于工作电流大、反向电压高,而工作频率不高,故选用整流二极管;若用于高频检波,由于要求导通电压小、工作频率高,而电流不大,故选用点接触型锗管;若用于高速开关电路,则选用开关二极管。

②尽量选用反向电流小、正向压降小的二极管。

③最大整流电流 I_F、最高反向工作电压 U_{RM} 是保证二极管安全工作的参数,选用时要有足够裕量。

任务2 串联型直流稳压电源的制作

任务内容

①学习直流稳压电源各单元电路的工作原理。
②能根据电路要求和选用原则,正确选用和代换整流二极管、稳压二极管和滤波电容。
③能用集成稳压器构成直流稳压电源,并进行仿真验证、电路调试和参数测试。
④能合理进行电路布局、正确布线,完成串联型直流稳压电源的安装与调试。

知识储备

1. 直流稳压电源的组成

在各种电子设备中,通常需要稳定的直流电源,而电网提供的通常为单相220 V或三相380 V的交流电源。将交流电源变为幅值稳定、电流稳定的直流电的设备称为直流稳压电源。

直流稳压电源的组成如图6-19所示。

图6-19 直流稳压电源的组成

(1)电源变压器

电源变压器的作用是将交流电网提供的220 V、50 Hz的市电转换成所需的交流电压。

(2)整流器

整流器的作用是将220 V、50 Hz的交流电变成单向脉动的直流电。

(3)滤波器

滤波器的作用是将整流所得的脉动直流电中的交流成分滤除。

(4)稳压器

稳压器的作用是将滤波电路输出的直流电压稳定不变,即输出直流电压不随电网电压和负载的变化而变化。

2. 整流电路

（1）半波整流电路

①电路的组成与工作原理。半波整流电路如图 6-20 所示，半波整流电路各元件电压波形与电流波形如图 6-21 所示。

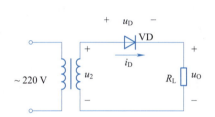

图 6-20　半波整流电路

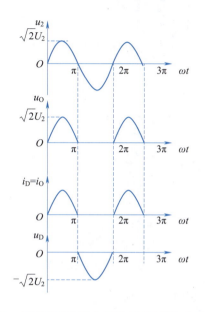

图 6-21　半波整流电路各元件电压波形与电流波形

②主要性能指标：

变压器输出电压与输出电压平均值：

$$u_2 = \sqrt{2}\, U_2 \sin \omega t$$

$$U_L = \frac{1}{2} \int_0^\pi \sqrt{2}\, U_2 \sin \omega t\, dt \approx 0.45 U_2$$

二极管正向平均电流：

$$I_{D(AV)} = I_{O(AV)} = 0.45 \frac{U_2}{R_L}$$

二极管所承受的最高反向工作电压：

$$U_{RM} = \sqrt{2}\, U_2$$

（2）全波整流电路

①电路的组成与工作原理。全波整流电路及波形图如图 6-22 所示。

②主要性能指标：

整流输出电压平均值：

$$U_{O(AV)} \approx 0.9 U_2$$

整流输出电流平均值：

$$I_{O(AV)} = \frac{U_{O(AV)}}{R_L} \approx 0.9 \frac{U_2}{R_L}$$

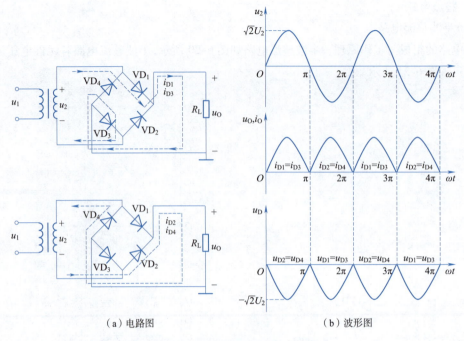

(a)电路图　　　　　　　　　　(b)波形图

图 6-22　全波整流电路及波形图

二极管正向平均电流：

$$I_{D1(AV)} = I_{D2(AV)} = \frac{I_{O(AV)}}{2} \approx 0.45\frac{U_2}{R_L}$$

二极管所承受的最高反向工作电压：

$$U_{RM} = \sqrt{2}\,U_2$$

3. 滤波电路

（1）电容滤波电路

电容滤波电路及波形图如图 6-23 所示。经电容滤波电路后，利用电容充电时等效电阻小，$\tau = R_L C$ 小，充电时间短；放电时 $\tau = R_L C$ 大，放电时间长的特点，使得输出电流和电压的波形变得平滑，脉动减小。

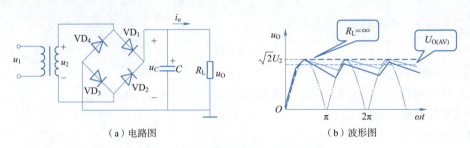

(a)电路图　　　　　　　　　　(b)波形图

图 6-23　电容滤波电路及波形图

当空载时，$u_O = u_C \approx \sqrt{2}\,U_2$。

当无电容时，电路与全波整流电路一致，$U_{O(AV)} \approx 0.9 U_2$。

当负载为有限值时,输出电压平均值范围为 $0.9U_2 < U_{O(AV)} < \sqrt{2}U_2$,通常取 $U_{O(AV)} \approx 1.2U_2$。

例 6-3 要求直流输出电压 $U_O = 24$ V,负载 $R_L = 80\ \Omega$,交流电源频率 $f = 50$ Hz,采用单相桥式整流电容滤波,选择合适的整流二极管与滤波电容元件。

解 ①选择整流二极管:

二极管平均电流:

$$I_D = \frac{1}{2}I_O = \frac{1}{2} \times \frac{U_O}{R_L} = \frac{1}{2} \times \frac{24}{80}\ \text{A} = 150\ \text{mA}$$

变压器二次电压有效值:

$$U_2 = \frac{U_O}{1.2} = \frac{24}{1.2}\ \text{V} = 20\ \text{V}$$

二极管所承受的最高反向工作电压:

$$U_{RM} = \sqrt{2}\,U_2 = \sqrt{2} \times 20\ \text{V} \approx 28.3\ \text{V}$$

②选择滤波电容:

$$\text{取}\ \tau = R_L C = 4 \times \frac{T}{2} = 4 \times \frac{0.02}{2}\ \text{s} = 0.04\ \text{s}$$

$$C = \frac{\tau}{R_L} = \frac{0.04}{80}\ \text{F} = 500\ \mu\text{F}$$

(2)电感滤波电路

经电感滤波后,输出电流和电压的波形也可以变得平滑,脉动减小。显然,L 越大,滤波效果越好。由于 L 上的直流电压降很小,可以忽略,故电感滤波电路的输出电压平均值与桥式整流电路相同,即 $u_O = U_{O(AV)} \approx 1.2U_2$。由于 R_L 和 L 串联对整流输出中的纹波分压,因此 R_L 越小,电感滤波器输出纹波越小,当 $\omega L \geq R_L$ 时,输出纹波近似为零。电感滤波电路及波形图如图 6-24 所示。

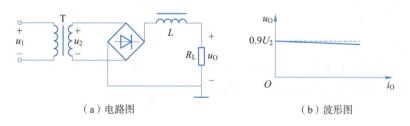

(a)电路图　　　　　　　　(b)波形图

图 6-24　电感滤波电路及波形图

4. 稳压电路

(1)稳压管稳压电路

①电路组成与工作原理。稳压管稳压电路如图 6-25 所示。若输入电压 U_I 或 R_L 升高,则必将引起输出电压 U_O 升高,而对于并联在负载两端的稳压管来说,其电压 U_Z 稍一增加,就会使流过稳压管的电流急剧增加,这将导致限流电阻 R 上的电压降增加,从而使负载两端的输出电压下降。可见稳压管是利用其电流的剧烈变化,通过限流电阻将其转化为电压降的变化,减小输入电压的变化,从而维持了输出电压的稳定,如图 6-26 所示。

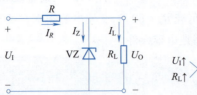

图 6-25　稳压管稳压电路 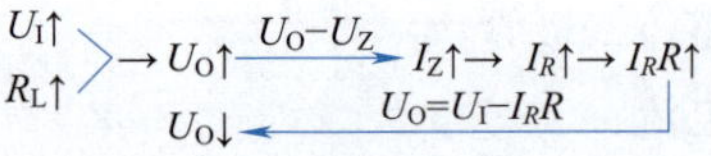　　图 6-26　稳压管稳压过程

② 元件参数的选择：

a. 稳压管的选择：

稳压管稳定电压 $U_Z = U_O$。

稳压管稳定电流 $I_{Zmax} - I_Z \geqslant I_{Zmax} - I_{Zmin}$，其中 I_{Zmax} 和 I_{Zmin} 是负载电流的最大值和最小值。

b. 稳压电路输入直流电压 U_I 的选择：通常 $U_I = (2 \sim 3)U_Z$。

c. 限流电阻 R 的选择（保证稳压管既稳压又不损坏）：

电网电压最低且负载电流最大时稳压管的电流最小时满足：

$$I_{Zmin} = \frac{U_{Imin} - U_Z}{R} - I_{Lmax} > I_Z$$

可得 $R < \dfrac{U_{Imin} - U_Z}{I_Z + I_{Lmax}}$。

电网电压最高且负载电流最小时稳压管的电流最大时满足：

$$\frac{U_{Imin} - U_Z}{R} - I_{Lmax} < I_{Zmax}$$

可得 $R > \dfrac{U_{Imax} - U_Z}{I_{Zmax} + I_{Lmax}}$。

(2) 串联型稳压电路

串联型稳压电路的组成框图如图 6-27(a) 所示，图 6-27(b) 为串联型稳压电路原理图。由于起电压调整作用的调整管与负载串联，所以称为串联型稳压电路。

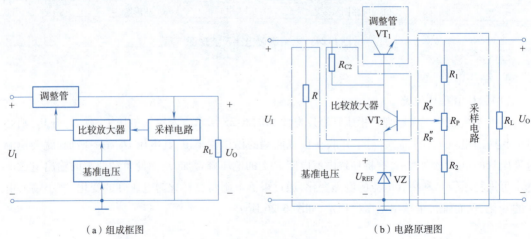

(a) 组成框图　　　　　　　　　　　　(b) 电路原理图

图 6-27　串联型稳压电路

若输入电压 U_I 或 R_L 降低,则必将引起输出电压 U_O 降低,采样信号 U_B2 随之减小,VT_2 的基极与集电极极性相反,因此 U_C2 增加,即调整管 VT_1 的基极电位增加,其基极电流和集电极电流随之增加,U_CE1 与集电极电流成反比,U_CE1 减小,U_O 增加,从而维持了输出电压的稳定,其稳压过程如图 6-28 所示。

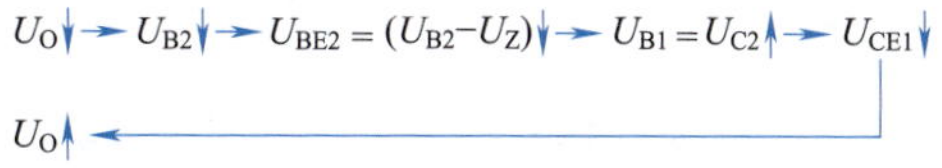

$U_\mathrm{O}\downarrow \rightarrow U_\mathrm{B2}\downarrow \rightarrow U_\mathrm{BE2}=(U_\mathrm{B2}-U_\mathrm{Z})\downarrow \rightarrow U_\mathrm{B1}=U_\mathrm{C2}\uparrow \rightarrow U_\mathrm{CE1}\downarrow$
$U_\mathrm{O}\uparrow \leftarrow$

图 6-28　串联型稳压电路稳压过程

输出电压调节范围:

$$U_\mathrm{O} \approx \frac{R_1+R_\mathrm{P}+R_2}{R_\mathrm{P}''+R_2}(U_\mathrm{Z}+U_\mathrm{BE2}) \approx \frac{R_1+R_\mathrm{P}+R_2}{R_\mathrm{P}''+R_2}U_\mathrm{Z}$$

$$U_\mathrm{Omin} \approx \frac{R_1+R_\mathrm{P}+R_2}{R_\mathrm{P}+R_2}(U_\mathrm{Z}+U_\mathrm{BE2}) \approx \frac{R_1+R_\mathrm{P}+R_2}{R_\mathrm{P}+R_2}U_\mathrm{Z}$$

$$U_\mathrm{Omax} \approx \frac{R_1+R_\mathrm{P}+R_2}{R_2}(U_\mathrm{Z}+U_\mathrm{BE2}) \approx \frac{R_1+R_\mathrm{P}+R_2}{R_2}U_\mathrm{Z}$$

(3) 三端集成稳压电路

三端集成稳压器组成框图如图 6-29 所示。

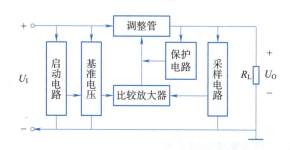

图 6-29　三端集成稳压器组成框图

三端集成稳压器的应用电路根据三端集成稳压器输出电压是否可调,分为固定式和可调式两种。固定式三端集成稳压器有正电压输出的 78 系列和负电压输出的 79 系列,每个系列按输出电压高低义分为九种,以 78 系列为例,有 7805、7806、7808、7809、7810、7812、7815、7818、7824。78 系列稳压器基本应用电路如图 6-30 所示。

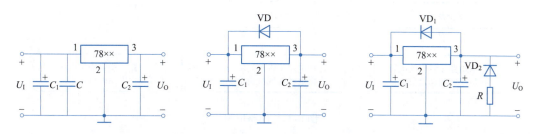

图 6-30　78 系列稳压器基本应用电路

可调式三端集成稳压器有正电压输出的 117、217、317 系列和负电压输出的 137、237、337 系列,每个系列根据输出电流不同,还有子系列。可调式三端集成稳压器的三个端分别为输入端、输出端和调整端。图 6-31 所示为 CW317 应用电路。输出电压为

$$U_O \approx 1.25\left(1+\frac{R_2}{R_1}\right)$$

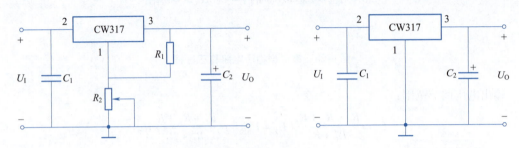

图 6-31　CW317 应用电路

任务实施

1. 训练目的

①设计制作一个串联型稳压电源,要求能够实现 220 V,50 Hz 的交流市电输入,稳定输出 8～14 V 可调的直流电压。

②能够利用万用表、示波器等仪器仪表对电路进行故障检测和排查。

2. 训练器材

万用表、直流稳压电源、镊子、剥线钳、电烙铁等电子装接工具,晶体管、电阻器、电容器、二极管、稳压管若干。

3. 训练步骤

(1)认识功率放大器电路并熟悉电路原理

①电路框图如图 6-32 所示。

②电路原理图如图 6-33 所示。

③工作原理:

整流电路:该电路中,VD_1、VD_2、VD_3、VD_4 构成桥式整流电路,实现整流。

滤波电路:C_1 完成滤波的功能。

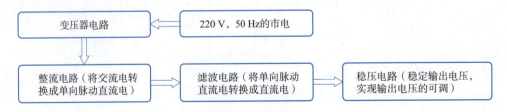

图 6-32　电路框图

稳压电路：VT_1、VT_2 组成复合调整管，VT_1 是大功率管与负载串联，用于调整输出电压，R_1、R_2 为复合调整管的偏置电阻，C_2、C_3 用于减小纹波电压，R_3 为复合管反向穿透电流提供通路，防止温度升高时失控；VT_3 为比较放大管，它是将稳压电路输出电压的变化量放大送至复合调整管，控制其基极电流，从而控制 VT_1 的导通程度；VD_5 为 VT_3 的发射极提供稳定的基准电压，R_4 保证 VD_5 有合适的工作电流，C_4 为加速电容，用于误差电压滤波；R_{P1}、R_5 组成输出电压的采样电路，将其变化量的一部分送入 VT_3 基极，调节 R_{P1} 可调节输出电压的大小。

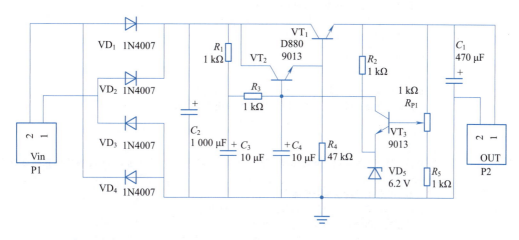

图 6-33　电路原理图

（2）电路布局装配

①识读电路原理图和装配图。

②对直流稳压电源电路中使用的元器件进行筛选与检测，按装配图完成电路的装配，电路装配工艺按常规工艺文件要求进行。

（3）电路指标调试

①接上 220 V，50 Hz 的交流市电，连接上变压器后接入电路的输入端。

②利用万用表直流挡测量输出电压值并记录，调节可调电阻 R_{P1}，观测输出电压能否实现在 8～14 V 之间可调。

注意：在安装时，一定要注意元器件的极性，特别是稳压二极管，一旦极性装反，容易造成调整管烧毁；同时，检查电路安装无错误后再通电调试，要注意电源变压器的温升，一旦发现温度异常，应立即断开电源，说明电路有短路现象。

（4）故障排除

无输出电压时，先检查 VT_1 和 VT_2 的集电极电压，若无电压，则排查整流电路。

然后检查 VT_1 和 VT_2 的发射极电压以及稳压管 VD_5 的电压，若电压正常，则检查 VT_1 与 C_1 的连线。若电压不正常，则检查 VT_3 的电位，VT_3 电位正常则排查采样电路的故障，VT_3 不正常则排查 R_1、R_3 是否故障。

项目评价表

学　　院		专　　业		姓　　名	
学　　号		小　　组		组长姓名	
指导教师		日　　期		成　　绩	

学习目标	素质目标： 1. 树立正确的世界观、人生观、价值观。 2. 具有良好的沟通合作能力，协调配合能力。 3. 具有爱岗敬业、耐心务实、精益求精的工匠精神。 4. 具有良好的身心素质和人文素养	
	知识目标： 1. 掌握二极管的符号及工作原理。 2. 掌握二极管的相关特性参数；会分析二极管电路。 3. 掌握整流电路；滤波电路；串、并联型直流稳压电路的组成、作用、工作原理及相关计算。 4. 掌握集成稳压电路的组成、作用、工作原理及相关计算	
	技能目标： 1. 具备二极管元件的识别能力，能够判断二极管元件的极性、好坏，具备根据电路实际选用合适的元器件的能力。 2. 具备二极管电路的基本分析能力。 3. 具备不同直流稳压电源各单元电路的基本分析能力。 4. 具备直流稳压电源电路的装调及仿真能力。 5. 具备电路的故障分析和排查能力，在软件仿真过程中，能够根据电路现象分析故障位置，并逐步排除故障	
任务评价	任务内容	完成情况
	1. 认识常用型号的二极管，能够判断二极管元件的极性、好坏	
	2. 分析直流稳压电源各单元电路的作用，选用各电路元件及参数	
	3. 对各类直流稳压电源进行仿真	
	4. 制作直流稳压电源，若出现故障及时排除	
	5. 能够举一反三对类似电路进行仿真及装调	
质量检查	请教师检查本组作业结果，并针对问题提出改进措施及建议	
	综合评价	
	建　　议	
评价考核	评价项目	评价标准	配　　分	得　　分
	理论知识学习	理论知识学习情况及课堂表现	25	
	素质能力	能理性、客观地分析问题	20	
	作业训练	作业是否按要求完成，电气元件符号表示是否正确	25	
	质量检查	改进措施及能否根据讲解完成线路装调及故障排查	20	
	评价反馈	能对自身客观评价和发现问题	10	
	任务评价	基本完成（　　）　　良好（　　）　　优秀（　　）		
	教师评语			

项目6 直流稳压电源的制作

电子管的起源

弗莱明(John Ambrose Fleming)英国物理学家和工程师。1849年11月29日生于兰开斯特，1870年获理学学士学位。弗莱明在变压器设计、白炽灯、光度学、电气测量、低温下材料性能的研究等方面均有贡献。1904年根据爱迪生效应制成检波二极管，取代了原来用于无线电报机中的金属粉末检波器。这是最早出现的真空电子管。

德福雷斯特(Lee De Forest)美国发明家。1873年8月26日生于美国艾奥瓦州康斯尔布拉夫斯。当他还在上学时，便开始对马可尼正在开创的无线电报这一新的领域感兴趣。他的博士论文可能是美国第一篇涉及无线电波的文章。1901年，他研究出加速无线电信号传送的方法；1904年，他的方法第一次应用于新闻报道。然而，他的最伟大发明要算三极管了。爱迪生最先宣布发现了爱迪生效应，后经弗莱明研究，于1904年转化为二极整流电子管。1906年，德福雷斯特又加进一个极，即栅极，从而使该元件成为三极管(三个电极)，而不是二极管了。三极管是众所周知的真空管的基础，由于它能在不失真情况下放大微弱信号，所以使收音机和多种多样的电气设备成为现实。1910年，德福雷斯特采用了费森登的声音播送系统，用其三极管播放了安丽科·凯鲁索的歌声。1916年，他建立了一个广播电台广播新闻。德福雷斯特三极管保持了整整一代的发明地位，直到肖克利晶体管的问世，才使它相形失色。在二十世纪二十年代初期，德福雷斯特研制出了"辉光灯"，它能把不规则的声波转化为同样不规则的电流，这种不规则的电流反过来引起同样不规则的灯丝亮度。不规则的灯丝亮度可以和活动影片一道加以照相，然后，再把不同亮度的音轨转化为声音。1923年，德福雷斯特用他的第一部有声活动影片作了示范表现，接着，不到五年，"有声电影"开始盛行起来了。德福雷斯特因为发明了三极管，所以也被称为无线电之父。

课后习题

一、填空题

1. 半导体中有_____和_____两种载流子参与导电。N型半导体的多数载流子是_____，P型半导体的多数载流子是_____。
2. PN结在_____时导通，_____时截止，这种特性称为_____性。
3. 当温度升高时，二极管的反向饱和电流将_____，正向压降将_____。
4. 整流电路是利用二极管的_____性，将交流电变为单向脉动的直流电。稳压二极管是利用二极管的_____特性实现稳压的。
5. 发光二极管是一种通以_____电流就会_____的二极管。光电二极管能将_____信号转变为_____信号，它工作时需加_____偏置电压。

二、选择题

1. 整流的目的是(　　)。
   A. 将高频变为低频　　　　　　　　B. 将交流变为直流
   C. 将正弦波变为方波　　　　　　　D. 将正弦波变为三角波

2. 直流稳压电源中滤波电路的作用是(   )。
   A. 将交流变为直流
   B. 将高频变为低频
   C. 将交、直流混合量中的交流成分滤掉
   D. 将正弦波变为方波
3. 在单相桥式整流电路中,若有一只整流管接反,则(   )。
   A. 输出电压约为 $2U_D$
   B. 变为半波整流电路
   C. 整流管将因电流过大而烧毁
   D. 无变化
4. 已知变压器二次电压的有效值为 20 V,则桥式整流电容滤波电路接上负载时的输出电压平均值约为(   )。
   A. 28 V
   B. 24 V
   C. 20 V
   D. 18 V
5. 已知变压器二次电压 $u_2 = \sqrt{2}U_2\sin\omega t$,负载电阻为 R_L,则半波整流电路中流过二极管的平均电流为(   )。
   A. $0.45\dfrac{U_2}{R_L}$
   B. $0.9\dfrac{U_2}{R_L}$
   C. $\dfrac{U_2}{2R_L}$
   D. $\dfrac{\sqrt{2}U_2}{2R_L}$
6. 已知变压器二次电压 $u_2 = \sqrt{2}U_2\sin\omega t$,负载电阻为 R_L,则桥式整流电路中流过每只二极管的平均电流为(   )。
   A. $0.9\dfrac{U_2}{R_L}$
   B. $\dfrac{U_2}{R_L}$
   C. $0.45\dfrac{U_2}{R_L}$
   D. $\dfrac{\sqrt{2}U_2}{R_L}$
7. 已知变压器二次电压 $u_2 = \sqrt{2}U_2\sin\omega t$,负载电阻为 R_L,则桥式整流电路中二极管承受的最高反向工作电压为(   )。
   A. U_2
   B. $\sqrt{2}U_2$
   C. $0.9U_2$
   D. $0.45U_2$

三、判断题

1. 在 N 型半导体中如果掺入足够量的三价元素,可将其改型为 P 型半导体。(   )
2. 二极管只要加正向电压便能导通。(   )
3. 二极管在工作电流大于最大整流电流时会损坏。(   )
4. 只要稳压管两端加反向电压就能起稳压作用。(   )

四、计算题

1. 如图 6-34 所示,$E = 5$ V,试分析各电路中灯是否亮?二极管是导通还是截止,并求 U_{AB}。

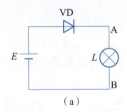
(a)

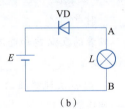
(b)

图 6-34　题 1 图

2. 如图 6-35 所示,$E = 5$ V,$u_1 = 10\sin\omega t$ V,二极管看成理想器件,试画出输出电压 u_0 的波形。
3. 如图 6-36 所示电路,若稳压管 $U_Z = 5$ V,试求:(1) $U_S = 8$ V;(2) $U_S = 2$ V 时所对应的 U_0 分

别为多少?

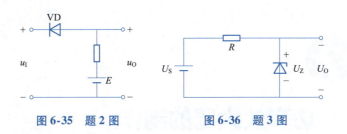

图 6-35　题 2 图　　　　　图 6-36　题 3 图

4. 两只硅稳压管的稳定电压分别为 6 V、3.2 V。若把它们串联起来,则可能得到几种稳定电压? 各为多少? 若把它们并联起来结果如何?

5. 单相桥式整流电容滤波电路中,若要求 $U_O = 20$ V,$I_O = 100$ mA,试求:

(1) 变压器二次电压有效值 U_2、整流二极管参数 I_F 和 U_{RM}。

(2) 滤波电容容量和耐压。

(3) 电容开路时,输出电压的平均值。

(4) 负载电阻开路时,输出电压的大小。

项目 7

功率放大器的制作

项目引入

电子系统中,模拟信号被放大后,往往要去推动一个实际的负载,如使扬声器发声、继电器动作、仪表指针偏转等,推动一个实际负载需要的功率很大。能输出较大功率的放大器称为功率放大器。本项目制作的 OTL 功率放大器由电阻器、电容器、二极管、晶体管等元器件组成。

学习目标

①掌握晶体管与放大电路的基本概念与一般分析。
②掌握 OCL、OTL 功率放大电路。
③能运用与设计功率放大电路。

任务 1 认识晶体管

任务内容

①学习晶体管的结构特点与基本工作原理。
②学习晶体管的伏安特性曲线及主要性能参数指标。
③会识别并检测晶体管、测试晶体管的性能以及检测晶体管引脚。

知识储备

1. 晶体管的结构与类型识别

双极型晶体管又称晶体管、半导体晶体管,简称晶体管,泛指一切以半导体材料为基础的单一元件,它是用一定工艺制成的具有两个 PN 结的半导体器件。晶体管按其结构分为 NPN 型和 PNP 型两类,相应的结构示意图和图形符号如图 7-1 所示。

其中,晶体管内部结构分为发射区、基区和集电区,相应引出的电极分别为发射极(e)、基极(b)和集电极(c)。发射区和基区之间的 PN 结称为发射结 J_e,集电区和基区之间的 PN 结称为集电结 J_c。图形符号中,发射极的箭头方向表示晶体管在正常工作时发射极电流的实际方向。晶体管按工作频率不同分为低频管和高频管,按耗散功率不同分为小功率晶体管和大功率晶体管,按所用的半导体材料不同分为硅管和锗管,按用途不同分为放大管、开关管和功率管等。

目前,我国生产的硅管多为 NPN 型,锗管多为 PNP 型。一般晶体管外形都有三个电极,但大功率晶体管有时仅有两个电极引出,第三个电极(一般是集电极)是外壳,有些高频管、开关管引出四个电极,其中一个电极是接地屏蔽用的。

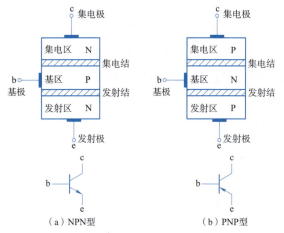

图 7-1　晶体管的结构示意图和图形符号

注意:晶体管并不是两个 PN 结的简单连接。

2. 晶体管的电流放大特性

(1)放大条件

①内部条件。晶体管具有电流放大作用的内部条件:基区很薄且杂质浓度低,发射区杂质浓度高,集电结面积大。

②外部条件。晶体管具有电流放大作用的外部条件是:发射结正偏,集电结反偏。

对 NPN 型晶体管来说,必须满足:$U_{BE}>0;U_{BC}<0$,即 $V_C>V_B>V_E$。

对 PNP 型晶体管来说,必须满足:$U_{BE}<0;U_{BC}>0$,即 $V_C<V_B<V_E$。

(2)电流分配关系

以 NPN 型晶体管为例,晶体管满足发射结正偏,集电结反偏。其中,发射结正偏,可使发射区的多子(自由电子)通过 PN 结注入基区,并从电源负端不断补充电子,形成电流 I_E,其中注入基区的自由电子只有少量与基区的空穴复合(因为基区薄且杂质浓度低),形成电流 I_B,而大量没有复合的电子继续向集电区扩散。由于发射结反偏,使集电极电位高于基极电位,于是集电结上有较强的电场,把由发射区注入基区的自由电子大部分拉到集电区,同时电源正端不断从集电区"拉走"电子,形成集电极电流 I_C。

由 KCL 可知,晶体管的电流分配关系为 $I_E = I_C + I_B$。

由以上分析可知:$I_E > I_C \gg I_B$ 且 $I_E \approx I_C$。

当晶体管制成后,电流的比例关系随之确定:

$$\bar{\beta} \approx \frac{I_C}{I_B},\ \bar{\alpha} \approx \frac{I_C}{I_E}$$

式中,$\bar{\beta}$、$\bar{\alpha}$ 分别称为共发射极直流电流放大系数和共基极直流电流放大系数。

晶体管满足电流放大条件下,如果加入交流信号,定义

$$\beta = \frac{\Delta i_C}{\Delta i_B},\ \alpha = \frac{\Delta i_C}{\Delta i_E}$$

式中，β、α 分别称为共发射极交流电流放大系数和共基极交流电流放大系数。

低频情况下，$\bar{\beta} \approx \beta$，$\bar{\alpha} \approx \alpha$，因此本书后面不做区分。$\alpha$ 通常为 0.95~0.995，β 通常为 20~200 或者更大。

3. 晶体管的特性曲线

电极间电压和各电极电流之间的关系曲线称为伏安特性曲线，分为输入特性曲线和输出特性曲线两种。下面介绍常用的 NPN 型晶体管的特性曲线。

（1）共射输入特性曲线

NPN 型晶体管的共射输入特性曲线如图 7-2 所示。

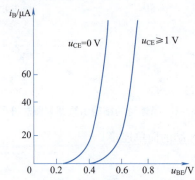

图 7-2　NPN 型晶体管的共射输入特性曲线

当集电极与发射极之间的电压 u_{CE} 一定时，基极与发射极之间的电压 u_{BE} 和基极电流 i_B 之间的关系曲线称为输入特性曲线，即

$$i_B = f(u_{BE}) \big|_{u_{CE}=\text{常数}}$$

①当外加电压 u_{BE} 小于死区电压时，晶体管不能导通，处于截止状态。

②随着 u_{CE} 的增大，曲线逐渐右移，而当 $u_{CE} \geq 1$ V 以后，各条输入特性曲线密集在一起，几乎重合。因此，只要画出 $u_{CE} = 1$ V 的输入特性曲线就可代表 $u_{CE} \geq 1$ V 以后的各条输入特性曲线。

③晶体管导通时，小功率晶体管 i_B 一般为几十到几百微安，相应的 u_{BE} 变化不大，一般硅管的 $|u_{BE}| \approx 0.7$ V，锗管的 $|u_{BE}| \approx 0.2$ V。

（2）共射输出特性曲线

当基极电流 i_B 一定时，集电极与发射极之间的电压 u_{CE} 和集电极电流 i_C 之间的关系曲线称为输出特性曲线，即

$$i_C = f(u_{CE}) \big|_{i_B=\text{常数}}$$

NPN 型晶体管的共射输出特性曲线如图 7-3 所示，可分为三个区域。

①截止区。通常把 $i_B = 0$ 的输出特性曲线以下的区域称为截止区。其特点是各极电流均很小（约为零），此时发射结和集电结均反偏，即 $u_{BE} \leq U_{on}$（U_{on} 为开启电压），晶体管失去放大作用，呈高阻状态，e、b、c 之间近似看成开路。

②放大区。输出特性曲线中的平坦部分（近似水平的直线）称为放大区。在放大区，发射结正偏（即 $u_{BE} > U_{on}$），集电结反偏，此时 $i_C \approx \beta i_B$，受 i_B 控制，与 u_{CE} 基本无关，可以近似看成恒流（恒流特性）。由于 $\Delta i_C \gg \Delta i_B$，所以晶体管具有电流放大作用。曲线间的间隔大小反映出 β 的大小，即晶体管的电流放大能力。晶体管只有工作在放大区才有放大作用。由于 i_C 受控于 i_B，所以晶体管是一种电流控制器件。

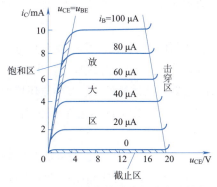

图 7-3　NPN 型晶体管的共射输出特性曲线

③饱和区。输出特性曲线中 $u_{CE} \leqslant u_{BE}$ 的区域，即曲线的上升段组成的区域称为饱和区。该区的发射结和集电结都正偏（严格来说，对于发射结应该是 $u_{BE} > U_{on}$），晶体管失去放大作用，各极之间电压很小，而电流却很大，呈现低阻状态，各极之间近似看成短路。饱和时的 u_{CE} 称为饱和电压降，用 $u_{CE(sat)}$ 表示。通常小功率硅管 $u_{CE(sat)} \approx 0.3$ V，小功率锗管 $u_{CE(sat)} \approx 0.1$ V，大功率硅管 $u_{CE(sat)} > 1$ V。小功率 NPN 型晶体管各极间电压的典型数据见表 7-1。

表 7-1　小功率 NPN 型晶体管各极间电压的典型数据

管型	饱和区		放大区	截止区		备注
	u_{BE}/V	u_{CE}/V	u_{BE}/V	u_{BE}/V		
				一般	可靠截止	
硅	0.7	0.3	0.7	<0.5	0	对于 PNP 型管，各极电压符号相反
锗	0.2	0.1	0.2	<0.1	−0.1	

4. 晶体管的主要参数

（1）电流放大系数

这是表征晶体管放大能力的参数，主要有共基极交流电流放大系数 α，共发射极交流电流放大系数 β。β 值的大小表示晶体管放大能力的大小，但并不是 β 值大的晶体管性能就好。β 值大的晶体管温度稳定性较差，其值一般取 20～200 为宜。

（2）极间反向电流

这是表征晶体管稳定性的参数。由于极间反向电流受温度影响很大，所以其值太大会使晶体管工作不稳定。

①集电极-基极反向饱和电流 I_{CBO}。I_{CBO} 表示发射极开路时集电结的反向饱和电流。其值很小，小功率硅管的 $I_{CBO} \leqslant 1$ μA，小功率锗管的 $I_{CBO} < 10$ μA。I_{CBO} 越小越好。

②穿透电流 I_{CEO}。I_{CEO} 表示基极开路时集电极和发射极间加上规定电压时的电流。由于 $I_{CEO} = (1+\beta)I_{CBO}$，所以 I_{CEO} 比 I_{CBO} 大得多。小功率硅管的 I_{CEO} 小于几微安，小功率锗管的 I_{CEO} 可达几十微安以上。I_{CEO} 大的晶体管性能不稳定。

（3）极限参数

这是表征晶体管能安全工作的参数，即晶体管工作时不能超过的限度。

①集电极最大允许电流 I_{CM}。由前述可知，I_C 在很大范围内，β 值基本不变，但当 I_C 很大时，β

值会下降。I_{CM}是指β值明显下降时I_C的一半。当$I_C > I_{CM}$时,晶体管不一定会损坏,但性能会显著下降。

②集电极最大允许功耗P_{CM}。晶体管损耗的功率主要在集电结上,P_{CM}是指集电结上允许损耗功率的最大值,超过此值将导致晶体管性能变差或烧毁。集电结损耗的功率转化为热能,使其温度升高,再散发至外部环境,因此某一晶体管的P_{CM}大小与环境温度和散热条件有关。数据手册上给出的P_{CM}值是指在常温(25 ℃)和一定的散热条件下测得的,当晶体管加装散热片时,其值可以提高。

③集电极-发射极极间击穿电压$U_{(BR)CEO}$。$U_{(BR)CEO}$表示基极开路时,集电极与发射极之间所允许加的最大电压。使用时不能超过此值,否则将使晶体管性能变差甚至烧毁。

任务实施

1. 训练目的
①利用万用表识别晶体管的引脚、管型及性能的好坏。
②利用晶体管特性测试仪或测试电路测量晶体管的伏安特性。

2. 训练器材
万用表、直流稳压电源、电阻器、不同型号的晶体管若干。

3. 训练步骤
(1)判别晶体管的引脚
用指针式万用表电阻挡测量电阻的阻值时,表内电池与表外电阻形成直流回路,导通电流驱动指针偏转,且电阻越小,电流越大,指针偏转越靠右,故电阻挡读数左边大,右边小。黑表笔连至表内电池正极,故导通电流从黑表笔流出万用表,从红表笔流进万用表。

①选挡。功率在1 W以下的中、小功率晶体管,可用万用表的R×1k或者R×100挡测量;功率在1 W以上的大功率晶体管,可用万用表的R×1或R×10挡测量。

②判定基极b和管型。分别用万用表的红、黑表笔测量晶体管三个电极的正、反向电阻,共有六种阻值,正常情况下,只有两小四大。两小阻值表明晶体管内两个PN结正偏,它们的公共电极必为基极;且若黑表笔接基极b,则必为NPN型;若红表笔接基极b,则为PNP型。

③判定集电极c和发射极e。根据管型和基极,只要任意假定一个集电极,一只手捏住基极b和假定c极,万用表仍然处在电阻挡,另一只手将两表笔分别触碰c和e。

对于NPN型:黑表笔接假定c,红表笔接假定e,观察并记录万用表指针偏转读数;更换假定c,再次捏住b和假定c,继续黑c红e,观察万用表指针偏转读数。对比两次假定的读数,阻值较小(偏转较大)者,假定c为成立。

对于PNP型:红表笔接假定c,黑表笔接假定e,观察并记录万用表指针偏转读数;更换假定c,再次捏住b和假定c,继续黑e红c,观察万用表指针偏转读数。对比两次假定的读数,阻值较小(偏转较大)者,假定c为成立。

(2)晶体管性能的简易测量
①用指针式万用表电阻挡测I_{CEO}和β。测量I_{CEO}时,c、e间电阻值越大则表明I_{CEO}越小。在区别晶体管的c与e时,指针偏转较大,则晶体管的I_{CEO}越大。

②用万用表hFE挡测β。按万用表规定的极性插入晶体管即可测得交流电流放大系数β。

若 β 很小或为零,则表明晶体管已损坏。还可用万用表的电阻挡分别测两个 PN 结确认是否击穿或断路。

③硅管和锗管的判别。可利用万用表测量 U_{BE} 的大小,对于 NPN 型晶体管 $U_{BE} \approx 0.7$ V 为硅管,$U_{BE} \approx 0.2$ V 为锗管;对于 PNP 型晶体管,$U_{BE} \approx -0.7$ V 为硅管,$U_{BE} \approx -0.2$ V 为锗管。

检测多种型号的晶体管并判别不同型号晶体管的电极及质量,将结果填入表 7-2 中。

表 7-2 检测晶体管的电极及质量

晶体管编号		1	3	4	5	6	7	8	9	10
管型及电极判别	型号									
	管型									
	各脚电极									
质量判别										

任务 2 认识放大电路

任务内容

①学习放大电路的概念、主要性能指标及其组成原则和工作原理。

②学习基本共射放大电路静态分析中的图解法和估算法,动态分析中的图解法分析非线性失真,微变等效电路求解性能指标。

③学习稳定静态工作点的分压式共射放大电路。

④学习共集电极电路和共基极电路的分析方法,以及多级放大电路的耦合方式和特点。

⑤能制作并调试单管放大电路。

知识储备

1. 放大电路的基本概念

(1)放大电路的框图

放大电路的作用是将微弱的电信号(电压或电流)放大到足够大的数值,并提供给负载。

常见的扩音机就是一个典型的放大电路,示意图如图 7-4 所示。传声器是一个声电转换器件,把声音信号转换成微弱的电信号,并作为扩音机的输入信号;该信号被扩音机放大后得到很强的电信号提供给负载(扬声器),扬声器把很强的电信号转换成洪亮的声音。

注意:扩音机需要直流电源供电。

放大电路的种类很多:按电路形式不同,可分为共射、共集、共基放大电路,差分放大电路等;按输入信号的强弱不同,可分为小信号放大电路和大信号放大电路(又称功率放大器);按工作频段不同,可分为直流放大电路、低频放大电路、视频放大电路、高频放大电路和宽带放大电路等;按放大电信号的性质不同,又可分为电压放大电路、电流放大电路等;按放大器件的数量多少,还可以分为由单个放大器件构成的单管放大电路和由多个单管放大器共同构成的多级放大电路等。无论哪一种放大电路,其基本框图都和扬声器相似,如图 7-5 所示。

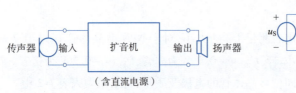
图 7-4　扩音机示意图

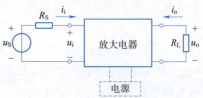
图 7-5　放大电路基本框图

(2) 电压、电流的符号和正方向的规定

①电压、电流符号的规定。在晶体管及其放大电路中,同时存在直流量和交流量,某一时刻的电压或电流的数值,称为总瞬时值,它可以表示为直流分量和交流分量的叠加。为了能简单区分,每个量都用相应的符号表示,其符号由基本符号和下标符号两部分组成。基本符号中,大写字母表示相应的直流量或有效值,小写字母表示随时间变化的量;下标符号中,大写字母表示直流量和瞬时值,小写字母表示变化的分量。下面以基极电流为例,说明各种符号所表示的含义。

I_B 表示基极电流直流分量,i_B 表示基极电流总的瞬时值,i_b 表示基极电流交流分量,I_b 表示基极电流的有效值。

瞬时值和交、直流分量的关系:$i_B = I_B + i_b$。

②电压、电流正方向的规定。电压和电流的正方向是相对的。一般把输入回路、输出回路和直流电源的公共端点称为"地",该点并不是真正接到大地上,并以"地"端作为零电位的参考点。这样,电路中各点的电压实际上就是该点与地之间的电位差。

(3) 放大电路的主要性能指标

放大电路的性能指标是为了衡量它的性能优劣而引入的,实际放大电路的输入信号一般都比较复杂,为了分析和测试的方便,研究放大电路的性能指标时,输入信号都取正弦交流信号。这是由于任何一个实际信号都可以分解为许多不同幅值和不同频率的正弦信号分量,而且正弦信号容易获得,也容易测量。一个放大电路可以用一个有源二端网络来模拟,如图 7-6 所示。

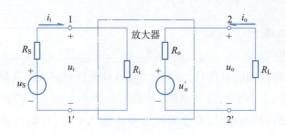
图 7-6　有源二端网络模拟放大电路

衡量放大电路性能的指标主要有放大倍数、输入电阻、输出电阻、通频带、非线性失真系数等。

①放大倍数。放大倍数又称增益,它的定义是输出信号与输入信号的比值,它是衡量放大电路放大能力的指标,此值越大,放大电路的放大能力越强。

在工程上常用分贝(dB)表示电压放大倍数、电流放大倍数和功率放大倍数的大小,分别简称为电压增益、电流增益和功率增益,用 A_u、A_i 和 A_p 表示。

$$A_u = \frac{u_o}{u_i} = 20\lg|A_u|$$

$$A_i = \frac{i_o}{i_i} = 20\lg|A_i|$$

$$A_p = \frac{p_o}{p_i} = 10\lg|A_p|$$

②输入电阻 R_i。输入电阻就是从放大电路输入端看进去的等效电阻,定义为输入电压与输入电流的比值,即对于一定的信号源电路,输入电阻越大,放大电路从信号源得到的输入电压就越大,放大电路向信号源索取电流的能力也就越小。

$$R_i = \frac{u_i}{i_i}$$

③输出电阻 R_o。输出电阻就是从放大电路输出端看进去的等效电阻。放大电路相对于负载 R_L 而言等效于一个电压源,输出电阻 R_o 就是这个等效电压源的内阻。R_o 值越小,放大电路本身的消耗越小,即接上负载后的输出电压下降越小,说明放大电路带负载能力越强。

在求输出电阻时,可先将信号源短路(令 $u_S = 0$,内阻 R_S 保留),再将 R_L 开路,则

$$R_o = \frac{U_T}{I_T}$$

式中,U_T 为外加探察电压;I_T 为 U_T 引起输出端的电流。

④通频带。任何一个放大电路都不可能对所有频率的信号实现均等放大。当输入信号的频率改变时,放大电路的增益也会发生变化。一般情况下,放大电路都只能对一定频率范围内的信号进行放大,信号的频率太高或太低时,放大电路的增益会大幅度下降,如图 7-7 所示。把电压增益变化量不超过其最大值 0.707 倍的频率范围定义为放大电路的通频带,常用 BW 表示。

$$BW = f_H - f_L$$

式中,f_H 称为上限截止频率;f_L 称为下限截止频率。

通频带越宽,放大电路对信号频率的适应能力越强。

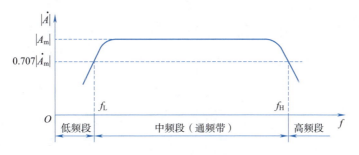

图 7-7 放大电路的通频带

⑤非线性失真系数。由于晶体管输入、输出特性的非线性,放大电路输出信号与输入信号比较时,在波形上总存在一定程度的畸变,这就是非线性失真。一个电路非线性失真的大小,常用非线性失真系数来衡量,即输出信号中谐波电压幅度与基波电压幅度的百分比。显然,非线性失真系数的值越小,电路的性能越好。

2. 电路组成与工作原理

(1) 电路组成

共射固定偏置基本放大电路如图 7-8 所示。图 7-8 中，VT 是 NPN 型晶体管，起电流放大作用，是整个电路的核心器件；集电极电源 V_{CC} 的作用是通过基极偏置电阻 R_b 和集电极电阻 R_c，保证晶体管实现发射结正偏、集电结反偏的放大条件（在 $R_c \ll R_b$ 的条件下）；若该管改成 PNP 型，则集电极电源 V_{CC} 的极性应与图 7-8 中相反。基极偏置电阻 R_b 的作用是与电源 V_{CC} 一起保证发射结正偏并给基极提供合适的偏置电流 I_B；集电极电阻 R_c 的作用是与电源 V_{CC} 一起保证集电结反偏并将集电极电流的变化转成电压输出（若 $R_c = 0$，则集电极的电压恒等于 V_{CC}，输出电压变化量为零，电路失去电压放大作用）；输入电容 C_1 和输出电容 C_2 的作用是传送交流信号、隔离直流信号，容量应选择足够大，通常选电解电容。

(2) 工作原理

交流信号 u_i 从基极输入，由于晶体管电路从输入端看进去等效于一个电阻，因此产生基极变化电流 Δi_b。由于晶体管处于放大状态，所以集电极电流的变化是基极电流变化的 β 倍，再利用集电极电阻 R_c 将电流放大转成放大了的电压输出。

由于放大电路的一个重要特点是交、直流并存，利用叠加定理，直流信号源单独作用时称为静态分析，对象是直流量；交流信号源单独作用时称为动态分析，对象是交流量。

3. 电路的静态分析

(1) 直流通路

未加输入信号（即 $u_i = 0\ \text{V}$）时放大电路的工作状态称为静态。此时，晶体管各引脚的电压、电流值就是静态值，对应特性曲线上确定的点称为静态工作点，用下脚标 Q 表示（又称 Q 点），即静态工作点一般指静态时的基极偏置电流 I_{BQ}、集电极电流 I_{CQ}、基极与发射极之间的电压 U_{BEQ} 和集电极与发射极之间的电压 U_{CEQ}。

静态情况下放大电路各电流的通路称为放大电路的直流通路。它的画法是：电容视为开路，交流电源置零。图 7-8 对应的直流通路如图 7-9 所示。

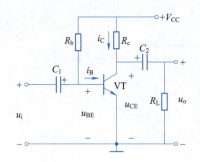

图 7-8 共射固定偏置基本放大电路

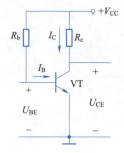

图 7-9 直流通路

(2) Q 点计算

$$I_{BQ} = \frac{V_{CC} - U_{BEQ}}{R_b} \approx \frac{V_{CC}}{R_b}$$

$$I_{CQ} = \beta I_{BQ}$$

$$U_{CEQ} = V_{CC} - I_{CQ} R_c$$

可见,这个电路的偏置电流 I_B 取决于 V_{CC} 与 R_b 的大小,当 V_{CC} 一定时,I_B 由 R_b 决定;当 V_{CC} 和 R_b 都一定时,I_B 就固定了。因此,这种电路称为固定偏流电路,又称固定偏置电路,R_b 称为基极偏置电阻。由于小信号放大电路中 U_{BE} 变化不大,所以可以认为是已知的,硅管的 $|U_{BE}| \approx 0.7\text{ V}$,锗管的 $|U_{BE}| \approx 0.3\text{ V}$。

(3) 图解法分析 Q 点

图解法确定 Q 点:在晶体管的输入特性曲线上以直线方程 $U_{BE} = V_{CC} - I_B R_b$ 作直流负载线,该负载线与输入特性曲线的交点即为静态工作点 Q,其坐标为 (U_{BEQ}, I_{BQ})。在晶体管的输出特性曲线上以直线方程 $U_{CE} = V_{CC} - I_C R_c$ 作直流负载线,该负载线与输出特性曲线 $I_{CQ} = \beta I_{BQ}$ 的交点即为静态工作点 Q,其坐标为 (U_{CEQ}, I_{CQ}),位置如图 7-10 所示。

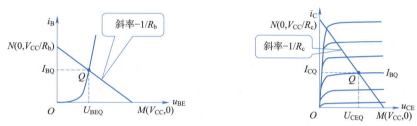

图 7-10　静态工作点在输入/输出特性曲线中的位置

4. 电路的动态分析

(1) 交流通路

有输入信号作用时,放大电路中的电流和电压的大小随输入信号做相应变化,称放大电路处于交流工作状态或动态。把电路在只考虑交流信号时所形成的电流通路称为交流通路。它的画法是:将大电容看成短路(因大电容容抗很小),大电感看成开路(因大电感感抗很大),直流电压源看成短路(因其电压变化量为零)。图 7-8 对应的交流通路如图 7-11 所示。

(2) 图解法分析交流通路

由图 7-11 可知: $u_{ce} = -i_c(R_c // R_L)$,式中的负号表示电流 i_c 和电压 u_{ce} 的方向相反。交流变化量在变化过程中一定要经过零点,此时 $u_{ce} = 0$,与静态工作点重合,所以 Q 点也是动态过程中的一个点。交流负载线和直流负载线在 Q 点相交,如图 7-12 所示。交流负载线就是动态工作点的运动轨迹。

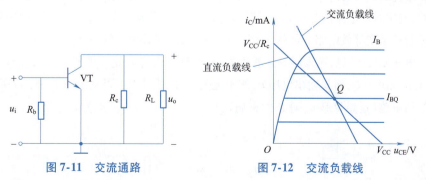

图 7-11　交流通路　　　　图 7-12　交流负载线

(3) 非线性失真

①截止失真。当放大电路的静态工作点选取较低时,I_{BQ} 较小,输入信号的负半周进入截止区

称为截止失真,对于 i_b、i_c 的底部失真,对应 u_{ce} 与输出电压 u_o 则为顶部失真。要避免截止失真,可适当减小基极偏置电阻 R_b 以增加偏流 I_{BQ},使工作点上移。

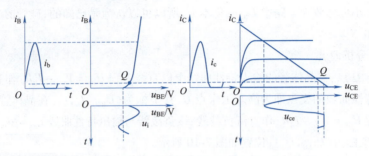

图 7-13 截止失真

②饱和失真。如果 Q 点偏高,则输入信号正半周进入饱和区,产生饱和失真,如图 7-14 所示。对 i_c 而言为顶部失真,对应 u_{ce} 与输出电压 u_o 为底部失真。要避免饱和失真,一种方法是增大 R_b,以降低偏流 I_{BQ},使工作点下移。另一种方法可以通过减小 R_c 来实现。因为 R_c 决定了直流负载线的斜率,减小 R_c 使斜率增大,Q 点向右移动,使 Q 点脱离饱和区。

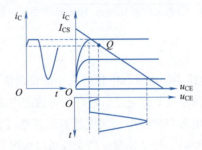

图 7-14 饱和失真

(4)微变等效电路

微变是指微小变化的信号,即小信号。晶体管放大器是非线性电路,但在低频小信号的条件下,工作在放大区的晶体管的电压、电流变化很小,晶体管在工作点附近的特性可近似看成线性。这时具有非线性的晶体管可用一线性电路来代替,称为微变等效电路,则整个放大电路就变成一个线性电路,利用线性电路的分析方法,便可对放大电路进行动态分析,求出它的主要性能指标。

①晶体管的微变等效电路。如图 7-15(a)所示,工作在放大区的晶体管,其输入电流 i_b 主要取决于输入电压 u_{be},所以从输入端 b、e 看进去,晶体管可以等效成一个电阻 r_{be},$r_{be} = u_{be}/i_b$,其输出电流 i_c 主要取决于 i_b,而与输出电压 u_{ce} 基本无关,所以从输出可以画出图 7-15(b)所示的晶体管的微变等效电路(这里忽略 u_{ce} 对 i_c 的影响)。

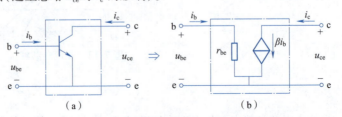

图 7-15 晶体管的微变等效电路

注意：

a. βi_b 不是真实存在的独立电流源，而是从电路分析的角度虚拟出来的，它反映晶体管的电流控制作用。受控电流源 βi_b 的流向必须与 i_b 的流向相对应。

b. 等效电路的对象是变化量，只能解决交流分量的分析和计算问题。

c. 上述分析忽略了 PN 结的结电容，因此微变等效电路仅限于低频时使用。

对于一般的低频小功率晶体管，r_{be} 可以由下面公式来估算，其中的 $r_{bb'}$ 是晶体管基区体电阻，I_{EQ} 是晶体管静态时的发射极电流。

$$r_{be} = r_{bb'} + (1+\beta)\frac{26(\mathrm{mV})}{I_{EQ}(\mathrm{mA})} \approx 300 + (1+\beta)\frac{26(\mathrm{mV})}{I_{EQ}(\mathrm{mA})} = 300 + \frac{26(\mathrm{mV})}{I_{BQ}(\mathrm{mA})}$$

②放大电路的微变等效电路。在交流通路中，晶体管用微变等效电路来代替的电路称为微变等效电路，如图 7-16 所示。

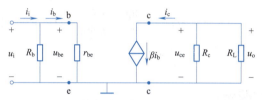

图 7-16　基本放大电路的微变等效电路

③性能指标的估算：

a. 电压放大倍数 A_u。由微变等效电路可知：

$$u_o = -i_c(R_c//R_L) = -i_c R'_L = -\beta i_b R'_L$$

$$u_i = i_b r_{be}$$

$$A_u = \frac{u_o}{u_i} = -\frac{\beta i_b(R_c//R_L)}{i_b r_{be}} = -\frac{\beta(R_c//R_L)}{r_{be}}$$

b. 输入电阻 R_i。一般偏置电阻远大于基极与集电极间的等效电阻，因此该放大电路向信号源获取电流的能力较弱。输入电阻计算公式为

$$R_i = R_b // r_{be}$$

由于 $R_b \gg r_{be}$，故 $R_i \approx r_{be}$。

c. 输出电阻 R_o。图 7-17 所示为求输出电阻的等效电路，u_s 短路，电路中的电流 i_b 为 0，受控源相当于断路：$R_o \approx R_c$。

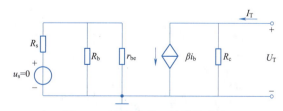

图 7-17　求输出电阻的等效电路

例 7-1　共发射极放大电路如图 7-8 所示，已知：$\beta=50$，$R_b=300$ kΩ，$R_c=3$ kΩ，$R_L=3$ kΩ，$V_{CC}=12$ V，试求：

①静态工作点 Q。

②A_u、R_i 和 R_o 的值。

解 ①直流通路如图 7-9 所示。根据直流通路可知：

$$I_{BQ} = \frac{V_{CC} - U_{BEQ}}{R_b} \approx \frac{V_{CC}}{R_b} = \frac{12}{300} \text{ mA} = 40 \text{ μA}$$

$$I_{CQ} = \beta I_{BQ} = (50 \times 0.04) \text{ mA} = 2 \text{ mA}$$

$$U_{CEQ} \approx V_{CC} - I_{CQ}R_c = (12 - 2 \times 3) \text{ V} = 6 \text{ V}$$

$$r_{be} = 300 \text{ Ω} + (1 + \beta)\frac{26(\text{mV})}{I_{EQ}(\text{mA})} = \left(300 + 51 \times \frac{26}{2}\right)\text{Ω} = 963 \text{ Ω}$$

②图 7-8 所对应的微变等效电路如图 7-16 所示。根据微变等效电路可知：

$$A_u = -\beta \frac{R'_L}{r_{be}} = -50 \times \frac{\frac{3 \times 3}{3 + 3}}{0.963} \approx -78$$

$$R_i = R_b // r_{be} = \left(\frac{300 \times 0.963}{300 + 0.963}\right)\text{kΩ} \approx 0.96 \text{ kΩ}$$

$$R_o = R_c = 3 \text{ kΩ}$$

5. 静态工作点的稳定

（1）温度变化对 Q 点的影响

影响 Q 点的因素有很多，如电源波动、偏置电阻的变化、晶体管的更换、元器件的老化等，不过最主要的影响还是环境温度的变化。晶体管是一个对温度非常敏感的器件，随温度的变化，晶体管参数会受到影响，具体表现在以下几方面：

①温度升高，晶体管的反向电流增大。

②温度升高，晶体管的电流放大系数增大。

③温度升高，相同基极电流 I_B 下，U_{BE} 减小。晶体管的输入特性具有负的温度特性。温度每升高 1 ℃，U_{BE} 大约减小 2.2 mV。

（2）分压式偏置放大电路

①工作点稳定的分压式偏置放大电路的组成如图 7-18 所示。分压式偏置放大电路具有稳定 Q 点的作用，在实际电路中应用广泛。实际应用中，为保证 Q 点的稳定，要求电路 $I_{R_b} \gg I_{BQ}$。一般对于硅材料的晶体管而言，$I_{R_b} = (5 \sim 10)I_{BQ}$。因此，$I_{BQ}$ 的大小可以忽略，Q 点的电位不随温度变化。

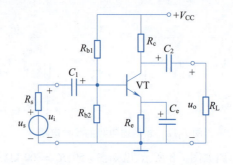

图 7-18 工作点稳定的分压式偏置放大电路

② 稳定 Q 点的原理：

$$T\uparrow \to I_C\uparrow \to U_E\uparrow \to U_{BE}(\text{即}U_B-U_E)\downarrow$$
$$I_C\downarrow \leftarrow I_B\downarrow \leftarrow$$

图 7-19 为分压式偏置工作点稳定电路的直流通路。

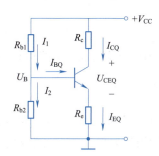

图 7-19 分压式偏置工作点稳定电路的直流通路

图 7-20 为分压式偏置工作点稳定电路的微变等效电路。因为旁路电容 C_e 的交流短路作用，电阻 R_e 被短路掉。

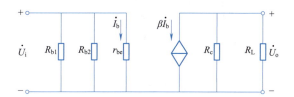

图 7-20 分压式偏置工作点稳定电路的微变等效电路

例 7-2 共发射极放大电路如图 7-18 所示，已知：$\beta=50$，$U_{BE}=0.7$ V，$R_{b1}=50$ kΩ，$R_{b2}=10$ kΩ，$R_c=4$ kΩ，$R_e=1$ kΩ，$R_L=4$ kΩ，$V_{CC}=12$ V，试求：

① 静态工作点 Q。

② A_u、R_i 和 R_o 的值。

解 ① 直流通路如图 7-19 所示。根据直流通路可知：

$$U_{BQ}\approx \frac{R_{b2}}{R_{b1}+R_{b2}}V_{CC}=\frac{10}{50+10}\times 12 \text{ V}=2\text{ V}$$

$$I_{BQ}=\frac{I_{CQ}}{\beta}=\frac{1.3}{50}\text{ mA}=26\text{ μA}$$

$$I_{CQ}\approx I_{EQ}=\frac{U_{BQ}-U_{BEQ}}{R_e}=\frac{(2-0.7)\text{V}}{1\text{ kΩ}}=1.3\text{ mA}$$

$$U_{CEQ}\approx V_{CC}-I_{CQ}(R_e+R_c)=[12-1.3\times(4+1)]\text{ V}=5.5\text{ V}$$

$$r_{be}=300\text{ Ω}+(1+\beta)\frac{26(\text{mV})}{I_{EQ}(\text{mA})}=\left(300+51\times\frac{26}{1.3}\right)\text{Ω}=1\,320\text{ Ω}$$

② 图 7-18 对应的微变等效电路如图 7-20 所示。根据微变等效电路可知：

$$A_u=-\beta\frac{R'_L}{r_{be}}=-50\times\frac{\frac{4\times 4}{4+4}}{1.3}\approx -77$$

$$R_i = R_{b1}//R_{b2}//r_{be} \approx 1.1 \text{ k}\Omega$$
$$R_o = R_c = 4 \text{ k}\Omega$$

由以上讨论可知,共发射极放大电路输出电压 u_o 与输入电压 u_i 反相,输入电阻和输出电阻大小适中。由于共发射极放大电路的电压、电流、功率增益都比较大,因而应用广泛,适用于一般放大电路或多级放大电路的中间级。

6. 放大电路的三种组态

基本放大电路共有三种组态。前面讨论的放大电路均是共发射极组态放大电路。另两种组态电路分别为共集电极和共基极。

(1) 共集电极放大电路

①电路组成。共集电极放大电路应用非常广泛,其电路构成如图7-21所示。其组成原则同共发射极放大电路一样,外加电源的极性要保证放大管发射结正偏,集电结反偏,同时保证放大管有一个合适的 Q 点。

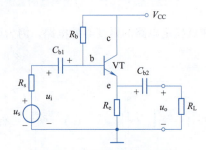

图 7-21 共集电极放大电路

交流信号 u_i 从基极输入,u_o 从发射极输出,集电极作为输入、输出的公共端,故称为共集电极组态。其直流通路和微变等效电路如图7-22所示。

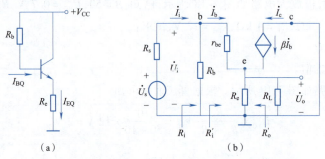

图 7-22 共集电极放大电路的直流通路和微变等效电路

②静态工作点的估算:

$$I_{BQ} = \frac{V_{CC} - U_{BEQ}}{R_b + (1+\beta)R_e}$$

$$I_{CQ} = \beta I_{BQ} \approx I_{EQ}$$

$$U_{CEQ} \approx V_{CC} - I_{EQ}R_e$$

③动态参数的估算:

a. 电压放大倍数:

$$u_o = i_e R'_L = (1+\beta)i_b R'_L$$

$$R'_L = R_L // R_e$$
$$u_i = i_b r_{be} + u_o = i_b r_{be} + (1+\beta) i_b R'_L$$
$$A_u = \frac{u_o}{u_i} = \frac{(1+\beta) R'_L}{r_{be} + (1+\beta) R'_L}$$

一般 $(1+\beta)R'_L \gg r_{be}$,所以放大倍数近似为1,即输出电压有跟随输入电压的特点,故又称射极电压跟随器。

b. 输入电阻 R_i:

$$R'_i = \frac{u_i}{i_b} = \frac{i_b r_{be} + (1+\beta) i_b R'_L}{i_b} = r_{be} + (1+\beta) i_b R'_L$$

$$R_i = \frac{u_i}{i_i} = R_b // R'_i = R_b // [r_{be} + (1+\beta) i_b R'_L]$$

c. 输出电阻 R_o(信号源短路,负载 R_L 开路):

$$R'_s = R_s // R_b$$

$$R'_o = \frac{u_o}{-i_e} = \frac{-i_b(r_{be} + R'_s)}{-(1+\beta) i_b} = \frac{r_{be} + R'_s}{1+\beta}$$

$$R_o = R_e // \frac{r_{be} + R'_s}{1+\beta}$$

$$R_e \gg \frac{r_{be} + R'_s}{1+\beta}$$

$$R_o \approx \frac{r_{be} + R'_s}{1+\beta}$$

共集电极放大电路具有电压放大倍数小于1而接近1、输出电压与输入电压同相、输入电阻大、输出电阻小等特点。虽然共集电极放大电路本身没有电压放大作用,但由于其输入电阻很大,只从信号源汲取很小的功率,所以对信号源影响很小,常用作多级放大电路的输入级,如用于交流表(毫伏)、示波器等测量仪表的输入级;又由于其输出电阻很小,而具有较强的负载能力和足够的动态范围,又常用作多级放大电路的输出级,如用于集成运放的输出级;其电压放大倍数接近1,不影响整个电路的增益,而起到级间阻抗变换作用,这时可作为缓冲级。

例 7-3 共集电极放大电路如图 7-21 所示,已知: $\beta = 120$, $r_{bb'} = 200\ \Omega$, $U_{BE} = 0.7\ V$, $R_b = 300\ k\Omega$, $R_e = R_s = R_L = 1\ k\Omega$, $R_L = 3\ k\Omega$, $V_{CC} = 12\ V$,试求:

①静态工作点 Q。

②A_u、R_i 和 R_o 的值。

解 ①直流通路如图 7-22(a)所示。根据直流通路可知:

$$I_{BQ} = \frac{V_{CC} - U_{BEQ}}{R_b + (1+\beta) R_e} = \frac{12 - 0.7}{300 + 121 \times 1} \text{mA} \approx 27\ \mu A$$

$$I_{EQ} \approx I_{CQ} = \beta I_{BQ} = (120 \times 0.027) \text{mA} = 3.2\ \text{mA}$$

$$U_{CEQ} \approx V_{CC} - I_{EQ} R_e = (12 - 3.2 \times 1) \text{V} = 8.8\ \text{V}$$

$$r_{be} = 200\ \Omega + (1+\beta) \frac{26(\text{mV})}{I_{EQ}(\text{mA})} = \left(200 + 121 \times \frac{26}{3.2}\right) \Omega \approx 1.18\ k\Omega$$

②微变等效电路如图 7-22(b)所示。根据微变等效电路可知:

$$A_u = \frac{(1+\beta)R'_L}{r_{be}+(1+\beta)R'_L} = \frac{121 \times 0.5}{1.18+121 \times 0.5} = 0.98$$

$$R_i = R_b // [r_{be}+(1+\beta)R'_L] \approx 51.2 \text{ k}\Omega$$

$$R_o = R_e // \frac{r_{be}+R'_s}{1+\beta} = 14 \text{ }\Omega$$

（2）共基极放大电路

①电路组成。图7-23所示为共基极放大电路。图中C_2为基极旁路电容，其他元器件同共发射极放大电路。图7-24是共基极放大电路的等效电路。由图7-24（b）可以看出交流信号u_i从发射极e输入，u_o从集电极c输出，基极b作为输入、输出的公共端，因此称为共基极组态。

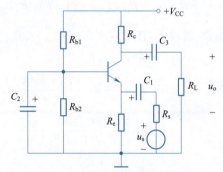

图7-23 共基极放大电路

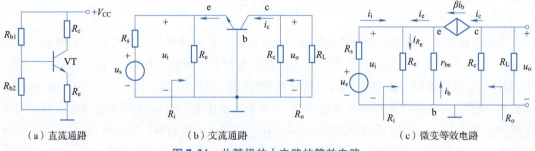

（a）直流通路　　　　（b）交流通路　　　　（c）微变等效电路

图7-24 共基极放大电路的等效电路

②静态工作点的估算：

$$U_{BQ} \approx \frac{R_{b2}}{R_{b1}+R_{b2}}V_{CC}$$

$$I_{CQ} \approx I_{EQ} = \frac{U_{BQ}-U_{BEQ}}{R_e}$$

$$U_{CEQ} \approx V_{CC}-I_{CQ}(R_c+R_e)$$

③动态参数的估算。在图7-24（c）中，电流、电压的方向均为假定正方向，但受控源βi_b的方向必须与i_b的方向对应，不可任意假定。可求得电压放大倍数：

$$u_i = -i_b r_{be}$$

$$u_o = -\beta i_b R'_L$$

$$A_u = \frac{u_o}{u_i} = \frac{\beta R'_L}{r_{be}}$$

式中,$R'_L = R_c // R_L$,放大倍数为正值,表明共基极放大电路为同相放大。

输入电阻:由晶体管发射极看进去的等效电阻即为共基极放大电路的输入电阻,可用符号 r_{be} 表示。

$$R'_i = \frac{u_i}{i_i} = \frac{-i_b r_{be}}{-(1+\beta)i_b} = \frac{r_{be}}{i+\beta}$$

$$R_i = R_e // R'_i = R_e // \frac{r_{be}}{1+\beta}$$

输出电阻:令 $u_s = 0$,则 $i_b = 0$,受控电流源 $\beta i_b = 0$,受控电流源可视为开路,因此,共基极放大电路的输出电阻为

$$R_o \approx R_c$$

共基极放大电路具有输出电压与输入电压同相、电压放大倍数高、输入电阻小、输出电阻适中等特点。由于共基极放大电路有较好的高频特性,故广泛用于高频或宽带放大电路中。

例 7-4 共基极放大电路如图 7-23 所示,已知:$\beta = 100$,$r_{bb'} = 200\ \Omega$,$U_{BE} = 0.7\ V$,$R_{b1} = 62\ k\Omega$,$R_{b2} = 20\ k\Omega$,$R_c = 4\ k\Omega$,$R_e = 1.5\ k\Omega$,$R_s = 1\ k\Omega$,$R_L = 5.6\ k\Omega$,$V_{CC} = 15\ V$,试求:

① 静态工作点 Q。

② A_u、R_i 和 R_o 的值。

解 ① 直流通路如图 7-24(a)所示。根据直流通路可知:

$$U_{BQ} \approx \frac{R_{b2}}{R_{b1}+R_{b2}} V_{CC} = \frac{20}{62+20} \times 15\ V \approx 3.7\ V$$

$$I_{BQ} = \frac{I_{CQ}}{\beta} = \frac{2}{100}\ mA = 20\ \mu A$$

$$I_{CQ} \approx I_{EQ} = \frac{U_{BQ} - U_{BEQ}}{R_e} = \frac{(3.7-0.7)\ V}{1.5\ k\Omega} = 2\ mA$$

$$U_{CEQ} \approx V_{CC} - I_{CQ}(R_e + R_c) = [15 - 2 \times (3+1.5)]V = 6\ V$$

$$r_{be} = 200\ \Omega + (1+\beta)\frac{26(mV)}{I_{EQ}(mA)} = \left(200 + 101 \times \frac{26}{2}\right)\Omega = 1.5\ k\Omega$$

② 微变等效电路如图 7-24(c)所示。根据微变等效电路可知:

$$A_u = \beta \frac{R'_L}{R_{be}} = 50 \times \frac{\frac{4 \times 5.6}{4+5.6}}{1.5} = 130$$

$$R_i = R_e // r_{be} \approx 0.75\ k\Omega$$

$$R_o = R_c = 3\ k\Omega$$

$$A_{us} = \frac{u_o}{u_s} = \frac{A_u R_i}{R_s + R_i} = \frac{130 \times 0.75}{1 + 0.75} = 55$$

7. 多级放大电路

单级放大电路对信号的放大是有限的,当需要较大的信号电压时,必须将多个单级放大电路连接起来进行多级放大,才能得到足够的电压放大倍数。如果负载要有足够的功率来驱动,那么在多级放大电路的末级还要接功率放大电路。

在实际应用中,放大电路的输入信号通常很微弱(毫伏或微伏数量级),为了使放大后的信号能够驱动负载,仅仅通过单级放大电路进行信号放大,很难达到实际要求,常常需要采用多级放

大电路。采用多级放大电路可有效地提高放大电路的各种性能,如提高电路的电压增益、电流增益、输入电阻、带负载能力等。

多级放大电路是指两个或两个以上的单级放大电路所组成的电路。通常称多级放大电路的第一级为输入级。对于输入级,一般采用输入阻抗较高的放大电路,以便从信号源获得较大的电压输入信号并对信号进行放大。中间级主要实现电压信号的放大,一般要用几级放大电路才能完成信号的放大。通常把多级放大电路的最后一级称为输出级,主要用于功率放大,以驱动负载工作。

(1) 多级放大电路特点及应用

多级放大电路级间常用的耦合方式:阻容耦合、变压器耦合、直接耦合和光耦合。多级放大电路中级与级之间的连接方式称为耦合。

①阻容耦合。它是指各级放大电路之间通过隔直电容耦合连接起来的耦合方式,如图7-25所示。

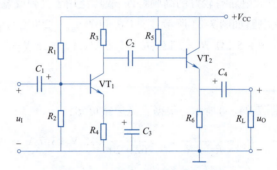

图 7-25　阻容耦合多级放大电路

阻容耦合多级放大电路具有以下特点:

a. 各级放大电路的静态工作点相互独立、互不影响,利于放大器的设计、调试和维修。

b. 低频特性差,不适合放大直流及缓慢变化的信号,只能传递具有一定频率的交流信号。

c. 输出温度漂移比较小。

d. 阻容耦合电路具有体积小、质量小的优点,在分立器件电路中应用较多。由于集成电路中不易制作大容量的电容器,因此阻容耦合放大电路不便于制成集成电路。

②变压器耦合。它是指各级放大电路之间通过变压器耦合传递信号的耦合方式。图7-26所示为变压器耦合多级放大电路。通过变压器把前级的输出信号 u_{o1} 耦合、传送到后级,作为后一级的输入信号 u_{i2}。变压器 T_2 将第二级的输出通过信号耦合的方式传给负载。

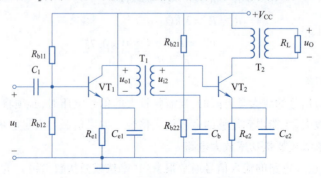

图 7-26　变压器耦合多级放大电路

变压器具有隔直流、通交流的特性,因此变压器耦合放大电路具有以下特点:

a. 各级的静态工作点相互独立,互不影响,利于放大器的设计、调试和维修。

b. 同阻容耦合放大电路一样,变压器耦合放大电路低频特性差,不适合放大直流及缓慢变化的信号,只能传递具有一定频率的交流信号。

c. 可以实现电压、电流和阻抗的变换,容易获得较大的输出功率。

d. 输出温度漂移比较小。

e. 变压器耦合电路体积和质量较大,不便于制成集成电路。

③直接耦合。它是指前、后级之间没有连接元器件而直接连接的耦合方式。图 7-27 所示为直接耦合多级放大电路。前级的输出信号 u_{o1},直接作为后一级的输入信号 u_{i2}。

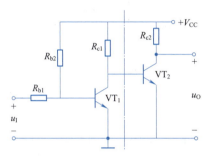

图 7-27　直接耦合多级放大电路

直接耦合放大电路的特点:

a. 各级放大电路的静态工作点相互影响,不利于电路的设计、调试和维修。

b. 频率特性好,可以放大直流、交流以及缓慢变化的信号。

c. 输出存在温度漂移。

d. 电路中无大的耦合电容,便于集成化。

(2)多级放大电路分析

①电压放大倍数。多级放大电路的电压放大倍数为各级电压放大倍数的乘积,即

$$A_u = A_{u1} A_{u2} \cdots A_{un}$$

②多级放大电路的输入电阻 R_i 等于从第一级放大电路的输入端所看到的等效输入电阻 R_{i1},即 $R_i = R_{i1}$。

③多级放大电路的输出电阻 R_o 等于从最后一级(末级)放大电路的输出端所看到的等效电阻 R_{on},即 $R_o = R_{on}$。

注意:求解多级放大电路的动态参数 A_u、R_i 和 R_o 时,一定要考虑前后级之间的相互影响。后一级的输入阻抗是前一级的输出阻抗。前级的开路电压是后级的信号源电压,前级的输出阻抗是后级的信号源内阻。

任务实施

1. 训练目的

①加深对共发射极单管放大器特性的理解。

②观察并测定电路参数的变化对放大电路静态工作点 Q、电压放大倍数 A_u 及输出波形的影响。

③进一步练习万用表、示波器、信号发生器和直流稳压电源的正确使用方法。

2. 训练器材

万用表、函数信号发生器、双踪示波器、直流稳压电源、3DG 晶体管(β = 30 ~ 50)、电阻器、电容器若干。

3. 训练步骤

(1) 认识实训原理图

共发射极单管放大器的实训原理图如图 7-28 所示。

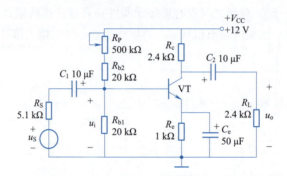

图 7-28　共发射极单管放大器的实训原理图

(2) 测量与调节静态工作点

①按图 7-28 接线,检查无误后接通 12 V 直流电源。

②测 U_{CE},调节 R_P,使 U_{CE} 为 4 ~ 6 V。

(3) 交流信号的测量

①在输入端加入 u_i = 5 mV,f = 1 kHz 的信号,用示波器观察输出端 u_o 的波形,并测量、记录。

②调节 R_P 使 u_o 波形幅度最大而且不失真即可。

③用交流毫伏表测量 R_P,并记录波形。

④断开信号 u_i,测 Q 点 U_B、U_C 和 U_E。

⑤断开 R_{b1} 与 VT 基极的连线,用万用表电阻挡测 R_P + R_{b2},记为 R_b。

⑥将测量数据填到表 7-3 中。

表 7-3　测量数据 1

给定条件	测量数据					计算数据
	U_B/V	U_C/V	u_o/V	R_b/kΩ	输出波形	A_u
R_c = 2 kΩ;R_L = ∞						

(4) 观察改变电路中的参数对放大电路的静态工作点、电压放大倍数及输出波形的影响

①改变 R_L,将测量数据填到表 7-4 中。

表 7-4　测量数据 2

给定条件	测量数据					计算数据
	U_B/V	U_C/V	u_o/V	R_b/kΩ	输出波形	A_u
R_c = 2 kΩ;R_L ≠ ∞						

②改变 R_c，将测量数据填到表 7-5 中。

表 7-5　测量数据 3

给定条件	测量数据					计算数据
	U_B/V	U_C/V	u_o/V	$R_b/kΩ$	输出波形	A_u
$R_c = 5\ kΩ; R_L = \infty$						

③改变 R_{b2}，将测量数据填到表 7-6 中。

表 7-6　测量数据 4

给定条件	测量数据					计算数据
	U_B/V	U_C/V	u_o/V	$R_b/kΩ$	输出波形	A_u
$R_c = 2\ kΩ; R_L = \infty; R_{b2} \uparrow$						
$R_c = 2\ kΩ; R_L = \infty; R_{b2} \downarrow$						

任务 3　功率放大器的装调与测试

任务内容

①学习乙类互补对称功率放大电路的工作原理及其性能指标的计算。
②学习甲乙类互补对称功率放大电路（OCL 电路和 OTL 电路）的工作原理和各元件作用。
③能完成功率放大电路的设计与制作。

知识储备

1. 功率放大电路的分类

功率放大电路根据正弦信号整个周期内晶体管的导通情况分为甲类、乙类和甲乙类等，如图 7-29 所示。

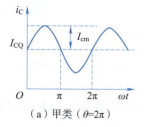
（a）甲类（θ=2π）

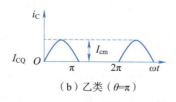
（b）乙类（θ=π）

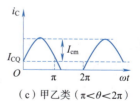
（c）甲乙类（π<θ<2π）

图 7-29　功率放大电路的分类

甲类放大电路的特点是在信号全周期内均导通，故非线性失真小、波形好，但静态功耗大，输出功率和效率都低；乙类放大电路由于只工作半个周期，静态功耗小、效率高，但输出波形因为功率管的死区电压的存在而出现失真；甲乙类功率放大电路则较好地解决了甲类功率放大静态功耗大和乙类功率放大波形失真的问题，实际应用广泛。

2. 认识几类互补对称功率放大电路

（1）电路组成

射极输出器具有输入电阻高、输出电阻低、带负载能力强等特点，所以射极输出器很适宜作功率放大电路。乙类放大电路只能放大半个周期的信号，为了解决这个问题，常用两个对称的乙类放大电路分别放大输入信号的正、负半周，然后合成为完整的波形输出，即利用两个乙类放大电路的互补特性完成整个周期信号的放大。

图 7-30 是双电源乙类互补对称功率放大电路，VT_1 为 NPN 型管，VT_2 为 PNP 型管，两管的基极和发射极分别连在一起，信号从基极输入，从发射极输出，R_L 为负载，要求两管的特性相同，且 $V_{EE} = V_{CC}$。

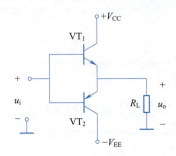

图 7-30 双电源乙类互补对称功率放大电路

（2）工作原理（见图 7-31）

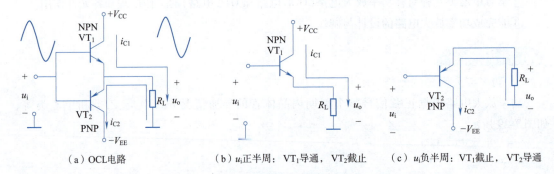

（a）OCL电路　　　　（b）u_i正半周：VT_1导通，VT_2截止　　　　（c）u_i负半周：VT_1截止，VT_2导通

图 7-31 乙类互补对称功率放大电路工作原理

静态时，$u_i = 0$、VT_1 和 VT_2 均处于零偏置，故两管的 I_{BQ}、I_{CQ}、I_{EQ} 均为零，因此输出电压 $u_o = 0$。动态时，设输入信号 u_i 为正弦电压，如图 7-31（a）所示。

在 u_i 的正半周（$u_i > 0$）时，等效电路如图 7-31（b）所示。VT_1 的发射结正偏导通，VT_2 的发射结反偏截止。信号从 VT_1 的发射极输出，在负载 R_L 上获得正半周信号电压，$u_o \approx u_i$。

在 u_i 的负半周（$u_i < 0$）时，等效电路如图 7-31（c）所示。VT_1 的发射结反偏截止。VT_2 发射结正偏导通，信号从 VT_2 的发射极输出，在负载 R_L 上获得负半周信号电压，$u_o \approx u_i$。

由于 VT_1、VT_2 轮流导通，相互补足对方缺少的半个周期，R_L 上仍得到与输入信号波形相接近的电流和电压，如图 7-31（a）所示，故称这种电路为乙类互补对称放大电路。又因为静态时公共发射极电位为零，不必采用电容耦合，故又简称为 OCL（output capacitorless，无输出电容器）电路。

由图 7-31（b）、（c）可见，互补对称放大电路是由两个工作在乙类的射极输出器组成的，所以输出

电压 u_o 的大小基本上与输入电压 u_i 的大小相等。又因为射极输出器输出电阻很低,所以,互补对称放大电路具有较强的负载能力,即它能向负载提供较大的功率,实现功率放大作用。

(3) 分析计算

性能指标参数的分析,都要以输入正弦信号为前提,且以能够忽略电路失真为条件。

① 输出功率。输出功率是指输出电流 i_o 和输出电压 u_o 有效值的乘积,即

$$P_o = U_o I_o = \frac{I_{om}}{\sqrt{2}} \frac{U_{om}}{\sqrt{2}} = \frac{1}{2} I_{om}^2 R_L = \frac{U_{om}^2}{2R_L}$$

最大不失真输出电压幅度为

$$U_{om} = V_{CC} - U_{CES} \approx V_{CC}$$

忽略饱和压降 U_{CES} 不计,放大电路的最大输出功率为

$$P_{om} = \frac{(V_{CC} - U_{CES})^2}{2R_L} \approx \frac{V_{CC}^2}{2R_L}$$

② 电源供给功率。由于两管轮流工作,每个晶体管的集电极平均电流为

$$I_{C1(AV)} = I_{C2(AV)} = \frac{1}{2\pi} \int_0^\pi I_{om} \sin \omega t \, d\omega t = \frac{I_{om}}{\pi} = \frac{U_{om}}{\pi R_L}$$

两个电源供给的总功率为

$$P_{DC} = I_{C1(AV)} V_{CC} + I_{C1(AV)} V_{EE} = 2 I_{C1(AV)} V_{CC} = 2 \frac{U_{om}}{\pi R_L} V_{CC}$$

输出最大功率时,直流电源供给的功率为

$$P_{DCm} = \frac{2 V_{CC}^2}{\pi R_L}$$

③ 效率。输出功率与电源供给的功率之比为放大电路的效率,即

$$\eta = \frac{P_o}{P_{DC}} = \frac{\pi}{4} \frac{U_{om}}{V_{CC}}$$

输出最大功率时,效率达到最高:

$$\eta_m = \frac{P_{om}}{P_{DCm}} = \frac{\pi}{4} \approx 78.5\%$$

(4) 单管最大平均管耗

两管的管耗为

$$P_T = P_{DC} - P_{om} = \frac{2 V_{CC}}{\pi R_L} U_{om} - \frac{1}{2 R_L} U_{om}^2$$

P_T 可看作以 U_{om} 为自变量的二次函数,对二次函数求导后可知当 $U_{om} = \frac{2 V_{CC}}{\pi}$ 时,P_T 取得最大值,即

$$P_{Tm} = \frac{2 V_{CC}^2}{\pi^2 R_L} = \frac{4}{\pi^2} \frac{V_{CC}^2}{2 R_L} = \frac{4}{\pi^2} P_{om} \approx 0.4 P_{om}$$

因此单管最大平均管耗为 $0.2 P_{om}$。

(5) 功率放大管的选取

① 每只晶体管的最大允许管耗 P_{cm} 必须大于 $P_{Tm} = 0.2 P_{om}$,即 $P_{cm} > 0.2 P_{om}$。

②考虑到当 VT$_2$ 接近饱和导通时,忽略饱和压降,此时 VT$_1$ 的 U_{CE1} 具有最大值且等于 $2V_{CC}$ 因此,应选用 $U_{CEO} > 2V_{CC}$ 的晶体管。

③通过晶体管的最大集电极电流约为 V_{CC}/R_L,所选晶体管的 I_{CM} 不宜低于此值。

实际选择功率管时,极限参数均应有一定的裕量,一般应提高 50% 以上。

例 7-5 电路图如图 7-30 所示,设 $V_{CC} = V_{EE} = 12$ V,$R_L = 8$ Ω,晶体管的极限参数 $U_{CEO} = 30$ V,$I_{CM} = 2$ A,$P_{CM} = 5$ W。试求:

①P_{om} 并检验功率晶体管的安全工作情况。

②$\eta = 0.6$ 时的 P_o 值。

解 ①

$$P_{om} = \frac{(V_{CC} - U_{CES})^2}{2R_L} \approx \frac{V_{CC}^2}{2R_L} = \frac{12^2}{2 \times 8} \text{W} = 9 \text{W}$$

$$P_{TM} \approx 0.2 P_{om} = 1.8 \text{ W} < 5 \text{ W}$$

$$U_{CEm} = 2V_{CC} = 24 \text{ V} < 30 \text{ V}$$

$$I_{CM} = \frac{V_{CC}}{R_L} = \frac{12}{8} \text{A} = 1.5 \text{ A} < 2 \text{ A}$$

功率晶体管是安全的。

②

$$\eta = \frac{P_o}{P_{DC}} = \frac{\pi}{4} \frac{U_{om}}{V_{CC}} = \frac{3.14 U_o}{4 \times 12} = 0.6$$

$$U_o = 9.2 \text{ V}$$

$$P_{om} = \frac{U_o^2}{2R_L} = \frac{9.2^2}{2 \times 8} \text{W} = 5.3 \text{ W}$$

3. 认识甲乙类互补对称功率放大电路

在乙类互补对称功率放大电路中,静态时晶体管处于截止区,存在交越失真的问题。在乙类互补对称功率放大电路中,由于 VT$_1$、VT$_2$ 没有基极偏流 I_B,静态时 $U_{BEQ1} = U_{BEQ2} = 0$,当 $u_i < U_{BE(th)}$,即输入电压小于死区电压时,两管均截止,因此,在输入信号的一个周期内,VT$_1$、VT$_2$ 轮流导通时形成的基极电流波形在过零点附近一个区域内出现失真,从而使输出电流和输出电压出现同样的失真,这种失真称为"交越失真",如图 7-32 所示。

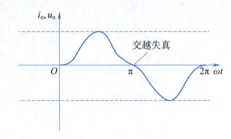

图 7-32 交越失真现象

(1)双电源甲乙类互补对称功率放大电路

为了消除交越失真,可分别给两只晶体管的发射结加很小的正偏压,即使两管在静态时均处于微导通状态,两管轮流导通时,交替得比较平滑,从而减小了交越失真,但此时晶体管已工作在甲乙类放大状态。实际电路中,静态电流通常取得很小,所以这种电路仍可以用乙类互补对称功率放大电路的有关公式近似估算输出功率和效率等指标。

图 7-33 所示电路是利用二极管提供偏置电压的甲乙类互补对称功率放大电路,图中在 VT_1、VT_2 基极间串入 VT_3、VT_4,VT_3、VT_4 基极与发射极相连,等效为二极管作用。利用 VT_5 的静态电流流过 VT_3、VT_4 产生的压降作为 VT_1、VT_2 的静态偏置电压。这种偏置的方法有一定的温度补偿作用,因为这里的二极管都是将晶体管基极和集电极短接而成,当 VT_1、VT_2 两管的 U_{BE} 随温度升高而减小时,VT_3、VT_4 两管的发射极电压降也随温度的升高相应减小。但该电路偏置电压不易调整。

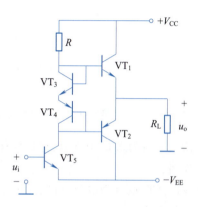

图 7-33　利用二极管提供偏置电压的甲乙类互补对称功率放大电路

图 7-34 所示为另一种偏置方式的甲乙类互补对称功率放大电路。设图中流入 VT_4 的基极电流远小于流过 R_1、R_2 的电流,则由图 7-34 可求出

$$U_{CE4} \approx \frac{U_{BE4}}{R_2}(R_1 + R_2)$$

U_{CE4} 用以供给 VT_1、VT_2 两管的偏置电压。由于 U_{BE4} 基本为一固定值 0.6~0.7 V,只要适当调节 R_1、R_2,就可改变 VT_1、VT_2 两管的偏压值。

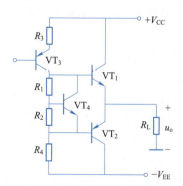

图 7-34　利用 U_{BE} 扩大电路提供偏置电压的甲乙类互补对称功率放大电路

图 7-35 所示为复合管甲乙类互补对称功率放大电路。图中 VT_1、VT_3 同型复合等效为 NPN 型管,VT_2、VT_4 异型复合等效为 PNP 型管。由于 VT_1、VT_2 为同一类型管,它们的输出特性可以很好地对称。

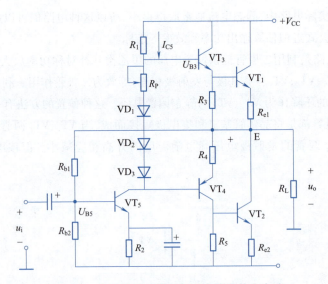

图 7-35　复合管甲乙类互补对称功率放大电路

VT_1 与 VT_2 发射极电阻 R_{e1}、R_{e2}，一般为 0.1~0.5 Ω，它除具有负反馈作用，可提高电路工作的稳定性外，还具有过电流保护作用。

VT_4 发射极所接电阻 R_4 是 VT_3、VT_4 的平衡电阻，可保证 VT_3、VT_4 的输入电阻对称。R_3、R_5 为穿透电流的泄放电阻，用以减小复合管的穿透电流，提高复合管的温度稳定性。

VT_5、R_{b1}、R_{b2}、R_1 等构成前置电压放大级，工作在甲类状态，其静态工作点电流 I_{C5} 流过 R_P、VD_1、VD_2、VD_3 产生的压降，作为复合管小的正向偏置电压，使之静态处于微导通状态，可消除交越失真，其中，R_P 用来调节复合管合适的静态偏置电流的大小。R_{b1} 接至输出端 E 点，构成直流负反馈，可提高电路的静态工作点的稳定性。

$$U_E \uparrow \to U_{B5} \uparrow \to I_{B5} \uparrow \to I_{C5} \uparrow \to U_{B3} \downarrow$$
$$U_E \downarrow$$

可见，引入负反馈可使 U_E 趋于稳定。对于 OCL 电路，要求静态输出端 E 点的直流电位应等于零，否则应通过调节 R_{b1} 或 R_1 使之为零。另外，电路通过 R_{b1} 也引入了交流负反馈，使放大电路的动态性能得到改善。

(2) 单电源乙类互补对称功率放大电路

在实际应用中，有些场合只有一个电源，这时可采用单电源供电方式，如图 7-36 所示，该电路的输出端接有一个大电容量的电容器 C，常把这种电路称为 OTL(output transformerless)电路。为使 VT_1、VT_2 工作状态对称，要求它们发射极 E 点静态时对地电位为电源电压的一半，当取 $R_1 \approx R_2$，就可以使得 $U_E = V_{CC}/2$。这样静态电容器 C 被充电，使其两端电压也等于 $V_{CC}/2$，VT_1、VT_2 均处于零偏置 $I_{CQ1} = I_{CQ2} = 0$，所以，工作在乙类状态。

当输入正弦信号 u_i 在正半周时，VT_1 导通，有电流通过负载 R_L，同时向 C 充电，由于电容上有 $V_{CC}/2$ 的直流压降，因此 VT_1 的工作电压实际上为 $V_{CC}/2$。当输入正弦信号 u_i 在负半周时，VT_2 导通，则已充电的电容器 C 起着负电源($-V_{CC}/2$)的作用，通过负载 R_L 放电。只要选择时间常数 $R_L C$ 足够大(比信号的最长周期大得多)，就可以保证电容 C 上的直流压降变化不大。

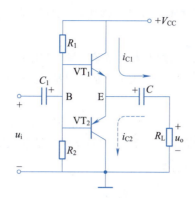

图 7-36　单电源乙类互补对称功率放大电路

由此可见，VT_1、VT_2 在输入正弦信号的作用下，轮流导通，两管的等效电源电压为 $V_{CC}/2$，这与双电源互补对称放大电路工作情况是相同的，所以 OTL 电路的输出功率、效率、管耗等计算方法与 OCL 电路相同，但 OTL 电路中每只晶体管的工作电压仅为 $V_{CC}/2$，因此在应用 OCL 电路中的有关公式时，功率需用 $V_{CC}/2$ 取代 V_{CC}。

（3）单电源甲乙类互补对称功率放大电路

图 7-37 所示为单电源甲乙类互补对称功率放大电路。图中 VT_3 构成前置电压放大电路，工作在甲类状态，其静态电流流过二极管 VD_1、VD_2 及 R_P，产生的压降作为 VT_1、VT_2 静态偏置电压，使两管工作在甲乙类（接近于乙类）状态，可减少交越失真。由于 VT_3 的偏置电阻 R_{b1} 接至输出端 E 点，构成负反馈，提高了电路静态工作点的稳定性，并改善了功率放大电路的动态性能。

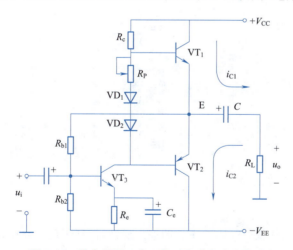

图 7-37　单电源甲乙类互补对称功率放大电路

为了保证输出端直流电位 $U_E = V_{CC}/2$，VT_3 静态可通过调节 R_{b1} 或 R_c 的阻值来实现；VT_1、VT_2 静态电流的大小可用 R_P 来调节。OTL 电路使用中还应注意输出电容 C 的电容量要足够大，C 和负载 R_L 不能短路，否则很容易损坏功率管。

4. 认识负反馈对放大电路的作用

在基本放大电路的实际应用中，对放大电路的要求是多种多样的。在放大电路中引入负反馈，可以使放大电路的性能得到显著改善,满足实际性能要求,所以负反馈放大电路被广泛地应用。

(1)反馈的概念及类型

①反馈的定义。在电子电路中,把放大电路输出量(电压或电流)的部分或全部,经过一定的电路或元器件反送回放大电路的输入端,从而牵制输出量,这种措施称为反馈。有反馈的放大电路称为反馈放大电路。

②反馈的框图与表达式。任意一个反馈放大电路都可以表示为一个基本放大电路和反馈网络组成的闭环系统,其框图如图7-38。图7-38中的 X 可以是电压量,也可以是电流量。没有引入反馈时的基本放大电路称为开环电路。

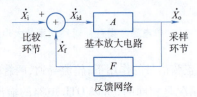

图 7-38 反馈放大电路的一般框图

反馈元件:判断一个电路是否存在反馈,要看该电路的输出回路与输入回路之间有无起联系作用的反馈网络。构成反馈网络的元件称为反馈元件。反馈元件通常为线性元件。

反馈放大电路的一般表达式:$\dot{X}_{id} = \dot{X}_i - \dot{X}_f$

定义 $\dot{A}$ 为开环增益,$\dot{F}$ 为反馈系数,表达式为

$$\dot{A} = \frac{\dot{X}_o}{\dot{X}_{id}}$$

$$\dot{F} = \frac{\dot{X}_f}{\dot{X}_o}$$

$$\dot{A}_f = \frac{\dot{X}_o}{\dot{X}_i} = \frac{\dot{A}\dot{X}_{id}}{\dot{X}_{id} + \dot{A}\dot{F}\dot{X}_{id}} = \frac{\dot{A}}{1 + \dot{A}\dot{F}}$$

闭环放大倍数(闭环增益):

反馈深度的讨论:

如果 $|1+\dot{A}\dot{F}|>1$,那么 $|\dot{A}_f|<|\dot{A}|$,即加入反馈后,其闭环增益比开环增益小,这类反馈属于负反馈。

如果 $|1+\dot{A}\dot{F}|\gg1$,那么 $\dot{A}_f = 1/\dot{F}$,即加入反馈后,其闭环增益只与反馈网络有关。

如果 $|1+\dot{A}\dot{F}|<1$,那么 $|\dot{A}_f|>|\dot{A}|$,即加入反馈后,其闭环增益比开环增益大,这类反馈属于正反馈。它使放大电路变得不稳定,所以在放大电路中一般很少使用。

如果 $|1+\dot{A}\dot{F}|=0$,那么 $|\dot{A}_f|$ 趋近于无穷,即使没有信号输入,也将产生较大的输出信号,这种现象称为自激振荡。

③正反馈和负反馈。按照反馈信号极性的不同进行分类,反馈可以分为正反馈和负反馈。

正反馈:引入的反馈信号 $\dot{X}_f$ 加强了外加输入信号的作用。正反馈主要用于振荡电路、信号产生电路,其他电路中则很少用正反馈。负反馈:引入的反馈信号 $\dot{X}_f$ 削弱了外加输入信号的作用,使放大电路的净输入信号减小,导致放大电路的放大倍数减小的反馈。放大电路中经常引入负反馈,以改善放大电路的性能指标。

判定方法:常用电压瞬时极性法判定电路中引入反馈的极性。具体方法如下:

a. 先假定放大电路的输入信号电压处于某一瞬时极性。如用"+"号表示该点电压的变化是增大;用"-"号表示电压的变化是减小。

b. 按照信号单向传输的方向,同时根据各级放大电路输出电压与输入电压的相位关系,确定电路中相关各点电压的瞬时极性。

c. 根据反送到输入端的反馈电压信号的瞬时极性,确定是增强还是削弱了原来输入信号的作用。如果是增强,则引入的为正反馈;反之,则为负反馈。

判定反馈的极性时,一般有这样的结论:在放大电路的输入回路,输入信号电压 $\dot{U}_i$ 和反馈信号电压 $\dot{U}_f$ 相比较,当输入信号 $\dot{U}_i$ 和反馈信号 $\dot{U}_f$ 在相同端点时,如果引入的反馈信号 $\dot{U}_f$ 和输入信号 $\dot{U}_i$ 同极性,则为正反馈;若二者的极性相反,则为负反馈。

当输入信号 $\dot{U}_i$ 和反馈信号 $\dot{U}_f$ 不在相同端点时,若引入的反馈信号 $\dot{U}_f$ 和输入信号 $\dot{U}_i$ 同极性,则为负反馈;若二者的极性相反,则为正反馈。

如果反馈放大电路是由单级运算放大器构成,则有反馈信号送回反相输入端时,为负反馈;反馈信号送回同相输入端时,为正反馈。

④交流反馈和直流反馈。根据反馈信号的性质进行分类,反馈可以分为交流反馈和直流反馈。

交流反馈:反馈信号中只包含交流成分;直流反馈:反馈信号中只包含直流成分。

判定方法:交流反馈和直流反馈的判定,可以通过画反馈放大电路的交、直流通路来完成。如果反馈电路仅存在于直流通路中,则为直流反馈;如果反馈电路仅存在于交流通路中,则为交流反馈;如果反馈电路既存在于直流通路,又存在于交流通路中,则既有直流反馈又有交流反馈。

例 7-6 图 7-39 所示电路是否存在反馈?反馈元件是什么?是正反馈还是负反馈?是交流反馈还是直流反馈?

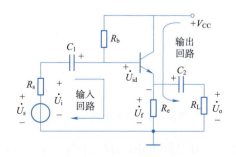

图 7-39 例 7-6 电路图

解 判别电路中有无反馈。图 7-39 所示电路中,电阻 R_e 既包含于输出回路又包含于输入回路,通过 R_e 把输出电压信号 $\dot{U}_o$ 全部反馈到输入回路中,因此存在反馈,反馈元件为 R_e。

判别反馈极性。判别反馈的正、负,通常采用瞬时极性法。在图 7-39 所示电路中,假定输入电压根据共集电极放大电路输出电压与输入电压同相的原则,可知输出电压 $\dot{U}_o$ 的瞬时极性也为正。由图可知,$\dot{U}_f = \dot{U}_o$,放大电路的净输入信号 $\dot{U}_{id} = \dot{U}_i - \dot{U}_f$,因此 $\dot{U}_f$ 削弱了净输入信号 $\dot{U}_{id}$,所以引入的是负反馈。

判别直流反馈和交流反馈。图 7-39 所示电路中,R_e 既通直流也通交流,反馈信号中既有直流又有交流,所以该电路同时存在直流反馈和交流反馈。

⑤电压反馈和电流反馈。电压反馈:反馈信号从输出电压 $\dot{U}_o$ 采样。电流反馈:反馈信号从输出电流 $\dot{I}_o$ 采样。

判定方法:根据定义判定。方法是:令 $\dot{U}_o = 0$,即将负载 R_L 短路,检查反馈信号是否存在。若不存在,则为电压反馈;否则为电流反馈。一般电压反馈的采样点与输出电压在相同端点;电流反馈的采样点与输出电压在不同端点。

⑥串联反馈和并联反馈。串联反馈:反馈信号 $\dot{X}_f$ 与输入信号 $\dot{X}_i$ 在输入回路中以电压的形式相加减,即在输入回路中彼此串联。并联反馈:反馈信号 $\dot{X}_f$ 与输入信号 $\dot{X}_i$ 在输入回路中以电流的形式相加减,即在输入回路中彼此并联。

判定方法:如果输入信号 $\dot{X}_i$ 与反馈信号 $\dot{X}_f$ 在输入回路的不同端点,则为串联反馈;如果输入信号 $\dot{X}_i$ 与反馈信号 $\dot{X}_f$ 在输入回路的相同端点,则为并联反馈。

⑦交流负反馈放大电路的四种组态:

a. 电压串联负反馈。如图 7-40 所示电路,采样点和输出电压同端点,为电压反馈;反馈信号与输入信号在不同端点,为串联反馈。因此电路引入的反馈为电压串联负反馈。放大电路引入电压串联负反馈后,通过自身闭环系统的调节,可使输出电压趋于稳定。电压串联负反馈的特点:输出电压稳定,输出电阻减小,输入电阻增大,具有很强的带负载能力。

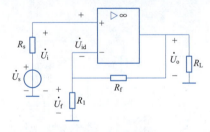

图 7-40 电压串联负反馈

b. 电压并联负反馈。如图 7-41 所示电路,采样点和输出电压在同端点,为电压反馈;反馈信号与输入信号在同端点,为并联反馈。因此电路引入的反馈为电压并联负反馈。电压并联负反馈的特点:输出电压稳定,输出电阻减小,输入电阻减小。

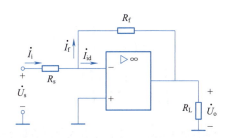

图 7-41 电压并联负反馈

c. 电流串联负反馈。如图 7-42 所示电路,反馈量取自输出电流,且转换为反馈电压,并与输入电压求差后放大,因此电路引入的反馈为电流串联负反馈。电流串联负反馈的特点:输出电流稳定,输出电阻增大,输入电阻增大。

d. 电流并联负反馈。如图 7-43 所示电路,反馈信号与输入信号在同端点,为并联反馈;输出电压 $\dot{U}_o = 0$ 时,反馈信号仍然存在,为电流反馈。因此电路引入的反馈为电流并联负反馈。电流并联负反馈的特点:输出电流稳定,输出电阻增大,输入电阻减小。

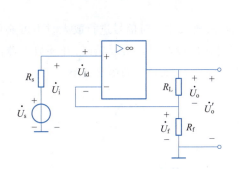

图 7-42 电流串联负反馈

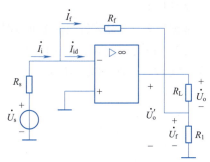

图 7-43 电流并联负反馈

(2) 反馈的作用

从反馈放大电路的一般表达式可知,电路中引入负反馈后其增益下降,但放大电路的其他性能会得到改善,如提高放大倍数的稳定性、减小非线性失真、抑制噪声干扰、扩展通频带等。

①降低开环增益。因为 $|1 + \dot{A}\dot{F}| > 1$,所以有

$$\dot{A}_f = \frac{\dot{A}}{1 + \dot{A}\dot{F}} < \dot{A}$$

②提高增益稳定性。由于负载和环境温度的变化、电源电压的波动和器件老化等因素,放大电路的放大倍数会发生变化。通常用放大倍数相对变化量的大小来表示放大倍数稳定性的优劣。相对变化量越小,则稳定性越好。

设信号频率为中频,则上式中各量均可为实数。对上式求微分,可得

$$\frac{d\dot{A}_f}{d\dot{A}} = \frac{(1 + \dot{A}\dot{F}) - \dot{A}\dot{F}}{(1 + \dot{A}\dot{F})^2} = \frac{1}{(1 + \dot{A}\dot{F})^2}$$

$$\mathrm{d}\dot{A}_\mathrm{f} = \frac{\mathrm{d}\dot{A}}{(1+\dot{A}\dot{F})^2}$$

$$\frac{\mathrm{d}\dot{A}_\mathrm{f}}{\dot{A}_\mathrm{f}} = \frac{1}{1+\dot{A}\dot{F}} \frac{\mathrm{d}\dot{A}}{\dot{A}}$$

可见,未引入负反馈后放大倍数的相对变化量为引入负反馈时相对变化量的$(1+\dot{A}\dot{F})$倍,即放大倍数的稳定性提高到未加负反馈时的$(1+\dot{A}\dot{F})$倍。

当反馈深度$(1+\dot{A}\dot{F})\gg 1$时称为深度负反馈,这时$\dot{A}_\mathrm{f} = 1/\dot{F}$,说明深度负反馈时,放大倍数基本上由反馈网络决定,而反馈网络一般由电阻等性能稳定的无源线性元件组成,基本不受外界因素变化的影响。因此放大倍数比较稳定。

开环放大电路增益的相对变化量是闭环放大电路增益相对变化量的$(1+\dot{A}\dot{F})$,即负反馈电路的反馈越深,放大电路的增益也就越稳定。前面的分析表明,电压负反馈使输出电压稳定,电流负反馈使输出电流稳定,即在输入一定的情况下,可以维持放大器增益的稳定。

③减弱内部失真:

a. 减小非线性失真。晶体管是一个非线性器件,放大器在对信号进行放大时不可避免地会产生非线性失真。假设放大器的输入信号为正弦信号,没有引入负反馈时,开环放大器产生如图 7-44 所示的非线性失真,即输出信号的正半周幅度变大,而负半周幅度变小。

图 7-44 无反馈的非线性失真

现在引入负反馈,假设反馈网络为不会引起失真的线性网络,则反馈回的信号同输出信号的波形一样。反馈信号在输入端与输入信号相比较,使净输入信号$\dot{X}_\mathrm{id} = \dot{X}_\mathrm{i} - \dot{X}_\mathrm{f}$的波形正半周幅度变小,而负半周幅度变大,如图 7-45 所示。经基本放大电路放大后,输出信号趋于正、负半周对称的正弦波,从而减小了非线性失真。

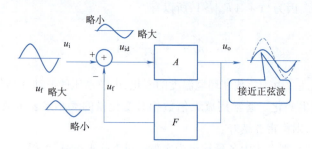

图 7-45 引入负反馈减小非线性失真

注意:引入负反馈减小的是环路内的失真。如果输入信号本身有失真,此时引入负反馈的作用不大。

b. 抑制环路内的噪声和干扰。在反馈环内,放大电路本身产生的噪声和干扰信号,可以通过负反馈进行抑制,其原理与减小非线性失真的原理相同。但对反馈环外的噪声和干扰信号,引入负反馈也无能为力。

④展宽通频带。频率响应是放大电路的重要特性之一。在多级放大电路中,级数越多,增益越大,频带越窄。引入负反馈后,可有效扩展放大电路的通频带。放大电路引入负反馈后通频带的变化如图7-46所示。根据上、下限频率的定义,从图7-46中可见,放大电路引入负反馈以后,其下限频率降低,上限频率升高,通频带变宽。

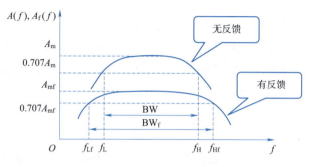

图 7-46　引入负反馈扩宽通频带

⑤输入电阻的改变。负反馈对输入电阻的影响仅取决于反馈网络与输入端的连接方式,与输出端无关。

a. 串联负反馈。图7-47是串联负反馈框图,R_i为无负反馈时放大电路的输入电阻,且$R_i = \dfrac{u_{id}}{i_i}$,$R_{if}$为有负反馈时放大电路的输入电阻,可以得出:

$$R_{if} = \frac{u_i}{i_i} = \frac{u_{id} + u_f}{i_i} = \frac{u_{id} + \dot{A}\dot{F}u_{id}}{i_i} = (1 + \dot{A}\dot{F})R_i$$

引入串联负反馈后,输入电阻是未引入负反馈时输入电阻的$(1 + \dot{A}\dot{F})$倍。这是由于引入负反馈后,输入信号与反馈信号串联连接。从图7-47中可以看出,等效的输入电阻相当于原开环放大电路的输入电阻与反馈网络串联,其结果必然使输入电阻增大。所以,串联负反馈使输入电阻增大。

b. 并联负反馈。图7-48是并联负反馈框图,R_i为无负反馈时放大电路的输入电阻,R_{if}为有负反馈时放大电路的输入电阻,可以得出:

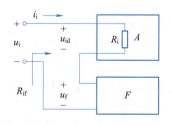

图 7-47　串联负反馈框图

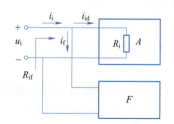

图 7-48　并联负反馈框图

$$R_{if} = \frac{u_i}{i_i} = \frac{u_{id}}{i_{id} + i_f} = \frac{u_{id}}{i_{id} + \dot{A}\dot{F}i_{id}} = \frac{R_i}{1 + \dot{A}\dot{F}}$$

引入并联负反馈后,输入电阻是未引入负反馈时输入电阻的 $1/(1 + \dot{A}\dot{F})$。

这是由于引入负反馈后,输入信号与反馈信号并联连接。从图 7-48 中可以看出,等效的输入电阻相当于原开环放大电路的输入电阻与反馈网络并联,其结果必然使输入电阻减小。所以,并联负反馈使输入电阻减小。

⑥输出电阻的改变:

a. 电压负反馈。图 7-49 是电压负反馈框图。R_o 为无负反馈时放大电路的输出电阻,R_{of} 为有负反馈时放大电路的输出电阻。这是由于引入负反馈后,对于负载 R_L 来说,从输出端看进去,等效的输出电阻相当于原开环放大电路输出电阻与反馈网络并联,其结果必然使输出电阻减小。所以,电压负反馈使输出电阻减小。经分析,两者的关系为

$$R_{of} = \frac{1}{1 + \dot{A}\dot{F}} R_o$$

b. 电流负反馈。图 7-50 是电流负反馈框图。对于负载 R_L 来说,从输出端看进去,等效的输出电阻相当于原开环放大电路输出电阻与反馈网络串联,其结果必然使输出电阻增大。经分析,两者的关系为

$$R_{of} = (1 + \dot{A}\dot{F}) R_o$$

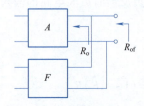

图 7-49　电压负反馈框图

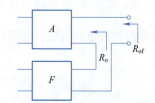

图 7-50　电流负反馈框图

即引入电流负反馈后的输出电阻是开环输出电阻的 $(1 + \dot{A}\dot{F})$ 倍。所以,电流负反馈使输出电阻增大。

需要注意的是,在讨论负反馈放大电路的输入电阻和输出电阻时,还要考虑反馈环节以外的电阻。

(3)放大电路引入负反馈的一般原则

①要稳定放大电路的静态工作点,应该引入直流负反馈。

②要改善放大电路的动态性能(如增益的稳定性、稳定输出量、减小失真、扩展频带等),应该引入交流负反馈。

③要稳定输出电压,减小输出电阻,提高电路的带负载能力,应该引入电压负反馈。

④要稳定输出电流,增大输出电阻,应该引入电流负反馈。

⑤要提高电路的输入电阻,减小电路向信号源索取的电流,应该引入串联负反馈。

⑥要减小电路的输入电阻,应该引入并联负反馈。

注意:在多级放大电路中,为了达到改善放大电路性能的目的,所引入的负反馈一般为级间反馈。

5. 集成运算放大电路

(1)集成运算放大电路概述

集成电路是一种将"管"和"路"紧密结合的器件,它以半导体单晶硅为芯片,采用专门的制造工艺,把晶体管、场效应管、二极管、电阻和电容等元件及它们之间的连线所组成的完整电路制作在一起,使之具有特定的功能。集成放大电路最初多用于各种模拟信号的运算(如比例、求和、求差、积分、微分……)上,故被称为运算放大电路,简称集成运放。集成运放广泛用于信号的处理和产生电路之中,因其高性能、低价位,在大多数情况下,已经取代了分立器件放大电路。

(2)集成运放的电路结构特点

在集成运放电路中,相邻元器件的参数具有良好的一致性;纵向晶体管的β大,横向晶体管的耐压高;电阻的阻值和电容的容量均有一定的限制;以及便于制造互补式 MOS 电路等特点。这些特点就使得集成放大电路与分立元件放大电路在结构上有较大的差别。观察它们的电路图可以发现,后者除放大管外,其余元件多为电阻、电容、感等;而前者以晶体管和场效应管为主要元件,电阻与电容的数量很少。归纳起来,集成运放有如下特点:

①因为硅片上不能制作大电容,所以集成运放均采用直接耦合方式。

②因为相邻元件具有良好的对称性,而且受环境温度和干扰等影响后的变化相同,所以集成运放中大量采用元件具有对称性的各种差分放大电路(作输入级)和恒流源电路(作偏置电路或有源负载)。

③因为制作不同形式的集成电路,只是所用掩模不同,增加元器件并不增加制造工序,即电路的复杂化并不会使工艺过程复杂化,所以集成运放允许采用复杂的电路形式,以达到提升性能的目的。

④集成运放电路中作为放大管的晶体管和场效应管数量很少,其余管子用作它用。例如,因为硅片上不宜制作高阻值的电阻,所以在集成运放中常用有源元件(晶体管或场效应管)取代。

⑤集成晶体管和场效应管因制作工艺不同,性能上有较大差异,所以在集成运放中常采用复合形式,以达到各方面性能俱佳的效果。

(3)集成运放电路的组成及其各部分的作用

集成运放电路由输入级、中间级、输出级和偏置电路四部分组成,如图 7-51 所示。

图 7-51 集成运放电路组成框图

①输入级。输入级又称前置级,它往往是一个双端输入的高性能差分放大电路。一般要求其输入电阻高,电压放大倍数大,抑制零点漂移现象的能力强,静态电流小。输入级的好坏直接影响集成运放的大多数性能参数,因此,在几代产品的更新过程中,输入级的变化最大。

②中间级。中间级是整个放大电路的主放大器,其作用是使集成运放具有较强的放大能力,多采用共射或共源放大电路。而且,为了提高电压放大倍数,经常采用复合管作为放大管,以恒

流源作为集电极负载。其电压放大倍数可达千倍以上。

③输出级。输出级应具有输出电压线性范围宽,输出电阻小(即带负载能力强)、非线性失真小等特点。集成运放的输出级多采用互补输出电路。

④偏置电路。偏置电路用于设置集成运放各级放大电路的静态工作点。与分立器件不同,集成运放采用电流源电路为各级提供合适的集电极(或发射极、漏极、源极)静态工作电流,从而确定合适的静态工作点。

(4)集成运放的电压传输特性

集成运放有同相输入端和反相输入端,这里的"同相"和"反相"是指集成运放的输入电压与输出电压之间的相位关系,其符号如图7-52所示。它有两个输入端和一个输出端u_o,u_P为同相输入端,u_o和u_P同相;u_N为反相输入端,u_o和u_N反相。图中所标u_P、u_N、u_o均以"地"为公共端。

从外部看,可以认为集成运放是一个双端输入,单端输出,具有高电压放大倍数,高输入电阻,低输出电阻的电路。对于双电源供电的理想集成运放其电压传输特性曲线如图7-53所示。理想集成运放可视为电压放大倍数和输入电阻趋近于无穷,输出电阻趋近于零,根据输出电压为有限值,因此两个输入端的净输入电压为0,即$u_{id} = u_P - u_N = 0$,$u_P = u_N$,称为"虚短";输入电阻无穷大,因此两个输入端的净输入电流为0,即$i_P = i_N = 0$,称为"虚断"。

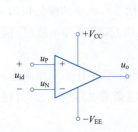

图7-52 集成运放的符号

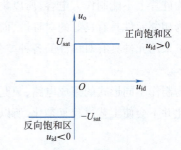

图7-53 理想集成运放的电压传输特性曲线

(5)集成运放的基本应用

①集成运放的非线性应用——电压比较器。集成运放处于开环(没有引入反馈)或者正反馈状态时,工作在非线性区,其电压传输特性如图7-53所示,当$u_P > u_N$时,输出正向饱和电压;当$u_P < u_N$时,输出反向饱和电压,利用此特性可以做成电压比较器,可用于对输入信号进行鉴幅和比较,是组成非正弦波发生电路的基本单元电路,在测量和控制系统中有广泛应用。

②集成运放的线性应用——基本运算电路。为实现输出电压与输入电压的某种运算关系,运算电路应工作在线性工作区,因此电路必须引入负反馈。为了稳定输出电压,通常引入电压负反馈。由于集成运放的高电压放大倍数特性,集成运放引入的反馈都为深度负反馈,因此电路是利用反馈网络和输入网络来实现各种数学运算(如比例、求和、求差、积分、微分等)的。分析输出电压与输入电压运算关系的基本出发点主要是利用理想运放"虚短"和"虚断"两大特点。

任务实施

1. 训练目的

①加深对功率放大器特性的理解。掌握甲类、乙类、甲乙类三种不同类型的功率放大电路的

工作原理及各自的优缺点。

②能利用三极管构成互补对称功率放大电路,实现功率放大。

③能熟练进行电路的安装和调试。

④能利用示波器观测输出信号的波形、识读波形数据、对电路进行故障检测和排查。

⑤能连接音频输入和扬声器实现音频放大。

2. 训练器材

万用表、示波器、信号发生器、直流稳压电源、镊子、剥线钳、电烙铁等电子装接工具各1个,晶体管、电阻器、电容器、二极管若干,PCB 1块,音频输入连接线若干,扬声器1个。

3. 训练步骤

(1)理解功率放大电路的组成及工作原理

①功率放大电路原理图如图7-54所示。

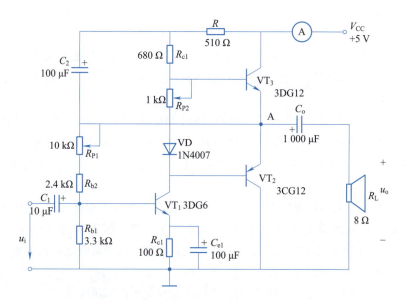

图7-54 功率放大电路原理图

②工作原理。由 VT_1 构成的前置放大电路是分压式偏置放大电路;VT_2、VT_3 构成互补对称功率放大电路;VD、R_{P2} 串联在 VT_2、VT_3 基极之间,提供合适的偏置电压,使 VT_2、VT_3 在静态时处于甲乙类工作状态,VD 还具有温度补偿作用;C_{e1} 为消振电容,用于消除电路可能产生的自激;C_o 为输出耦合电容。

V_{CC} 提供的静态电流流经二极管 VD_1 及电位器 R_{P2},给 VT_2、VT_3 提供偏置电压。调节 R_{P2},可以使 VT_2、VT_3 得到合适的静态电流而工作于甲乙类状态,以克服交越失真。静态时要求输出端中点 A 的电位 $U_A = (1/2)V_{CC}$,可以通过调节 R_{P1} 来实现,又由于 R_{P1} 的一端接在 A 点,因此在电路中引入交、直流电压并联负反馈,一方面能够稳定放大器的静态工作点,同时也改善了非线性失真。

为解决输出电压幅值达不到 $U_{om} = (1/2)V_{CC}$ 的问题,引入 R、C_2 构成的自举电路,用于增大输出信号动态范围,提高放大器的不失真功率。

(2)电路布局装配

①识读电路原理图和装配图。

②对功率放大电路中使用的元器件进行筛选与检测,按装配图完成电路的装配,电路装配工艺按常规工艺文件要求进行。

(3)电路指标调试

①电路装配图检查无误后,为电路接通直流工作电源(注意正负极性不能接错)。

②静态工作调试:

a. 中点电位调试。将输入端对地短路($u_i=0$),调节 R_{P2} 至中间值,使 $R_{P2}=0$,接通电源,调节 R_{P1} 使 VT_2、VT_3 发射极中点 A 点电位为电源电压的二分之一。

b. 输出级静态电流调试。将输入端对地短路($u_i=0$),万用表选择"直流电流 50 mA 档"串联在 VT_3 集电极电路中,红表笔接 V_{CC} 正极端,黑表笔接 VT_3 集电极,接通电源,调节 R_{P2} 使输出级静态电流为 $I_{C3}=8$ mA。

将 a. 和 b. 反复调整,最后达到 $U_A=(1/2)V_{CC}$,$I_{C3}=8$ mA。

③利用示波器观测输出信号波形,若输出信号为标准正弦波信号,则在示波器上读出信号的技术参数(振幅、频率、周期等)。将完成的各测试数据记录于相关表格中。接入音频输出和扬声器,记录输出效果。

④动态调试。函数信号发生器输出信号频率为 1 kHz,电压为 5 mV,并将输出信号 u_i 接至放大电路输入端。接通电源,将示波器输入电缆 CH_1 接输入端,CH_2 接放大电路输出端(C_o 负极),调整相应旋钮,使输入、输出波形稳定显示(2~3个周期),调整 R_{P2},在示波器上观察交越失真现象。

前置放大电路与互补对称电路之间是直接耦合,因此不能分级调试,应先在输入信号 $u_i=0$ 的情况下,使 $R_{P2}=0$,再调节 R_{P2} 使中点电位 $U_A=(1/2)V_{CC}$,然后调节 R_{P2} 使 VT_2、VT_3 工作在甲乙类状态,建立合适的静态集电极电流 I_{C3},最后输入正弦信号。由于两级之间互相影响,因此需要反复几次才能调整到符合要求的位置。

注意: 调试过程中 R_{P2} 千万不能断开,否则会因电位变化而损坏功放管。

电路安装完成后,请连接电源、信号发生器、示波器等仪器设备对电路进行调试,用信号发生器输入 $V_{PP}=20$ mV,$f=1$ kHz 的正弦信号,利用示波器观察输出信号波形并调试电路,将不失真波形记录下来。

在输出波形无失真时,在示波器上读出以下数据并记录:$V_{CC-out}=$ _____ V,周期 $T=$ _____ s,根据测量数据计算电路 $A_u=$ _____,输出信号频率 $f=$ _____ Hz。

利用示波器观察在两种不同输出波形情况下,VT_1、VT_2、VT_3 各电极的电压,将相关数据记录入表 7-7、表 7-8,并根据测量电压判断晶体管的工作状态。

表 7-7 输出无失真时

项目	V_C	V_B	V_E	工作状态判断
VT_1				
VT_2				
VT_3				

表 7-8 输出波形交越失真时

项 目	V_C	V_B	V_E	工作状态判断
VT_1				
VT_2				
VT_3				

（4）故障排除

①无输出波形：

a. 检查中点电位 U_A 和静态电流 I_{C3} 是否正常，如读数有偏差，则调整 R_{P1}、R_{P2}。

b. 检查前置放大管 VT_1 是否击穿或断极。如果击穿或断极，则更换；没有击穿或断极，则检查外围偏置元件，如电容 C_1、C_{e1} 或晶体管 VT_1 的上偏置电阻是否开路。

c. 检查功放复合管 VT_2、VT_3 是否击穿或断极。如果击穿或断极，则更换；没有击穿或断极，则检查外围偏置元件。

②连接扬声器后无声或音质差：

a. 检查扬声器线路或音频输入线路有无断路或损坏。

b. 电路中的耦合电容 C_1、C_{e1}、C_o 存在击穿和漏电现象，更换耦合电容。

c. 扬声器纸盆破裂或性能变差，更换扬声器。

项目评价表

学　院		专　业		姓　名	
学　号		小　组		组长姓名	
指导教师		日　期		成　绩	
学习目标	素质目标： 1. 树立正确的世界观、人生观、价值观。 2. 具有良好的沟通合作能力，协调配合能力。 3. 具有爱岗敬业、耐心务实、精益求精的工匠精神。 4. 具有良好的身心素质和人文素养				
	知识目标： 1. 掌握晶体管的符号及工作原理、伏安特性曲线及主要性能指标。 2. 掌握放大电路的概念、主要性能指标、组成原则和工作原理。 3. 掌握基本共射放大电路静态分析中的图解法和估算法、动态分析中的图解法分析非线性失真，微变等效电路求解三大性能指标，即 A_u、R_i 和 R_o。 4. 掌握稳定静态工作点的分压式共射极放大电路、共集电极放大电路和共基极放大电路的分析和多级放大电路的耦合方式及特点。 5. 掌握乙类互补对称功率放大电路的工作原理及其性能指标的计算。 6. 掌握甲乙类互补对称功率放大电路（OCL 电路和 OTL 电路）的工作原理和各元件的作用。 7. 掌握反馈的判断方法并了解反馈的作用				
	技能目标： 1. 具备晶体管元件的识别能力；能够判断晶体管元件的极性和好坏；具备根据电路实际选用合适的元器件的能力。 2. 具备基本共射放大电路的分析能力。 3. 具备功率放大电路的分析能力。				

学习目标	4. 具备单管放大电路的装调及仿真能力。 5. 具备功率放大电路的装调及仿真能力。 6. 具备电路的故障分析和排查能力。在软件仿真过程中,能够根据电路现象分析故障位置,并逐步排除故障			
任务评价	任务内容			完成情况
	1. 认识常用型号的晶体管,能够判断晶体管的极性和好坏			
	2. 分析基本共射放大电路的组成部分及作用,调节静态工作点,观察非线性失真现象			
	3. 制作功率放大电路用以放大音频信号			
	4. 调节音频放大电路静态工作点,调节音频效果,若出现故障及时排除			
	5. 能够举一反三对类似电路进行仿真及装调			
质量检查	请教师检查本组作业结果,并针对问题提出改进措施及建议			
	综合评价			
	建　议			
评价考核	评价项目	评价标准	配　分	得　分
	理论知识学习	理论知识学习情况及课堂表现	25	
	素质能力	能理性、客观地分析问题	20	
	作业训练	作业是否按要求完成,电气元件符号表示是否正确	25	
	质量检查	改进措施及能否根据讲解完成线路装调及故障排查	20	
	评价反馈	能对自身客观评价和发现问题	10	
	任务评价	基本完成(　　) 良好(　　) 优秀(　　)		
	教师评语			

芯片设计及制造全过程

　　驾车时,车辆可以自动感知周围环境动态信息,自动避障;外出旅游,随身携带的智能相机就能轻松拍出超高清画面,即时分享;回到家中,灯光自动开启……芯片的出现,无疑让生活步入了更加智慧的模式。芯片究竟是什么?为什么会成为人类不可或缺的核心科技?一个小小的硅片,承载着几千万甚至数百亿的晶体管,它是如何被设计和制造出来的?

　　一块芯片的诞生,可以分为芯片设计与芯片制造两个环节。

1. 芯片设计:规划"芯"天地

　　芯片设计阶段会明确芯片的用途、规格和性能表现,芯片设计可分为规格定义、系统级设计、前端设计和后端设计四大过程。

　　(1) 规格定义

　　工程师在芯片设计之初,会做好芯片的需求分析、完成产品规格定义,以确定设计的整体方向。例如:成本控制在什么水平,需要多少的 AI 算力,是否功耗敏感,支持哪些连接方式,系统需要遵循的安全等级等。

(2) 系统级设计

基于前期的规格定义,明确芯片架构、业务模块、供电等系统级设计,例如 CPU、GPU、NPU、RAM、连接、接口等。芯片设计需要综合考量芯片的系统交互、功能、成本、功耗、性能、安全及可维可测等综合要素。

(3) 前端设计

前端设计时,设计人员根据系统设计确定的方案,针对各模块开展具体的电路设计,使用专门的硬件描述语言(Verilog 或 VHDL),对具体的电路实现进行 RTL(register transfer level,寄存器转换级)级别的代码描述。代码生成后,就需要严格按照已制定的规格标准,通过仿真验证来反复检验代码设计的正确性。之后,用逻辑综合工具,把用硬件描述语言写成的 RTL 级的代码转成门级网表(NetList),以确保电路在面积、时序等目标参数上达到标准。逻辑综合完成后需要进行静态时序分析,套用特定的时序模型,针对特定电路分析其是否违反设计者给定的时序限制。整个设计流程是一个迭代的流程,任何一步不能满足要求都需要重复之前的步骤,甚至重新设计 RTL 代码。

(4) 后端设计

后端设计是先基于网表,在给定大小的硅片面积内,对电路进行布局和绕线,再对布线的物理版图进行功能和时序上的各种验证(design rule check、layout versus schematic 等),后端设计也是一个迭代的流程,验证不满足要求则需要重复之前的步骤,最终生成用于芯片生产的 GDS(geometry data standard,几何数据标准)版图。

2. 芯片制造:点"沙"成金

芯片制造环节中,芯片是如何被点"沙"成金的呢?看似无关且不起眼的沙子,富含二氧化硅,而二氧化硅通过高温加热、纯化、过滤等工艺,可从中提取出硅单质,然后经特殊工艺铸造变成纯度极高的块状单晶硅,称为单晶硅棒。单晶硅棒根据用途被切割成 0.5~1.5 mm 厚度的薄片,即成为芯片的基本原料——硅晶圆片,这便是"晶圆"。

晶圆经过抛光处理及一系列严格筛查后,投入第一阶段的生产工艺,即前段生产(FEOL)。这一阶段主要完成集成晶体管的制造,包括光刻、刻蚀、清洗、离子注入、薄膜生长等几大模块的工艺。

前段生产完成后,接着开始后段生产(BEOL),BEOL 由沉积无掺杂的氧化硅(也就是硅玻璃)开始,通孔由金属钨填充,然后制作晶体管间的电连线,最终得到满足芯片要求的晶圆。获得晶圆后,用圆锯切割芯片,嵌入封装中。芯片使用引线与封装的引脚结合,封装盖子保护芯片不受外界灰尘污染。至此,一块融合人类智慧结晶的芯片就诞生了。

微处理器的生产实际上包含着数千道工艺过程,持续时间长达数周。从个人通信到家庭生活,从交通出行到城市管理等每个人生活的方方面面,都离不开芯片,它是现代社会真正凭借"小身材"而拥有"大智慧"的硬核存在。

课后习题

一、填空题

1. 晶体管按内部基本结构不同可分为_____型和_____型两大类。
2. 晶体管三个引脚的电流关系是 $I_e =$ _____,直流电流放大系数 $\overline{\beta} =$ _____,交流

电流放大系数 β = _____。

3. 晶体管具有两个 PN 结分别是_____和_____,三个区分别是_____、_____和_____。晶体管主要作用是具有_____能力。

4. 当 PNP 型硅管处在放大状态时,在三个电极中_____极电位最高,_____极电位最低,$U_{BE} \approx$ _____ V。如果是锗管,则 $U_{BE} \approx$ _____ V。

5. 放大电路的静态工作点通常是指_____、_____、_____和_____四个直流量。

6. 从放大器_____端看进去_____称为放大器的输入电阻。而放大器的输出电阻是去掉负载 R_L 后,从放大器的_____端看进去的。应用中希望输入电阻_____些,输出电阻_____些。

7. 晶体管组成的三种基本放大电路是_____、_____和_____。

8. 射极跟随器的特点是:_____。

9. 多级放大器的耦合方式有_____、_____、_____、_____。其中,_____、_____仅能放大交流信号,_____、_____既能放大交流信号也能放大直流信号。

10. 放大器的级数越多,则放大器的总电压放大倍数_____。

11. 直流负反馈是指_____通路中有负反馈;交流负反馈是指_____通路中有负反馈。

12. 某仪表放大电路,要求输入电阻大,输出电流稳定,应选_____负反馈。

13. 功率放大器的任务是_____。

14. 功率放大电路按晶体管静态工作点的位置可分为_____类、_____类和_____类。

15. 为了保证功率放大电路中功率晶体管的使用安全,功率晶体管的极限参数_____、_____、_____应足够大。

二、选择题

1. N 型半导体中多数载流子为(   )。

    A. 中子　　　　B. 质子　　　　C. 空穴　　　　D. 电子

2. P 型半导体又称(   )。

    A. 电子型半导体　　　　B. 空穴型半导体

3. 晶体管放大作用的实质,下列说法正确的是(   )。

    A. 晶体管可把小能量放大成大能量

    B. 晶体管可把小电流放大成大电流

    C. 晶体管可把小电压放大成大电压

    D. 晶体管用较小的电流控制较大的电流

4. 放大器的电压放大倍数 $A_u = -40$,其中负号代表(   )。

    A. 放大倍数小于 0　　B. 衰减　　　　C. 同相放大　　　　D. 反相放大

5. 在固定偏置电路中,测晶体管 c 极电位 $U_C \approx V_{CC}$,则放大器晶体管处于(   )状态。

    A. 放大　　　　B. 截止　　　　C. 饱和　　　　D. 不定

6. 晶体管的发射结、集电结均正偏,则晶体管所处的状态是(　　)。
   A. 放大　　　　B. 截止　　　　C. 饱和　　　　D. 不定
7. 放大器的通频带指的是(　　)。
   A. 上限频率以下的频率范围
   B. 下限频率以上的频率范围
   C. 下限频率以下的频率范围
   D. 上、下限频率之间的频率范围
8. 放大器外接负载电阻 R_L 后,输出电阻 R_o 将(　　)。
   A. 增大　　　　B. 减小　　　　C. 不变　　　　D. 等于 R_L
9. 在固定偏置放大电路中,若偏置电阻 R_b 断开,则晶体管(　　)。
   A. 会饱和　　　　　　　　　　B. 可能烧毁
   C. 发射结反偏　　　　　　　　D. 放大波形出现截止失真
10. 放大电路在未输入交流信号时,电路所处工作状态是(　　)。
    A. 静态　　　　B. 动态　　　　C. 放大状态　　　　D. 截止状态
11. 负反馈使放大倍数(　　),正反馈使放大倍数(　　)。
    A. 增加　　　　B. 减小
12. 电压负反馈稳定(　　),使输出电阻(　　);电流负反馈稳定(　　),使输出电阻(　　)。
    A. 输出电压　　　B. 输出电流　　　C. 增大　　　D. 减小
13. 串联负反馈使输入电阻(　　),并联负反馈使输入电阻(　　)。
    A. 增大　　　　B. 减小
14. 晶体管由两个 PN 结组成,所以把两个二极管反向串联可构成一只晶体管(　　)。
    A. 正确　　　　B. 错误
15. 晶体管的穿透电流 I_{CEO} 越小,其稳定性(　　)。
    A. 越好　　　　B. 越差　　　　C. 无影响

三、计算题

1. 图 7-55 中各管为硅管,试判断其工作状态。

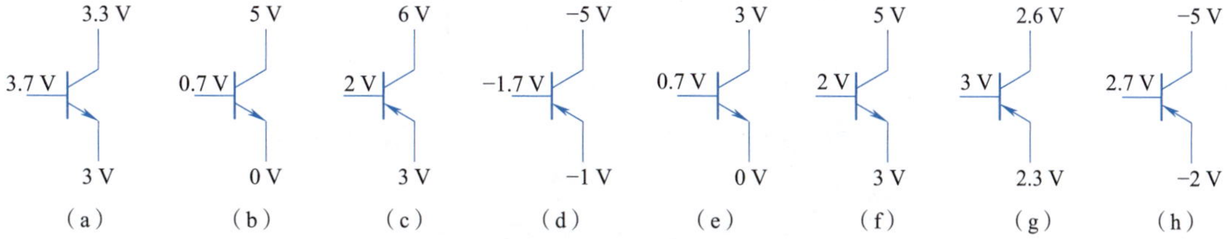

图 7-55　题 1 图

2. 共发射极放大电路如图 7-56 所示,已知:$\beta=80$,$U_{BE}=0.7$ V,$R_b=510$ kΩ,$R_c=5$ kΩ,$R_L=5$ kΩ,$V_{CC}=12$ V,试求:
   (1) 画直流通路;求静态工作点 Q。
   (2) 画微变等效通路;求 A_u、R_i 和 R_o。

3. 共发射极放大电路如图 7-57 所示，已知：$\beta=65$，$U_{BE}=0.7$ V，$R_{b1}=60$ kΩ，$R_{b2}=10$ kΩ，$R_c=5$ kΩ，$R_e=1$ kΩ，$R_L=5$ kΩ，$V_{CC}=12$ V，试求：

(1) 画直流通路；求静态工作点 Q。

(2) 画微变等效通路；求 A_u、R_i 和 R_o。

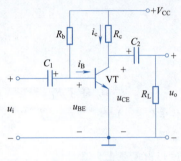

图 7-56　题 2 图

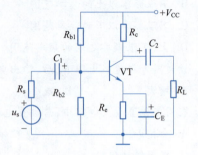

图 7-57　题 3 图

4. 电路如图 7-58 所示，已知 $V_{CC}=V_{EE}=6$ V，$R_L=8$ Ω，输入电压 u_i 为正弦信号，设 VT_1、VT_2 的饱和压降可略去。试求最大不失真输出功率、电源供给总功率 P_{DC}、两管的总管耗 P_C 及放大电路效率 η。

5. 电路如图 7-58 所示，已知 $V_{CC}=V_{EE}=20$ V，$R_L=8$ Ω，输入电压 u_i 为正弦信号。试求对两功率管参数的要求。

6. 电路如图 7-59 所示，$U_{CES}=2$ V，回答下列问题：

(1) 静态时流过 R_L 的电流为多大？

(2) R_1、R_2、VD_1、VD_2 各起什么作用。

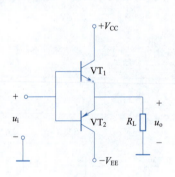

图 7-58　题 4、5 图

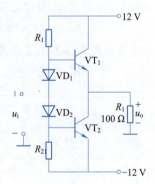

图 7-59　题 6 图

项目 8

数码显示和报时电路的设计与制作

项目引入

门电路和数码显示都是电子系统中必不可少的组成单元。门电路可分为与门、或门、非门、与非门、或非门、与或非门、异或门和同或门等。根据电路中使用的半导体器件不同,门电路又可以分为 TTL 电路和 CMOS 门电路。数码显示电路可以方便我们更直观地了解电路中的参数性能等。本项目介绍了数字电路中常用的数制与码制,逻辑函数,逻辑门电路的电路结构、工作原理、逻辑功能和外部特性,以及 TTL 和 CMOS 电路的使用方法;数码显示电路作为组合逻辑电路的基本特点、组合电路的基本概念和分析设计方法;介绍了组合逻辑电路中带有特征意义的编码器电路、译码器电路以及数据选择器和数据分配器电路等,为本项目的实现打好理论基础,在此基础之上完成本项目的电路制作与调试。

学习目标

①掌握进制及其转换;掌握逻辑代数的常用运算、基本公式及定理,逻辑函数的表达和化简。
②掌握逻辑门电路的电气特性;掌握 TTL 和 CMOS 集成门电路的逻辑功能和器件的使用规则。
③掌握组合逻辑电路的分析和设计方法。
④掌握编码器、译码器、数据选择器、数据分配器、数值比较器和加法器的功能和应用。
⑤掌握数码管的显示方法和应用。

任务 1 三人表决器的设计与制作

任务内容

①学习常用数制、码制的基本概念、表示方法及运算。
②掌握基本逻辑运算和复合逻辑运算;理解逻辑代数的常用公式;掌握逻辑函数的表示和化简。
③理解各种门电路的结构、工作原理;掌握门电路的逻辑功能和电气特性。
④理解组合逻辑电路的结构、特点;掌握组合逻辑电路的分析和设计方法。
⑤完成三人表决器的设计与制作。

知识储备

1. 数制和码制

1）数字电路概述

按照变化规律的特点不同,可以将自然界中的物理量分为两大类:模拟量和数字量。

模拟量:它的变化在时间上和数值(幅度)上都是连续的,如电压量、温度值等。把表示模拟量的信号称为模拟信号,把工作在模拟信号下的电路称为模拟电路。

数字量:它的变化在时间上和数值上都是离散的,或说其变化是发生在一系列离散的瞬间,如产品的数目、运动员的号码等。把表示数字量的信号称为数字信号,把工作在数字信号下的电路称为数字电路。

相比于模拟电路,数字电路具有以下特点:

①集成度高。数字电路的基本单元电路结构简单,电路参数可以有较大的离散性,便于将数目庞大的基本单元电路集成在一块硅片上。

②工作可靠性好、精度高、抗干扰能力强。采用二进制代码,工作时只需判断电平高低或信号有无,电路实现简单,抗干扰技术容易实现。

③存储方便、保存期长、保密性好。数字存储器件和设备种类较多,存储容量大,性能稳定,同时数字信号的加密处理方便可靠,不易丢失和被窃。

④数字电路产品系列多,品种齐全,通用性和兼容性好,使用方便。数字电路在电子计算机、电机、通信、自动控制、雷达、家用电器及汽车电子等领域得到了广泛应用。

2）数制

数制就是计数的方法,具体地说,就是把多位数码中每一位的构成方法和进位规则称为数制。常见的数制有十进制、二进制、八进制和十六进制等。

（1）几种常见数制的表示方法

①十进制。用0、1、2、3、4、5、6、7、8、9十个数码代表一位十进制数的十个不同状态,基数是10,进位规则为"逢十进一"。例如,十进制数1751可写为

$$(1751)_{10} = (1751)_D = 1 \times 10^3 + 7 \times 10^2 + 5 \times 10^1 + 1 \times 10^0$$

由上式可见,十进制数的特点是:

a. 基数是10。基数即计数制中所用到的数码的个数。十进制数中的每一位必定是0~9十个数码中的一个。

b. 计数规律是"逢十进一"。0~9十个数可以用一位基本数码表示,10以上的数则要用两位以上的数码表示。例如10这个数,右边的"0"为个位数,左边的"1"为十位数,也就是个位数计满10就向高位进1。

c. 同数码处于不同的位置时,它代表的数值是不同的,即不同的数位有不同的位权。如上式中,头尾两个数码都是"1",但左边第一位的"1"表示数值1 000,而右边第一位的"1"则表示数值1。上式中每位的位权分别为 10^3、10^2、10^1、10^0,即基数的幂。这样,各位数码所表示的数值等于该位数码(该位的系数)乘以该位的位权,每一位的系数和位权的乘积称为该位的加权系数。

上述表示方法也可扩展到小数,但小数点右边的各位数码要乘以基数的负的幂次。例如,数35.17 表示为 $35.17 = 3 \times 10^1 + 5 \times 10^0 + 1 \times 10^{-1} + 7 \times 10^{-2}$。对于一个十进制数来说,小数点左边

的数码,位权依次为 10^0、10^1、10^2…;小数点右边的数码,位权分别为 10^{-1}、10^{-2}、10^{-3}…。

广义来讲,任意一个十进制数 N 所表示的数值,等于其各位加权系数之和,可表示为

$$(N)_{10} = \sum_{i=-m}^{n-1} (K_i \times 10^i)$$

式中,n 为整数部分的数位;m 为小数部分的数位;K_i 为不同数位的数值,$0 \leq K_i \leq 9$。

任意一个 N 位十进制正整数,可表示为

$$(N)_{10} = K_{n-1} \times 10^{n-1} + K_{n-2} \times 10^{n-2} + \cdots + K_1 \times 10^1 + K_0 \times 10^0 = \sum_{i=0}^{n-1} (K_i \times 10^i)$$

式中,下标 10 表示 N 是十进制数,也可以用字母 D( ) 来代替数字"10"。

②二进制。二进制数的每位只有 0 和 1 两个数码,基数为 2,进位规则为"逢二进一",二进制数各位的权为 2 的幂。二进制数是数字电路中最基本的数制。例如,二进制数 1011 可表示为

$$(1011)_2 = (1011)_B = 1 \times 2^3 + 0 \times 2^2 + 1 \times 2^1 + 1 \times 2^0 = (11)_{10}$$

可以看出,不同数位的数码所代表的数值不相同,在 4 位二进制数中,从高到低的各相应位的权分别为 2^3、2^2、2^1、2^0。二进制数表示的数值也等于其各位加权系数之和。和十进制数的表示方法相似,任何一个 N 位二进制正整数,可表示为

$$(N)_2 = K_{n-1} \times 2^{n-1} + K_{n-2} \times 2^{n-2} + \cdots + K_1 \times 2^1 + K_0 \times 2^0 = \sum_{i=0}^{n-1} (K_i \times 2^i)$$

式中,$(N)_2$ 表示二进制;K_i 表示第 i 位的系数,只取 0 或 1 中的任意一个数码;2^i 为第 i 位的权;下标 2 表示 N 是二进制数,也可以用字母 B( ) 来代替数字"2"。

③十六进制。十六进制数的每位有 0、1、2、3、4、5、6、7、8、9 以及 A(10)、B(11)、C(12)、D(13)、E(14) 和 F(15) 十六个数码,基数是 16,进位规则为"逢十六进一",各位的位权是 16 的幂。N 位十六进制正整数可表示为

$$(N)_{16} = K_{n-1} \times 16^{n-1} + K_{n-2} \times 16^{n-2} + \cdots + K_1 \times 16^1 + K_0 \times 16^0 = \sum_{i=0}^{n-1} (K_i \times 16^i)$$

式中,下标 16 表示 N 是十六进制数,也可以用字母 H 来代替数字"16",例如:

$$(9C)_{16} = (9C)_H = 9 \times 16^1 + 12 \times 16^0 = (156)_{10}$$

④八进制。基数是 8,进位规则为"逢八进一",各位的位权是 8 的幂。N 位八进制正整数可表示为

$$(N)_8 = K_{n-1} \times 8^{n-1} + K_{n-2} \times 8^{n-2} + \cdots + K_1 \times 8^1 + K_0 \times 8^0 = \sum_{i=0}^{n-1} (K_i \times 8^i)$$

式中,下标 8 表示 N 是八进制数,也可以用字母 O 来代替数字"8",例如:

$$(168)_8 = (168)_O = 1 \times 8^2 + 6 \times 8^1 + 8 \times 8^0 = (120)_{10}$$

(2)不同进制数之间的转换

①二进制、八进制、十六进制数转换为十进制数。只要将 N 进制数按权展开,求出其各位加权系数之和,则可得相应的十进制数为

$$D = \sum (K_i \times N^i)$$

式中,N 为基数;i 为位权。

②十进制数转换为二进制、八进制、十六进制数。将十进制正整数转换为 N 进制数可以采用除以 R 倒取余法。R 代表所要转换成的数制的基数。转换步骤:

第一步:把给定的十进制数$(N)_{10}$除以R,取出余数,即为最低位数的数码K_0。
第二步:将前一步得到的商再除以R,再取出余数,即为次低位数的数码K_1。
以下各步类推,直到商为0为止,最后得到的余数即为最高位数的数码K_{n-1}。

例8-1 将$(76)_{10}$转换成二进制数。

解

```
2 | 76
2 | 38  ………  余0   即K₀=0
2 | 19  ………  余0   即K₁=0
2 |  9  ………  余1   即K₂=1
2 |  4  ………  余1   即K₃=1
2 |  2  ………  余0   即K₄=0
2 |  1  ………  余0   即K₅=0
    0   ………  余1   即K₆=1
```

则$(76)_{10} = (1001100)_2$。

例8-2 将$(76)_{10}$转换成八进制数。

解

```
8 | 76
8 |  9  ………  余4   即K₀=4
8 |  1  ………  余1   即K₁=1
    0   ………  余1   即K₂=1
```

则$(76)_{10} = (114)_8$。

例8-3 将$(76)_{10}$转换成十六进制数。

解

```
16 | 76
16 |  4  ………  余12  即K₀=C
     0   ………  余 4  即K₁=4
```

则$(76)_{10} = (4C)_{16}$。

③二进制数与八进制数之间的转换。因为二进制数与八进制数之间正好满足2^3关系,所以可将3位二进制数看作1位八进制数,或把1位八进制数看作3位二进制数。

a. 二进制数转换为八进制数。将二进制数从小数点开始,分别向两侧每3位分为一组,若整数最高位不足一组,在左边加0补足;若小数最低位不足一组,在右边加0补足,然后将每组二进制数都相应转换为1位八进制数。

例8-4 将$(10111011.11)_2$转换成八进制数。

解 二进制数　010　111　011.110
　　　八进制数　　2　　7　　3　.　6

则$(10111011.11)_2 = (273.6)_8$。

b. 八进制数转换为二进制数。将每位八进制数用3位二进制数表示。

例8-5 将$(675.4)_8$转换成二进制数。

解　八进制数　　　6　　　7　　　5.4
　　　二进制数　　110　111　101.100

则$(675.4)_8 = (110\ 111101.1)_2$。

④二进制数与十六进制数之间的转换。二进制数与十六进制数的相互转换。

因为二进制数与十六进制数之间正好满足2^4关系,所以可将4位二进制数看作1位十六进制数,或把1位十六进制数看作4位二进制数。

a. 二进制数转换为十六进制数。将二进制数从小数点开始,分别向两侧每4位分为一组,若整数最高位不足一组,在左边加0补足;若小数最低位不足一组,在右边加0补足,然后将每组二进制数都相应转换为1位十六进制数。

例8-6　将$(1011011.11)_2$转换成十六进制数。

解　二进制数　　　0101　1011.1100
　　　十六进制数　　　5　　　B.　C

则$(1011011.11)_2 = (5B.C)_{16}$。

b. 十六进制数转换为二进制数。将十六进制数的每位转换为相应的4位二进制数表示。

例8-7　将$(21A)_{16}$转换成二进制数。

解　十六进制数　　　2　　　1　　　A
　　　二进制数　　　0010　0001　1010

则$(21A)_{16} = (1000011010)_2$。

3) 码制

数字系统中常用0和1组成的二进制数码表示数值的大小,这类信息为数值信息,数值的表示如前所述。同时也采用一定位数的二进制数码来表示各种文字、符号信息,这个特定的二进制码称为代码。建立这种代码与文字、符号或特定对象之间的一一对应的关系称为编码。编码的规则称为码制,它是将若干个二进制码0和1按一定的规则排列起来表示某种特定含义。

二进制代码:采用一定位数的二进制数码来表示各种文字、符号信息。

ASCII 码:美国信息交换标准代码。

二-十进制码(BCD码):用四位二进制数来表示一位十进制数。

数字电路中用得最多的是 BCD 码,其编码方式有很多种。一般分有权码和无权码。例如8421BCD 码是一种有权码,8421 就是指用4位二进制数码表示1位十进制数时,每一位二进制数的权从高位到低位分别是8、4、2、1。余3码属于无权码。十进制数用余3码表示,要比8421BCD 码在二进制数值上多3,故称余三码。几种常见的 BCD 编码见表8-1。

表8-1　几种常见的 BCD 编码

十进制数	有权码			无权码	
	8421码	5421码	2421码	余3码	格雷码
0	0000	0000	0000	0011	0000
1	0001	0001	0001	0100	0001
2	0010	0010	0010	0101	0011
3	0011	0011	0011	0110	0010
4	0100	0100	0100	0111	0110

续表

十进制数	有权码			无权码	
	8421码	5421码	2421码	余3码	格雷码
5	0101	1000	1011	1000	0111
6	0110	1001	1100	1001	0101
7	0111	1010	1101	1010	0100
8	1000	1011	1110	1011	1100
9	1001	1100	1111	1100	1101

2. 逻辑代数

逻辑变量表示的是事物的两种对立的状态,只允许取两个不同的值,分别是逻辑 0 和逻辑 1。这里 0 和 1 不表示具体的数值,只表示事物相互对立的两种状态。逻辑变量和普通代数中的变量一样,可以用字母 A、B、C 等来表示。

逻辑函数 Y 是由逻辑变量 A、B、C…经过有限个基本逻辑运算确定的。在数字逻辑电路中,如果输入变量 A、B、C…的取值确定后,输出变量 Y 的值也被唯一确定了,那么就称 Y 是 A、B、C…的逻辑函数。逻辑函数和逻辑变量一样,都只有逻辑 0 和逻辑 1 两种取值。

1)逻辑代数中的常用运算

(1)基本逻辑运算

数字电路中,利用输入信号来反映"条件",用输出信号来反映"结果",于是输出与输入之间的因果关系即为逻辑关系。逻辑代数中,基本的逻辑关系有三种,即与逻辑、或逻辑、非逻辑。相对应的基本运算有与运算、或运算、非运算。实现这三种逻辑关系的电路分别称为与门、或门、非门。

① 与逻辑和与运算:

a. 与逻辑。如图 8-1 所示电路,A、B 是两个串联开关,Y 是灯,只有开关 A 与开关 B 都闭合时,灯才亮,其中只要有一个开关断开,灯就灭。若把开关闭合作为条件,灯亮作为结果,则图 8-1 所示电路表示了这样一种因果关系:只有当决定某一种结果的所有条件都具备时,这个结果才能发生。这种因果关系称为与逻辑关系,简称与逻辑。

通常,把结果发生或条件具备用逻辑 1 表示,结果不发生或条件不具备用逻辑 0 表示,则可得到与逻辑真值表,见表 8-2。从表 8-2 可以看出:当输入 A、B 都是 1 时,输出 Y 才为 1,只要输入 A 或 B 中有一个 0,输出 Y 就为 0,可概括为"有 0 出 0,全 1 出 1"。

表 8-2 与逻辑真值表

输 入		输 出
A	B	Y
0	0	0
0	1	0
1	0	0
1	1	1

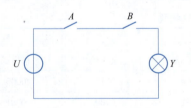

图 8-1 与逻辑电路图

b. 与运算。与运算也称逻辑乘,与运算的逻辑表达式为 $Y = A \cdot B$ 或 $Y = AB$。

在数字电路中,用来实现与运算的电路称为与门电路。一个与门电路一般有两个或两个以上的输入端,但只有一个输出端。二输入的与门逻辑符号如图8-2所示,图中"&"表示与逻辑运算。

图8-2 与门逻辑符号

② 或逻辑和或运算:

a. 或逻辑。图8-3所示电路中,A、B是两个并联开关,Y是灯,只要一个开关闭合,灯就亮,只有A与B都断开时,灯才灭。若把开关闭合作为条件,灯亮作为结果,则图8-3所示电路表示了这样一种因果关系:在决定某一种结果的所有条件中,只要有一个或一个以上条件得到满足,这个结果就会发生。这种因果关系称为或逻辑关系,简称或逻辑。

或逻辑真值表见表8-3。从表8-3中可以看出:只要输入A或B有一个为1,输出Y就为1,只有输入A、B全部为0时,输出Y才为0,可概括为"有1出1,全0出0"。

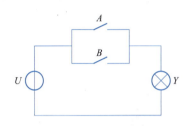

图8-3 或逻辑电路图

表8-3 或逻辑真值表

输 入		输 出
A	B	Y
0	0	0
0	1	1
1	0	1
1	1	1

b. 或运算。或运算也称逻辑加,或运算的逻辑表达式为$Y = A + B$。

在数字电路中,用来实现或运算的电路称为或门电路。一个或门电路一般有两个或两个以上的输入端,但只有一个输出端。二输入的或门逻辑符号如图8-4所示,图8-4中"≥1"表示或逻辑运算。

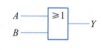

图8-4 或门逻辑符号

③ 非逻辑和非运算:

a. 非逻辑。图8-5所示电路中,A是开关,Y是灯,如果开关闭合,灯就灭;开关断开,灯才亮。在此电路中,表示了这样一种因果关系:当条件不成立时,结果就会发生;条件成立时,结果反而不会发生。这种因果关系称为非逻辑关系,简称非逻辑。

非逻辑真值表见表8-4。从表8-4可以看出,非逻辑运算规则为"入0出1,入1出0"。

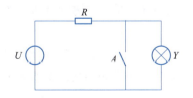

图8-5 非逻辑电路图

表8-4 非逻辑真值表

输 入	输 出
A	Y
0	1
1	0

b. 非运算。非运算也称反运算,非运算的逻辑表达式为$Y = \overline{A}$。

在数字电路中,用来实现非运算的电路称为非门电路。一个非门电路只有一个输入端,一个输出端。非门逻辑的逻辑符号如图8-6所示,图中小圆圈表示非逻辑运算。

图8-6 非门逻辑符号

(2) 复合逻辑运算

数字系统中的任何逻辑函数都可由实际的逻辑电路来实现,除了与门、或门、非门三种基本电路外,还可以把它们组合起来,实现功能更为复杂的逻辑门。常见的有与非门、或非门、与或

门、与或非门、异或门、同或门等,这些门电路又称复合门电路,它们完成的运算称为复合逻辑运算。

① 与非逻辑运算。与非逻辑运算是由与逻辑和非逻辑两种逻辑运算复合而成的一种复合逻辑运算,实现与非逻辑运算的电路称为与非门。二输入的与非门逻辑符号如图 8-7 所示,其真值表见表 8-5。与非逻辑表达式为

$$Y = \overline{AB}$$

表 8-5　与非逻辑真值表

输入		输出
A	B	Y
0	0	1
0	1	1
1	0	1
1	1	0

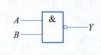

图 8-7　与非门逻辑符号

由表 8-5 可见,只要输入变量 A、B 中有一个为 0,输出 Y 就为 1,只有输入变量 A、B 全为 1,输出 Y 才为 0,可概括为"有 0 出 1,全 1 出 0"。

② 或非逻辑运算。或非逻辑运算是由或逻辑和非逻辑两种逻辑运算复合而成的一种复合逻辑运算,实现或非逻辑运算的电路称为或非门。二输入的或非门逻辑符号如图 8-8 所示,其真值表见表 8-6。或非逻辑表达式为

$$Y = \overline{A + B}$$

表 8-6　或非逻辑真值表

输入		输出
A	B	Y
0	0	1
0	1	0
1	0	0
1	1	0

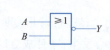

图 8-8　或非门逻辑符号

由表 8-6 可见:只要输入变量 A、B 中有一个为 1,输出 Y 就为 0,只有输入变量 A、B 全为 0 时,输出 Y 才为 1,可概括为"有 1 出 0,全 0 出 1"。

③ 与或非逻辑运算。与或非逻辑运算是由与逻辑、或逻辑和非逻辑三种逻辑运算复合而成的一种复合逻辑运算,实现与或非逻辑运算的电路称为与或非门,其逻辑结构图如图 8-9 所示。与或非门逻辑符号如图 8-10 所示,其逻辑表达式为

$$Y = \overline{AB + CD}$$

图 8-9　与或非门逻辑结构图

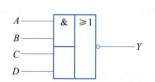

图 8-10　与或非门逻辑符号

④异或逻辑运算。异或逻辑运算是只有两个输入变量的运算。当输入变量 A、B 相异时,输出 Y 为 1;当 A、B 相同时,输出 Y 为 0。异或逻辑真值表见表 8-7,其逻辑表达式为

$$Y = A \oplus B = A\overline{B} + \overline{A}B$$

实现异或逻辑运算的电路称为异或门电路,其逻辑符号如图 8-11 所示。

表 8-7 异或逻辑真值表

输入		输出
A	B	Y
0	0	0
0	1	1
1	0	1
1	1	0

图 8-11 异或门逻辑符号

⑤同或逻辑运算。同或逻辑运算是只有两个输入变量的运算。当输入变量 A、B 相同时,输出 Y 为 1;当 A、B 相异时,输出 Y 为 0。同或逻辑真值表见表 8-8,其逻辑表达式为

$$Y = A \odot B = \overline{A}\,\overline{B} + AB$$

实现同或逻辑运算的电路称为同或门电路,其逻辑符号如图 8-12 所示。

表 8-8 同或逻辑真值表

输入		输出
A	B	Y
0	0	1
0	1	0
1	0	0
1	1	1

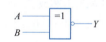

图 8-12 同或门逻辑符号

值得注意的是,在一个逻辑函数中,常含有几种基本逻辑运算,在实现这些运算时要遵照一定的顺序进行。逻辑运算的先后顺序规定如下:有括号时,先进行括号内的运算;没有括号时,按非、与、或的次序进行运算。

2)逻辑代数的基本公式及定理

逻辑代数与普通代数相似,也有相应的运算公式、定律和基本规则,掌握这些内容可以对一些复杂的逻辑函数进行化简。

(1)基本公式

①常量和变量公式:

a. 0-1 律:

$$A + 0 = A \quad A \cdot \overline{A} = 0$$
$$A + 1 = 1 \quad A \cdot \overline{A} = 0$$

b. 互补律:

$$A + \overline{A} = 1 \quad A \cdot \overline{A} = 0$$

②变量和变量公式:

a. 交换律:

$$A + B = B + A$$

b. 结合律：

$$A+(B+C)=(A+B)+C \quad A(BC)=(AB)C$$

c. 分配律：

$$A(B+C)=AB+AC \quad A+BC=(A+B)(A+C)$$

d. 重叠律：

$$A+A=A \quad A \cdot A=A$$

e. 非非律：

$$\overline{\overline{A}}=A$$

f. 反演律（摩根定律）：

$$\overline{A+B}=\overline{A} \cdot \overline{B}$$

$$\overline{AB}=\overline{A}+\overline{B}$$

在上述公式中，交换律、结合律、分配律（其中第二个公式除外）的公式与普通代数的公式一样，而重叠律、非非律、反演律的公式则反映的是逻辑代数的特殊规律。它们的正确性均可由真值表加以证明。

(2) 基本定理

① 代入定理。在任何一个含有变量的逻辑等式中，如果用另外一个逻辑函数式来代替式中所有的位置，则等式仍然成立，这就是代入定理。

例 8-8 已知等式 $\overline{A+B}=\overline{A} \cdot \overline{B}$ 成立，试证明等式 $\overline{A+B+C}=\overline{A} \cdot \overline{B} \cdot \overline{C}$ 也成立。

解 用 $Y=B+C$ 代替等式中的变量 B，根据代入定理可得

$$\overline{A+B+C}=\overline{A} \cdot \overline{B+C}=\overline{A} \cdot \overline{B} \cdot \overline{C}$$

根据代入定理可以推出反演律对任意多个变量都成立，即

$$\overline{A+B+C+\cdots}=\overline{A} \cdot \overline{B} \cdot \overline{C} \cdot \cdots$$

$$\overline{A \cdot B \cdot C \cdots}=\overline{A}+\overline{B}+\overline{C}+\cdots$$

② 反演定理。对于任意一个逻辑函数，若将其中所有的"·"换成"+"，"+"换成"·"；所有的"1"换成"0"，"0"换成"1"；所有的原变量换成反变量，反变量换成原变量。那么得到的函数式就是原逻辑函数的反函数，这就是反演定理。

反演定理在使用时要注意两个方面：

a. 遵守"先括号、然后乘、最后加"的运算优先次序。

b. 不属于单个变量上的非号做变换时，仍保持不变。

例 8-9 求下列逻辑函数的反函数：① $Y=A(B+C)$；② $Y=\overline{\overline{AB}+CD}$。

解 ① $\overline{Y}=\overline{A}+\overline{B} \cdot \overline{C}$；

② $\overline{Y}=\overline{(A+\overline{B}) \cdot (\overline{C}+D)}$。

利用反演定理可以直接写出原逻辑函数的反函数式，因此对于复杂的逻辑函数，用反演定理来求函数式的反函数式要简单许多，且不易出错，更能显示其优越性。

③ 对偶定理。对偶式的求法是：对于任意一个逻辑函数 Y，若将其中所有的"·"换成"+"，"+"换成"·"；所有的"1"换成"0"，"0"换成"1"，那么得到的函数式 Y' 就是原逻辑函数 Y 的对偶式。Y 和 Y' 互为对偶式。

对偶定理在使用时也要注意两个方面：

a. 遵守"先括号、然后乘、最后加"的运算优先次序。

b. 所有的原、反变量保持不变。

例 8-10 求函数 $Y = A + B\overline{C} + CD$ 的对偶式。

解 根据对偶式的求法，可得 Y 的对偶式为

$$Y' = A \cdot (B + \overline{C}) \cdot (C + D)$$
$$= (A \cdot B + A \cdot \overline{C}) \cdot (C + D)$$
$$= A \cdot B \cdot C + A \cdot B \cdot D + A \cdot \overline{C} \cdot D$$

（3）几个常用公式

逻辑函数除了上面的基本公式及基本定理外，还有一些常用的公式，这些公式对逻辑函数的化简是很有用的。

① 并项公式：

$$AB + A\overline{B} = A$$
$$(A + B) \cdot (A + \overline{B}) = A$$

② 吸收公式：

$$A + AB = A$$

③ 消去公式：

$$A + \overline{A}B = A + B$$
$$A(\overline{A} + B) = AB$$

④ 多余项公式：

$$AB + \overline{A}C + BC = AB + \overline{A}C$$
$$AB + \overline{A}C + BCD = AB + \overline{A}C$$

⑤ 异或与同或公式：

$$\overline{\overline{AB} + A\overline{B}} = AB + \overline{A}\,\overline{B}$$
$$\overline{AB + \overline{A}\,\overline{B}} = \overline{A}B + A\overline{B}$$

3）逻辑函数的表达

常用的逻辑函数表示方法有逻辑真值表（简称真值表）、逻辑函数式（又称逻辑式或函数式）、逻辑电路图（逻辑图）、卡诺图等，它们各有特点，又相互联系，相互间还可以进行转换。

（1）逻辑函数的表示方法

① 真值表。对一个逻辑函数来说，如将输入变量所有可能取值下对应的输出值用表格的形式罗列出来，即可得到该函数的真值表。

用真值表来表示逻辑函数的优点是：能直观、明了地反映逻辑变量的取值和函数值之间的对应关系。而且，从实际的逻辑问题列写真值表也比较容易。其缺点是：逻辑变量多时，列写真值表比较烦琐，而且不能运用逻辑代数公式进行函数化简。

② 逻辑函数表达式。逻辑函数表达式是用与、或、非等逻辑运算的组合来表示逻辑函数与逻辑变量之间关系的代数表达式。逻辑函数表达式有多种表示形式，前面已经给出了很多逻辑函数的表达式。逻辑函数表达式简称逻辑表达式、逻辑式或表达式。

用逻辑函数表达式来表示逻辑函数的优点是：形式简单、书写方便，同时还能用逻辑代数公式进行函数化简；根据逻辑表达式画逻辑图比较容易。其缺点是：不能直观地反映出输入与输出

变量之间的对应关系。

③逻辑图。将逻辑函数中各变量的逻辑关系用相应的逻辑符号表示出来,所构成的图称为逻辑图。逻辑图与工程实际比较接近,由逻辑图实现具体电路是较容易的,但逻辑图没有唯一性。

④卡诺图。卡诺图是根据真值表按一定规则画出的一种方格图,卡诺图有真值表的特点。卡诺图在化简逻辑函数时比较直观、容易掌握。它的缺点在于变量增加后,用卡诺图表示逻辑函数将变得较复杂,逻辑函数的简化也显得困难。

⑤波形图。波形图是指能反映输出变量与输入变量随时间变化的图形,又称时序图。波形图能直观地表达出输入变量和函数之间随时间变化的规律,可随时观察数字电路的工作情况。

(2)各种表示方法间的相互转换

①真值表转换为逻辑表达式。把真值表中输出为"1"的项对应的组合取出,取值为1的输入变量用原变量表示,取值为0的输入变量用反变量表示,各变量取值间用逻辑与组合在一起,构成一个乘积项,各组乘积项相加即为对应的函数式,见表8-9。

表8-9 真值表

A B C	Y
0 0 0	0
0 0 1	0
0 1 0	0
0 1 1	1
1 0 0	0
1 0 1	1
1 1 0	1
1 1 1	1

$$Y = \overline{A}BC + A\overline{B}C + AB\overline{C} + ABC$$

②逻辑表达式转换为真值表。把逻辑表达式中各输入变量的所有取值分别代入原函数式中进行计算,将计算结果列表表示,即为对应的真值表。

③逻辑表达式转换为逻辑图。把逻辑表达式中运算符号用相应的逻辑符号代替,并按照运算优先顺序将这些逻辑符号连接起来,即可得到逻辑图。

④逻辑图转换为逻辑表达式。依次将逻辑图中的每个门的输出列出,一级一级列写下去,最后即可得到它的逻辑表达式。

例 8-11 如图8-13所示,利用单刀双掷开关来控制楼梯照明灯的电路。要求上楼时,先在楼下开灯,上楼后在楼上顺手把灯关掉;下楼时,可在楼上开灯,下楼后再把灯关掉。试用上述五种逻辑函数的表示方法,来描述此实际的逻辑问题。

解 分析图8-13可知,只有当两个开关同时扳上或扳下时灯才亮,开关扳到一上一下时,灯就灭。

设开关为输入变量,分别用 A 和 B 表示;灯为输出变量,用

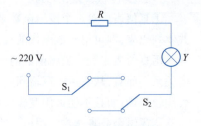

图8-13 例8-11 电路图

Y 表示。用0和1来表示开关和灯的状态,规定用1表示开关上扳,用0表示开关下扳;用1表示灯亮,用0表示灯灭。由分析可见:当 A 和 B 都为1或都为0时,灯亮,即 $Y = 1$。其他情况下,灯灭,即 $Y = 0$。

① 列出真值表。列表时,要把逻辑变量的所有可能的取值情况都列出,并列出相应的函数值。根据排列组合的理论,如有 n 个逻辑变量,每个变量有两种可能的取值,则总共的取值可能有 2^n 种。习惯上,常按逻辑变量各种可能的取值所对应的二进制数的大小排列,这样既可避免遗漏,又可避免重复,此例中 AB 的取值有四种,按 00、01、10、11 排列,本例所列的真值表见表 8-10。

表 8-10 例 8-11 真值表

输 入	输 出
A B	Y
0 0	1
0 1	0
1 0	0
1 1	1

② 写出逻辑表达式。根据真值表中 Y=1 的各行,写出逻辑表达式。由表 8-10 可知,在输入变量 A、B 的四种不同的取值组合状态中,只有当 A 和 B 均为 1 或者均为 0 时,Y 都等于 1,灯亮;其他两种情况下,灯全灭,即 Y=0。可见,对应灯亮的两种情况,每一组取值组合状态中,变量之间是与的关系,而这两组状态组合之间是或的关系,因而可以写出逻辑表达式为

$$Y = AB + \overline{AB}$$

由上式可见,只有开关 A、B 都扳上或都扳下时灯才亮,否则灯就灭。即当 A、B 相同时,Y=1;当 A、B 不同时,Y=0,则此式为同或关系。

注意:已知真值表求表达式的方法是根据真值表中输入变量和输出变量的对应关系,先找出输出函数为 1 的各行,每一行写成一个乘积项。每个乘积项中输入变量取值为 1 的,写成原变量;输入变量取值为 0 的,写成反变量。再将输出变量等于 1 的几个乘积项相加即得对应的逻辑函数的与或表达式。

③ 画逻辑图。根据上面的逻辑表达式可画出逻辑图,如图 8-14 所示。

④ 画波形图。本例所对应的波形图如图 8-15 所示。

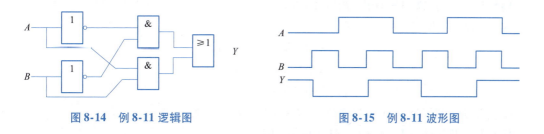

图 8-14 例 8-11 逻辑图   图 8-15 例 8-11 波形图

4) 逻辑函数的化简

对于某一给定的逻辑函数,其真值表是唯一的,但是描述同一个逻辑函数的逻辑表达式却可以是多种多样的,往往根据实际逻辑问题归纳出来的逻辑函数并非最简,因此,有必要对逻辑函数进行化简。如果用电路元器件组成实际的电路,则化简后的电路不仅元器件用得较少,而且门输入端引线也少,使电路的可靠性得到了提高。常用的逻辑函数化简方法有两种:公式化简法(代数法)和卡诺图化简法(图形法)。

(1)公式化简法

公式化简法又称代数化简法,它是利用逻辑代数的基本公式、基本定理和常用公式来简化逻辑函数的。

①逻辑表达式的表示形式。逻辑表达式通常有:与或式、与非-与非式、或与非式、或非或式、与或非式、与非与式、或与式、或非-或非式等。

$$Y = A\bar{B} + \bar{A}B \quad \text{与或式}$$

$$= \overline{\overline{A\bar{B}} \cdot \overline{\bar{A}B}} \quad \text{与非-与非式}$$

$$= \overline{(\bar{A} + B) \cdot (A + \bar{B})} \quad \text{或与非式}$$

$$= \overline{\bar{A} + B} + \overline{A + \bar{B}} \quad \text{或非或式}$$

$$= \overline{AB + \bar{A}\bar{B}} \quad \text{与或非式}$$

$$= \overline{\overline{AB} \cdot \overline{\bar{A}\bar{B}}} \quad \text{与非与式}$$

$$= (\bar{A} + \bar{B}) \cdot (A + B) \quad \text{或与式}$$

$$= \overline{\overline{\bar{A} + \bar{B}} + \overline{A + B}} \quad \text{或非-或非式}$$

由于类型的不同,最简的标准也就各不相同,其中使用最广泛的最简形式是与或式,因为其最为常见且易于转换为其他的各种表达形式。与或式最简的标准是:式中的乘积项最少,且每个乘积项中的因子也最少。

②公式化简法的常用方法。公式化简法就是反复利用逻辑代数的基本公式和常用公式,通过消去函数式中多余的乘积项和各乘积项中多余的因子来简化逻辑函数。

a. 并项法。利用公式 $AB + A\bar{B} = A$,将两个乘积项合并成一项,并消去一个互补变量。

例 8-12 将函数 $Y = \bar{A}BC + A\bar{D} + ABC + \bar{A}\bar{D}$ 化简成最简与或式。

解 化简过程如下:

$$Y = \bar{A}BC + A\bar{D} + ABC + \bar{A}\bar{D}$$

$$= (\bar{A} + A)BC + (A + \bar{A})\bar{D}$$

$$= BC + \bar{D}$$

b. 吸收法。利用公式 $A + AB = A$,吸收多余的乘积项。

例 8-13 化简函数 $Y = \overline{A}B\bar{C} + B\bar{C} + \bar{A} + DB\bar{C}$。

解 化简过程如下:

$$Y = \overline{A}B\bar{C} + B\bar{C} + \bar{A} + DB\bar{C}$$

$$= B\bar{C} + (\bar{A} + \bar{A} + D)B\bar{C}$$

$$= B\bar{C}$$

c. 消项法。利用公式 $AB + \bar{A}C + BC = AB + \bar{A}C$,消去多余项。

例 8-14 化简函数 $Y = A\bar{B}CD + \bar{A}E + BE + CDE$。

解 化简过程如下:

$$Y = A\bar{B}CD + \bar{A}E + BE + CDE$$

$$= A\bar{B}CD + (\bar{A} + B)E + CDE$$

$$= (A\bar{B})CD + \overline{\bar{A}B}E + CDE$$

$$= A\bar{B}CD + \overline{\bar{A}B}E$$

$$= A\bar{B}CD + \bar{A}E + BE$$

d. 配项法。利用公式 $A+\bar{A}=1, A+A=A$,给某个不能直接化简的与项配项,增加必要的乘积项,或人为地增加必要的乘积项,然后再用公式进行化简。

例 8-15 化简函数 $Y=\overline{A}BC+\overline{A}B\overline{C}+AB\overline{C}$。

解 化简过程如下:

$$\begin{aligned} Y &= \overline{A}BC+\overline{A}B\overline{C}+AB\overline{C} \\ &= \overline{A}BC+\overline{A}B\overline{C}+\overline{A}B\overline{C}+AB\overline{C} \\ &= (\overline{A}BC+\overline{A}B\overline{C})+(\overline{A}B\overline{C}+AB\overline{C}) \\ &= \overline{A}B+B\overline{C} \end{aligned}$$

实际解题时,往往会遇到比较复杂的逻辑函数,因此需要综合运用上述几种方法进行化简,才能得到最简的结果。

(2)卡诺图化简法

公式化简法化简逻辑函数有方法和技巧的要求,对初学者来说有一定的难度。下面将介绍卡诺图化简法,这是一种既直观又有步骤可循的化简方法。

① 逻辑函数的最小项:

a. 最小项的定义。对于任意一个逻辑函数,设有 n 个输入变量,它们所组成的具有 n 个变量的乘积项中,每个变量以原变量或者以反变量的形式出现一次,且仅出现一次,那么该乘积项称为该函数的一个最小项。

具有 n 个输入变量的逻辑函数,有 2^n 个最小项。例如,在三变量的逻辑函数中,有八种基本输入组合,每种输入组合对应着一个基本乘积项,也就是最小项,即 $\overline{A}\,\overline{B}\,\overline{C}$、$\overline{A}\,\overline{B}C$、$\overline{A}B\overline{C}$、$\overline{A}BC$、$A\overline{B}\,\overline{C}$、$A\overline{B}C$、$AB\overline{C}$、$ABC$ 都符合最小项的定义。

b. 最小项的编号。n 个输入变量的逻辑函数有 2^n 个最小项。为了书写方便,将最小项进行编号,记为 m_i,下标 i 就是最小项的编号。编号的方法是把最小项的原变量记作1,反变量记作0,这样每个最小项表示为一个二进制数,转换成相对应的十进制数,即为最小项的编号。如三变量最小项 $AB\overline{C}$ 的编号为 m_6。

c. 最小项的性质:

性质一:对于输入变量的任意取值,有且仅有一个最小项的值为1。

性质二:任意两个最小项的乘积为0。

性质三:全体最小项之和为1。

性质四:相邻的两个最小项可以合并成一项,并消去不同变量,保留相同变量。两个最小项具有相邻性,指的是两个最小项中只有一个因子不同。

d. 最小项表达式。任何一个逻辑函数都可以表示成若干个最小项之和的形式。这样的逻辑表达式称为最小项表达式。只要利用公式 $A+\bar{A}=1$,就可以把任意一个逻辑函数写成最小项之和的形式。

例 8-16 将三变量函数 $Y=AB+\overline{A}C$ 写成最小项之和的标准形式。

$$\begin{aligned} Y &= AB+\overline{A}C = AB(C+\overline{C})+\overline{A}(B+\overline{B})C \\ &= ABC+AB\overline{C}+\overline{A}BC+\overline{A}\,\overline{B}C \\ &= \overline{A}\,\overline{B}C+\overline{A}BC+AB\overline{C}+ABC \end{aligned}$$

② 卡诺图。卡诺图是真值表的一种特定的图示形式,是根据真值表按一定规则画出的一种

方格图,所以又称真值图。它是由若干个按一定规律排列起来的方格图组成的。每一个方格代表一个最小项,它用几何位置上的相邻,形象地表示了组成逻辑函数的各个最小项之间在逻辑上的相邻性,所以卡诺图又称最小项方格图。

a. 逻辑变量的卡诺图。逻辑变量卡诺图是由若干个按一定规律排列起来的最小项方格图组成的。卡诺图是由 2^n 个按几何和逻辑均相邻的原则排列起来的小方块组合而成的方块图。每一个小方块为一个单元,代表函数的一个最小项。

逻辑变量卡诺图的组成特点是把具有逻辑相邻的最小项安排在位置相邻的方格中。图 8-16 所示分别为二、三、四变量卡诺图,图中上下、左右之间的最小项都是逻辑相邻项。五个及其以上变量的卡诺图比较复杂,不能体现卡诺图直观、方便的特点,因此一般不采用这种表达方式。

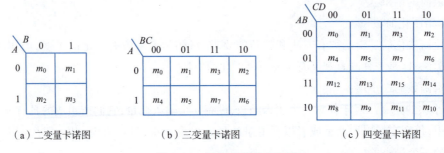

（a）二变量卡诺图　　　（b）三变量卡诺图　　　（c）四变量卡诺图

图 8-16　逻辑变量的卡诺图

由图 8-16 可见,为了相邻的最小项具有逻辑相邻性,变量的取值不能按 00→01→10→11 的顺序排列,而要按 00→01→11→10 的循环码顺序排列。这样才能保证任何几何位置相邻的最小项也是逻辑相邻项。

b. 逻辑函数的卡诺图。找出表达式中包含的最小项,在对应的小方块内填入 1,没有包含最小项对应的小方块内填 0(或者不填),得到的即是该函数的卡诺图。

例 8-17　将函数 $Y = \overline{A}B\overline{C}D + AB\overline{C}\overline{D} + \overline{A}BCD + \overline{A}BC\overline{D} + ABCD + AB\overline{C}D$ 用卡诺图表示。

解　先求出函数的最小项之和的形式:

$$Y = \overline{A}B\overline{C}D + AB\overline{C}\overline{D} + \overline{A}BCD + \overline{A}BC\overline{D} + ABCD + AB\overline{C}D$$

$$= m_5 + m_{12} + m_7 + m_{11} + m_{15} + m_{13}$$

$$= \sum m(5,7,11,12,13,15)$$

先画出逻辑变量卡诺图,再根据逻辑函数最小项表达式,在其最小项对应的小方格中填 1,没有最小项对应的小方格中填 0 或不填,即得到函数的卡诺图如图 8-17 所示。

若已知逻辑函数一般表达式,则先将逻辑函数一般表达式转换为与或表达式,然后再变换成最小项表达式,最后根据逻辑函数最小项表达式,直接画出函数的卡诺图。

③用卡诺图化简逻辑函数。卡诺图化简法就是依据最小项合并的规律,把具有相邻性的两个最小项合并成一项(用一个圆圈标示出来),消去一个因子;把四个具有相邻性的最小项合并成一项,消去两个因子,八个具有相邻性的最小项合并成一项,可以消去三个因子等,以此类推,2^n 个具有相邻性的最小项合并成一项,

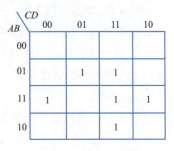

图 8-17　例 8-17 卡诺图

消去 n 个因子。圈 0 得到反函数,圈 1 得到原函数,通常采用圈 1 的方法。

卡诺图化简法的一般步骤:

  a. 填"1":画出需要化简的逻辑函数的变量卡诺图。

  b. 圈"1":找出所有具有相邻性的 2^n 个最小项,用 1 圈出,得出对应的乘积项。

  c. 写出最简与或表达式:将上一步得到的各乘积项相加,得到该函数的最简与或表达式。

合并最小项时要注意几点:

  a. 结果的乘积项包含函数的全部最小项;

  b. 所需要画的圈尽可能少,或说化简后的乘积项数目越少越好;

  c. 所画的每个圈包含的最小项越多越好,或说化简后的每个乘积项包含的因子数目越少越好。

例 8-18 用卡诺图化简逻辑函数 $Y = \sum m(0,1,3,4,5)$。

解 化简步骤如下:

①画出三变量卡诺图,并在对应的最小项方格内填入 1,如图 8-18 所示。

②按最小项的合并规律,可以画出两个包围圈,如图 8-18 所示。

③写出化简后的与或表达式 $Y = \bar{B} + \bar{A}C$。

例 8-19 用卡诺图化简逻辑函数 $Y = A\bar{B}CD + AB\bar{C}D + A\bar{B} + A\bar{B}C + A\bar{D}$。

解 化简的步骤如下:

①按合并最小项的方法直接将函数表达式填入四变量卡诺图中,得 Y 的卡诺图如图 8-19 所示。

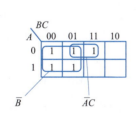

图 8-18 例 8-18 卡诺图化简

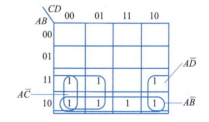

图 8-19 例 8-19 卡诺图化简

②按最小项的合并规律,可以画出四个包围圈,即将 m_8、m_9、m_{10}、m_{11} 四个小方格圈入一圈,得 $A\bar{B}$;将 m_8、m_9、m_{12}、m_{13} 四个小方格圈入一圈,得 $A\bar{C}$;将 m_8、m_{10}、m_{12}、m_{14} 四个小方格圈入一圈,得 $A\bar{D}$。

③合并后相或,得逻辑函数最简与或表达式为 $Y = A\bar{B} + A\bar{C} + A\bar{D}$。

例 8-20 用卡诺图化简逻辑函数 $Y = \bar{A}\bar{B}\bar{C}\bar{D} + \bar{A}\bar{B}C\bar{D} + ABCD + A\bar{B}D + \bar{B}\bar{D}$。

解 化简的步骤如下:

①画出四变量卡诺图,并由已知的函数式直接画出卡诺图如图 8-20 所示。

②按最小项的合并规律,先把孤立的 1 圈起来,而后再将符合 2^n 个相邻为 1 的小方格圈起来,可画出四个包围圈,如图 8-20 所示。

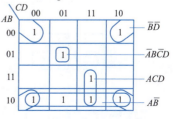

图 8-20 例 8-20 卡诺图化简

③将每个圈所对应的乘积项相加,即得到最简与或式为 $Y = A\overline{B} + ACD + \overline{BD} + \overline{ABCD}$。

④具有约束项的逻辑函数的化简:

a. 约束项、任意项和无关项。逻辑函数的输入变量之间有一定的制约关系,称为约束;这样一组输入变量称为具有约束的变量。把相应的一组变量称为具有约束的一组变量。在逻辑函数表达式中通常采用约束条件来表示。

例如,在数字系统中,如果用 A、B、C 三个变量分别表示加、乘、除三种操作,由于机器每次只进行三种操作的一种,所以 A、B、C 为约束变量,由其决定的逻辑函数称为有约束的逻辑函数。约束条件为

$$\overline{A}BC + A\overline{B}C + AB\overline{C} + ABC = 0 \quad 或 \quad \sum d(3,5,6,7) = 0$$

约束条件中所包含的最小项,也就是不可能出现的变量组合项,称为约束项。由于约束项受到制约,它们对应的取值组合不会出现,因此,对于这些变量取值组合来说,其函数值是 0 还是 1 对函数本身没有影响,在卡诺图中可用"×"表示,也就是说既可以看作 0,又可以看作 1,所以又称任意项或无关项。

b. 具有约束项的逻辑函数化简方法。对于具有约束的逻辑函数,可以利用约束项进行化简。从逻辑代数的角度看,当把约束项所对应的函数值看作 0 时,则表示逻辑函数中不包含这一个约束项;当把约束项所对应的函数值看作 1 时,则表示逻辑函数中包含这一个约束项。但是,由于它所对应的取值根本就不会出现,所以在逻辑函数表达式中,加上约束项或不加约束项都不会影响函数的实际取值。所以,在公式化简中,可以根据化简的需要加上或去掉约束项;在图形化简中,可以把约束项看作 0,也可以根据合并相邻项的需要,把它看作 1,以便得到最简的表达式。具体步骤:首先,将函数化为最小项之和的形式;其次,画出函数的卡诺图,其中的约束项用"×"填入;第三,合并最小项时,根据需要可以把约束项"×"当作"1"处理,也可以当作"0"处理;最后,得到化简结果。

例 8-21 用卡诺图化简逻辑函数 $Y = \overline{AB}\overline{C} + \overline{B}C$,约束条件为 $\overline{A}BC + AB\overline{C} + ABC = 0$。

解 由逻辑函数和约束条件可作出卡诺图,如图 8-21 所示,通过卡诺图化简可得到最简逻辑表达式 $Y = \overline{C}$。

例 8-22 化简逻辑函数 $Y(A,B,C,D) = \sum m(3,5,6,7,10) + \sum d(0,1,2,4,8,15)$。

解 由逻辑表达式可作出卡诺图,如图 8-22 所示,则最简逻辑表达式为 $Y = \overline{A} + \overline{BD}$。

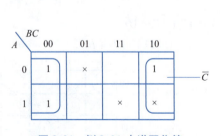

图 8-21 例 8-21 卡诺图化简

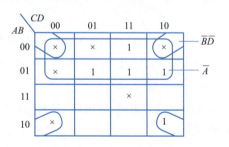

图 8-22 例 8-22 卡诺图化简

很显然,利用约束项后,化简结果比没使用约束项时简单了许多。

3. 逻辑门电路

1)逻辑门电路概述

用以实现基本逻辑运算和复合逻辑运算的电子电路称为逻辑门电路。常用的逻辑门电路有与门、或门、非门、与非门、或非门、与或非门、异或门和同或门等。它们是组成各种数字系统的基本单元电路。

半导体二极管、晶体管、场效应晶体管等开关器件可以用来构成各种逻辑门电路,但用得更多的还是集成逻辑门电路。集成逻辑门电路主要有 TTL 门电路和 CMOS 门电路。

通常,各种逻辑门电路的输入和输出都只表示为高电平 U_H 和低电平 U_L 两个对立的状态,可用逻辑 1 和逻辑 0 来表示。在数字电路中,如果用 1 表示高电平,用 0 表示低电平,称为正逻辑;反之,用 0 表示高电平,用 1 表示低电平,称为负逻辑。

需要注意的是,高电平和低电平不是一个固定的数值,而是允许有一定的变化范围,只要能够明确区分开这两种对应的状态就可以了。在实际应用中,若高电平太低,或低电平太高,都会使逻辑 1 或逻辑 0 这两种逻辑状态区分不清,从而破坏了原来确定的逻辑关系。因此,人们规定了高电平的下限值,并称它为标准高电平,用 U_{SH} 表示;同样也规定了低电平的上限值,称为标准低电平,用 U_{SL} 表示。在实际的逻辑系统中,应满足高电平 $U_H \geq U_{SH}$,低电平 $U_L \leq U_{SL}$。

2)分立元器件门电路

(1)二极管门电路

①二极管的开关特性。二极管具有单向导电性,故可以把二极管当作一个受外加电压控制的开关来使用。在外加电压没有突变的情况下,二极管稳定导通或截止时的特性称为静态开关特性;在外加电压突然变化时,二极管从一种工作状态转换到另一种工作状态时的转换特性称为动态开关特性。

a. 二极管的静态开关特性。在二极管两端施加正向电压(大于死区电压)时,二极管导通。充分导通后其管压降基本为一定值,普通硅管约为 0.7 V,锗管为 0.3 V。因此,二极管导通时,如同一个闭合的开关。当二极管加反向电压时,二极管截止,反向电流很小而且基本不变,呈现很高的反向电阻。一般硅二极管的反向电阻在 10 MΩ 以上,锗二极管的反向电阻为几百千欧到几兆欧。因此,二极管截止时,如同一个断开的开关,其等效电路如图 8-23 所示。

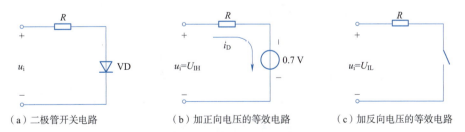

(a)二极管开关电路   (b)加正向电压的等效电路   (c)加反向电压的等效电路

图 8-23 二极管的静态开关特性

b. 二极管的动态开关特性。动态时,二极管的转换过程有两种,即截止到导通的转换和导通到截止的转换。

二极管从截止到导通所需的时间称为开通时间,开通时间很短,通常可以忽略。二极管从导通变为截止所需的时间称为反向恢复时间,用 t_{re} 表示。由于反向恢复时间比开通时间长,所以主要讨论反向恢复时间。

产生反向恢复时间的主要原因是 PN 结的电容效应。当二极管加正向电压 U_F 时，P 区的多数载流子空穴大量流入 N 区，N 区的多数载流子自由电子大量流入 P 区，PN 结的等效电容充电，形成相当数量的存储电荷。正向电流越大，存储电荷越多。当外加反向电压 $u_i = -U_R$ 时，存储电荷就会形成较大的反向电流 I_R，且 $I_R = -U_R/R$，然后 PN 结的等效电容放电，当存储电荷基本消失后，二极管又反向充电，然后转入截止状态。显然，反向恢复时间就是存储电荷消散所需的时间。设二极管为理想二极管，其动态开关特性如图 8-24 所示。

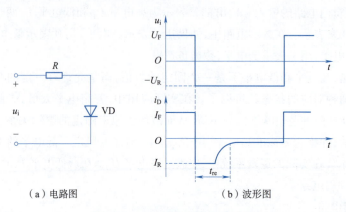

（a）电路图　　　　　　　　　（b）波形图

图 8-24　二极管的动态开关特性

在低速开关电路中，t_{re} 可以忽略不计；但是在高速开关电路中，t_{re} 就必须考虑了。如果输入方波的周期小于 $2t_{re}$，则该二极管就不能起开关作用。为提高二极管的转换速度，改善其开关特性，就应控制正向导通电流 i_D 不要过大。另外，要挑选结电容小、反向恢复时间小的二极管。如果是要求较高的场合，可选用快恢复二极管或肖特基二极管。

② 二极管与门电路。图 8-25（a）所示电路是二极管构成的与门电路，A、B 是它的两个输入端，Y 是输出端。图 8-25（b）所示是它的逻辑符号。

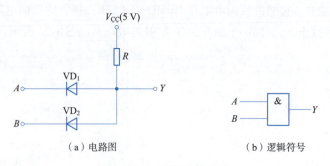

（a）电路图　　　　　　　　（b）逻辑符号

图 8-25　二极管与门电路

在图 8-25（a）中，设两输入端 A、B 输入的高电平信号 $U_{IH} = 3.7$ V，输入的低电平信号 $U_{IL} = 0$，则电路的工作情况如下：

当 $U_A = U_B = 0$ V 时，二极管 VD_1、VD_2 均导通，设二极管的导通压降为 0.7 V，则输出电压 $U_Y = 0.7$ V。

当 $U_A = 0$ V、$U_B = 3.7$ V 时，二极管 VD_1 优先导通，输出电压被钳位在 $U_Y = 0.7$ V，二极管 VD_2

反偏截止。

当 $U_A = 3.7$ V、$U_B = 0$ V 时,二极管 VD_2 优先导通,输出电压 $U_Y = 0.7$ V,二极管 VD_1 反偏截止。

当 $U_A = U_B = 3.7$ V 时,二极管 VD_1、VD_2 均导通,由于二极管的钳位作用,输出电压被钳位在 4.4 V,$U_Y = 4.4$ V。

由此可得图 8-25(a) 所示的与门电平关系表,见表 8-11。即只有当输入端 A 和 B 全为高电平时,输出 Y 才为高电平,其真值表见表 8-12,符合与门的逻辑关系,即"有 0 出 0,全 1 出 1",逻辑表达式为

$$Y = A \cdot B$$

表 8-11 与门电平关系表

U_A/V	U_B/V	U_Y/V
0	0	0.7
0	3.7	0.7
3.7	0	0.7
3.7	3.7	4.4

表 8-12 与门真值表

A	B	Y
0	0	0
0	1	0
1	0	0
1	1	1

二极管与门的输入端可以多于两个,如图 8-26 所示。当有多个输入端时,可表示为

$$Y = A \cdot B \cdot C$$

与门可以实现与运算。

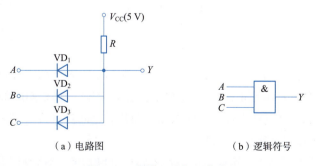

(a) 电路图　　　　　　　　(b) 逻辑符号

图 8-26　多输入端与门电路

③二极管或门电路。图 8-27 所示为二极管或门电路和逻辑符号。设两输入端 A、B 输入的高电平信号 $U_{IH} = 3.7$ V,输入的低电平信号 $U_{IL} = 0$ V,可得或门电路的电平关系表和对应的真值表,见表 8-13、表 8-14。

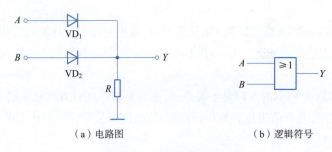

（a）电路图　　　　　　　（b）逻辑符号

图 8-27　二极管或门电路

表 8-13　或门电平关系表

U_A/V	U_B/V	U_Y/V
0	0	0
0	3.7	3
3.7	0	3
3.7	3.7	3

表 8-14　或门真值表

A	B	Y
0	0	0
0	1	1
1	0	1
1	1	1

从表 8-14 可以看出，A、B 中只要有 1，则输出为 1，符合或门逻辑关系，所以，Y 等于 A、B 的或逻辑，即"有 1 出 1，全 0 出 0"，表示为

$$Y = A + B$$

当有多个输入端时，可表示为

$$Y = A + B + C + \cdots$$

或门可以实现或运算。

（2）晶体管门电路

①晶体管的开关特性。晶体管有三种工作状态：截止状态、放大状态、饱和状态。

在放大电路中，晶体管作为放大器件，主要工作在放大区。在数字电路中，晶体管主要工作在截止状态或饱和状态，并且经常在截止状态和饱和状态之间经过放大状态进行快速转换和过渡。晶体管的这种工作状态称为开关状态。

a. 晶体管的静态开关特性。由模拟电子技术知识可以知道，晶体管可靠截止的外部条件是发射结和集电结都反向偏置，此时晶体管基极电流 I_B 和集电极电流 I_C 都近似为 0，c、e 之间相当于一个断开的开关。

晶体管处于饱和状态时，集电极电流 I_C 与 β 及 I_B 无关，而与 R_c 成反比。此时的集电极电流称为 I_{CS}（集电极饱和电流），且

$$I_{CS} = \frac{V_{CC} - U_{CES}}{R_c} \approx \frac{V_{CC}}{R_c}$$

设 $I_{BS} = I_{CS}/\beta$，则晶体管处于饱和状态时，$I_B > I_{BS}$，I_C 不再等于 βI_B，达到饱和值 I_{CS}。晶体管饱和时，$U_{BE} = 0.7$ V，$U_{CE} = U_{CES} \approx 0.3$ V。由此可见，晶体管饱和时，c、e 之间相当于一个闭合的开关。晶体管的静态开关电路如图 8-28 所示。

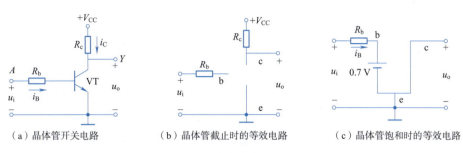

（a）晶体管开关电路　　（b）晶体管截止时的等效电路　　（c）晶体管饱和时的等效电路

图 8-28　晶体管的静态开关电路

b. 晶体管的动态开关特性。和二极管一样，晶体管作为开关应用时，在饱和导通（开关闭合）和截止（开关断开）状态之间进行相互转换时，也需要经过一定的时间。晶体管由截止到饱和导通的时间称为开启时间，用 t_{on} 表示，晶体管由饱和导通到截止的时间称为关闭时间，用 t_{off} 表示。

在图 8-28（a）所示电路的输入端加入图 8-29（a）所示的理想矩形波时，在理想情况下，其集电极电流 i_C 的波形如图 8-29（b）所示。当 $u_i = +U_1$ 时，晶体管饱和，$i_C = I_{CS}$；当 $u_i = -U_2$ 时，晶体管截止，$i_C = 0$。

而实际上集电极电流的波形如图 8-29（c）所示，当输入电压从 $-U_2$ 正跳变到 $+U_1$ 时，集电极电流经过一段开启时间 t_{on}（包括延迟时间 t_d 和上升时间 t_r）后，才从 $i_C = 0$ 上升到饱和电流 I_{CS}，因此，开启时间 t_{on} 反映了晶体管从截止到饱和所需要的时间。当输入电压由 $+U_1$ 负跳变到 $-U_2$ 时，集电极电流经过一段时间 t_{off}（包括存储时间 t_s 和下降时间 t_f）后，才从 I_{CS} 下降到 0，所以关闭时间 t_{off} 反映了晶体管从饱和到截止所需要的时间。

晶体管的开启时间 t_{on} 和关闭时间 t_{off} 的和称为晶体管的开关时间，一般在几十纳秒至几十微秒时间内，随着晶体管的不同有很大的差别。通常 $t_{off} > t_{on}$，而且 $t_s > t_f$。要减小存储时间 t_s，可以采用降低晶体管的饱和程度或加大基极反向电压和反向驱动电流的方法。

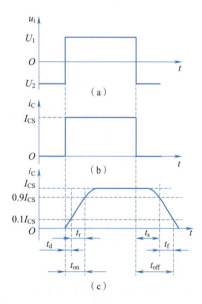

图 8-29　晶体管的开关时间

②晶体管非门电路。图 8-28（a）所示的晶体管开关电路，实际上就是一个晶体管非门电路（反相器），为了提高反相器的低电平抗干扰能力，反相器电路通常采用图 8-30（a）所示的形式。图 8-30（b）所示是反相器的逻辑符号。

当输入低电平时，晶体管截止，$i_C \approx 0$；输出高电平，$U_Y = U_{OH} = V_{CC}$。当输入高电平时，若 R_1、

R_b、R_c 选择适当,则晶体管饱和,输出低电平,$U_Y = U_{OL} \approx 0.3$ V。在忽略晶体管开关时间的情况下,输出电压的波形如图 8-30(c)所示。从图 8-30(c)中可以看出,输入低电平时,输出为高电平;输入高电平时,输出为低电平,满足非逻辑关系,即

$$Y = \overline{A}$$

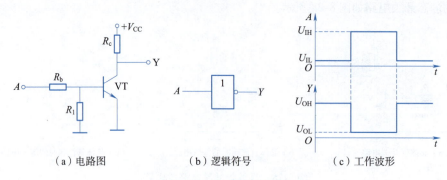

(a)电路图　　　(b)逻辑符号　　　(c)工作波形

图 8-30　晶体管非门电路

③反相器的带负载能力。反相器的输出端所接负载有两种形式:图 8-31 所示是灌电流负载,其电流方向是由负载流入反相器的输出端;图 8-32 所示是拉电流负载,其电流方向是从反相器流向负载。

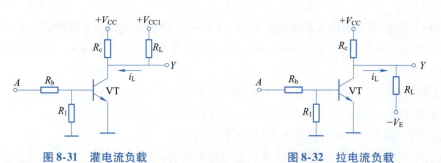

图 8-31　灌电流负载　　　　　　图 8-32　拉电流负载

图 8-31 中,当输入为高电平时,晶体管 VT 饱和,输出低电平 $U_Y = 0.3$ V,这时的集电极电流为 $i_c = I_{R_c} + i_L$,为使晶体管维持在饱和状态,必须满足 $i_C = I_{R_c} + i_L < \beta i_B$。若灌电流 i_L 太大,会破坏晶体管的饱和条件,使晶体管进入放大状态,超出低电平的最大允许值。另外,i_c 的最大值也不能超过晶体管的最大允许电流 I_{CM}。

图 8-32 中,当输入为低电平时,晶体管 VT 截止,输出高电平 $U_Y = U_{OH} = V_{CC} - i_L R_c$,$i_L$ 增大,则 U_{OH} 下降,但必须满足 $U_{OH} \geq U_{SH}$。

(3)组合逻辑门电路

①与非门电路。在二极管与门的输出级连接一个晶体管非门,则构成了与非门电路。图 8-33 所示为与非门电路及其逻辑符号。它的逻辑功能是靠与门的输出信号控制非门的工作来实现的。与非门真值表见表 8-15。其逻辑功能为:当输入 A、B 中有低电平 0 时,输出 Y 为高电平 1;只有当 A、B 都为高电平 1 时,输出 Y 才为低电平 0。其逻辑表达式为

$$Y = \overline{A \cdot B}$$

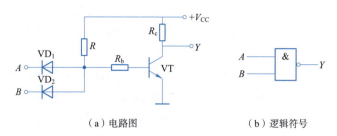

（a）电路图　　　　　　（b）逻辑符号

图 8-33　与非门电路及其逻辑符号

表 8-15　与非门真值表

A	B	Y
0	0	1
0	1	1
1	0	1
1	1	0

②或非门电路。在二极管或门的输出级连接一个晶体管非门，则构成了或非门电路。图 8-34 所示为或非门电路及其逻辑符号。

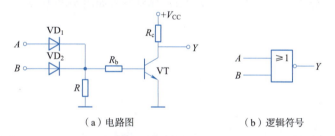

（a）电路图　　　　　　（b）逻辑符号

图 8-34　或非门电路及其逻辑符号

或非门的逻辑功能是靠或门的输出信号控制非门的工作来实现的。或非门真值表见表 8-16。其逻辑功能为：当输入 A、B 中有高电平 1 时，输出 Y 为低电平 0；只有当 A、B 都为低电平 0 时，输出 Y 才为高电平 1。其逻辑表达式为

$$Y = \overline{A + B}$$

表 8-16　或非门真值表

A	B	Y
0	0	1
0	1	0
1	0	0
1	1	0

3）集成逻辑门电路

（1）TTL 集成逻辑门电路

①TTL 与非门。TTL 集成电路全称为晶体管-晶体管集成电路，它以双极型半导体管和电阻

为基本元器件集成在一块硅片上,并具有一定的逻辑功能,电路的输入端和输出端都采用晶体管。TTL 集成电路是目前各种集成电路中应用很广泛的一种,具有可靠性高、速度快、抗干扰能力强等突出优点。

TTL 集成电路有不同系列的产品,如 54/74 通用系列、54H/74H 高速系列、54S/74S 肖特基系列和 54LS/74LS 低功耗肖特基系列,其中 54 系列是 74 系列对应的军品。各系列产品的参数不同,主要差别反映在典型门的平均传输延迟时间和平均功耗这两个参数上,其中 74LS 系列的产品综合性能较好,应用最广泛,下面以 74LS 芯片为例,介绍 TTL 集成门电路的基本特点及参数。

TTL 的基本电路形式是与非门,74LS00 是一种四二输入的与非门,其内部有四个二输入端的与非门,其引脚图如图 8-35 所示。

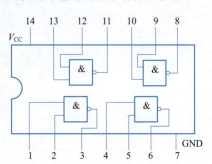

在 LSTTL 电路内部,为了提高工作速度,利用了肖特基二极管的特性,组成了抗饱和型的肖特基晶体管,有效地减轻了晶体管的饱和深度,达到了提高工作速度的目的,这种技术称为抗饱和技术。

肖特基二极管是利用金属和半导体之间的接触势垒所构成的,其正向导通压降为 0.3~0.4 V,且开关时间极短(小于普通开关二极管的十分之一)。肖特基二极管及晶体管符号如图 8-36 所示。

图 8-35 与非门 74LS00 引脚图

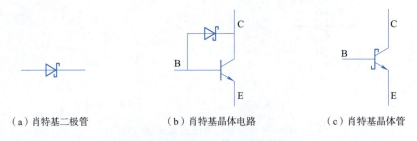

(a) 肖特基二极管　　(b) 肖特基晶体电路　　(c) 肖特基晶体管

图 8-36 肖特基二极管及晶体管符号

对于集成门电路,主要关心的是其外部特性和主要参数。TTL 与非门的外部特性主要体现在以下几方面:

a. 电压传输特性。TTL 与非门的电压传输特性是指在空载的条件下,输入电压 u_i 与输出电压 u_o 之间的关系曲线,即

$$u_o = f(u_i)$$

测试 TTL 与非门的电压传输特性时,可将 TTL 与非门的一个输入端接输入信号 u_i,其余输入端接高电平。用电压表分别测量不同 u_i 下的 u_o 值,可得 TTL 与非门的实际电压传输特性曲线,如图 8-37(a)所示。图 8-37(b)所示为 TTL 与非门的理想电压传输特性曲线。

从 TTL 与非门电路的电压传输特性上,可以定义以下几个重要参数:

● 输入端特性参数:

关门电平 U_{OFF}:指输出电压下降到 U_{OHmin} 时对应的输入电压。

显然只要 $u_i < U_{OFF}$,输出 u_o 就是高电压,所以 U_{OFF} 就是输入低电压的最大值。从电压传输特性曲线上看,$U_{OFF} \approx 1.3$ V。

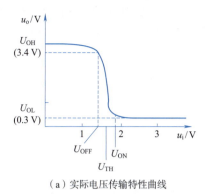 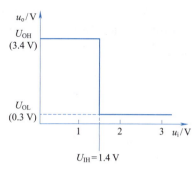

（a）实际电压传输特性曲线　　　　　（b）理想电压传输特性曲线

图 8-37　TTL 与非门电路的电压传输特性

开门电平 U_{ON}：指输出电压升高到 U_{OLmax} 时对应的输入电压。

显然只要 $u_i > U_{ON}$，输出 u_o 就是低电压，所以 U_{ON} 就是输入高电压的最小值。从电压传输特性曲线上看，U_{ON} 略大于 1.3 V。

由于环境的变化和制造中工艺的离散性，U_{OFF} 和 U_{ON} 不便于准确测量，因此，工厂给出的产品参数通常用"输入低电平最大值 U_{ILmax}"代替 U_{OFF}，用"输入高电平最小值 U_{IHmin}"代替 U_{ON}。当 $u_i < U_{ILmax}$ 时，电路处于关门状态，输出高电平；当 $u_i > U_{IHmin}$ 时，电路处于开门状态，输出低电平。对于 TTL 与非门，规定 $U_{ILmax} = 0.8\text{ V}$，$U_{IHmin} = 2\text{ V}$。

阈值电压 U_{TH}：决定输出高、低电平的分界电压值。

U_{TH} 是一个很重要的参数，在近似分析和估算时，常把它作为决定与非门工作状态的关键值，即 $u_i > U_{TH}$，与非门开门，输出低电平；$u_i < U_{TH}$，与非门关门，输出高电平。U_{TH} 又常被形象化地称为门槛电压。U_{TH} 的值为 1.3～1.4 V。

● 输出端特性参数：

输出高电平电压 U_{OH}：U_{OH} 的理论值为 3.6 V，产品手册中给出的是在一定测试条件下（通常是最坏的情况）所测量的最小值 U_{OHmin}。74LS00 的 U_{OHmin} 为 2.7 V。

输出低电平电压 U_{OL}：U_{OL} 的理论值为 0.3 V，U_{OL} 是在额定的负载条件下测试的，应注意手册中的测试条件。手册中给出的通常是最大值。74LS00 的 $U_{OLmax} \leq 0.5\text{ V}$。

● 噪声容限 U_N：表示门电路在输入电压上允许叠加多大的噪声电压仍能正常工作，噪声容限又称抗干扰能力。

在数字系统中，即使有噪声电压叠加到输入信号的高、低电平上，只要噪声电压的幅度不超过允许的界限，就不会影响输出的逻辑状态。通常把这个界限称为噪声容限，电路的噪声容限越大，其抗干扰能力就越强。

由于输入低电平和高电平的抗干扰能力不同，因此有低电平噪声容限 U_{NL} 和高电平噪声容限 U_{NH} 之分。噪声容限越大，抗干扰能力越强。

当输入低电平时，虽有外来正向干扰，但输入信号的总值只要不超过 U_{OFF}，电路的关门状态就不会受到破坏，故 $U_{NL} = U_{OFF} - U_{IL}$。

当输入高电平时，虽有外来负向干扰，但输入信号的总值只要不低于 U_{ON}，电路的开门状态就不会受到破坏，故 $U_{NL} = U_{IH} - U_{ON}$。

b. 输入端负载特性。输入电压 u_i 随输入端对地外接 R_I 变化的曲线称为输入负载特性曲线。实际应用中经常会遇到输入端通过电阻 R_I 接地的情况，R_I 的变化会影响与非门的工作状态，如图 8-38 所示。

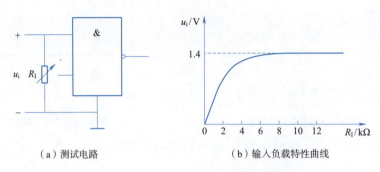

（a）测试电路　　　　　　　　（b）输入负载特性曲线

图 8-38　TTL 与非门输入端负载特性

- 关门电阻 R_{OFF}：R_I 减小到使 u_i 下降到 U_{OFF} 时所对应的 R_I 值。

若 $R_I < R_{OFF}$，则输入端相当于接低电平，电路处于关门状态，输出高电平。

- 开门电阻 R_{ON}：R_I 增大到使 u_i 上升到 U_{ON} 时所对应的 R_I 值。

若 $R_I > R_{ON}$，则输入端相当于接高电平，电路处于开门状态，输出低电平。74LS00 的开门电阻 R_{ON} 约为 10 kΩ，$R_{ON} > R_{OFF}$。

例 8-23　某温度控制电路如图 8-39 所示，R_t 为热敏电阻，求继电器 K 吸合的条件。

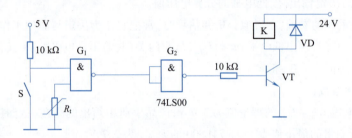

图 8-39　例 8-23 图

解　S 闭合时，G_2 输出低电平，VT 截止，K 不吸合。

S 断开时，G_1 的输出电平由热敏电阻 R_t 决定，当 $R_t \geq R_{ON}$ 时，G_1 处于开门状态，输出为低电平，G_2 输出为高电平，VT 饱和，继电器 K 吸合。74LS00 的开门电阻 R_{ON} 约为 10 kΩ，如果该热敏电阻为负温度系数，只有当温度降低到使热敏电阻 R_t 达到 10 kΩ 以上时，继电器 K 才吸合。

c. 输出负载特性。TTL 与非门输出高电平时，带拉电流负载；输出低电平时，带灌电流负载。图 8-40 所示为 TTL 与非门输出高电平和低电平时的特性曲线。

由图 8-40（a）可见，u_o 随 i_L 增大而下降。74LS00 输出为高电平时，允许的拉电流只有 400 μA 左右，大于此值时，u_o 降低较快，可能会低于允许的标准高电平。设与非门输出高电平的最大允许电流为 I_{OHmax}，每个负载门输入高电平电流为 I_{IH}，则输出端外接拉电流负载的个数 N_{OH}（输出高电平扇出系数）为

$$N_{OH} = \frac{I_{OHmax}}{I_{IH}}$$

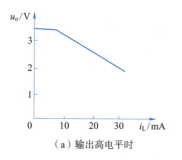
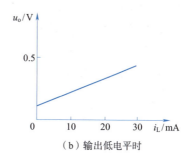

（a）输出高电平时　　　　　　　（b）输出低电平时

图 8-40　TTL 与非门的输出负载特性

由图 8-40（b）可见，输出为低电平时允许的灌电流较大，74LS00 约为 8 mA。设与非门输出低电平的最大允许电流为 I_{OLmax}，每个负载门输入低电平电流为 I_{IL}，则输出端外接灌电流负载的个数 N_{OL}（输出低电平扇出系数）为

$$N_{OL} = \frac{I_{OLmax}}{I_{IL}}$$

例 8-24　74LS00 与非门构成的电路如图 8-41（a）所示，A、B 波形如图 8-41（b）所示，试画出其输出波形。

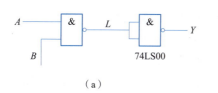
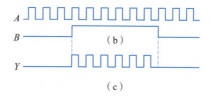

（a）　　　　　　　　　　　　　　　（c）

图 8-41　例 8-24 图

解　当 $B = 0$ 时，不论 A 为什么状态，$L = 1$，$Y = 0$，信号 A 不能通过。
当 $B = 1$ 时，$L = \overline{A \cdot B} = \overline{A \cdot 1} = \overline{A}$，$Y = \overline{L} = \overline{\overline{A}} = A$，信号 A 能通过。
输出波形如图 8-41（c）所示。

由图 8-41 可以看出，在 $B = 1$ 期间，输出信号和输入信号的频率相同，所以该电路可作为数字频率计的受控传输门。在控制信号 B 的作用下，可传输数字信号。当控制信号 B 的脉宽为 1 s 时，该与非门在 1 s 内输出的脉冲个数等于 A 输入端的输入信号的频率 f。

74LS 系列中常用的门电路还有 74LS02（四 2 输入或非门）、74LS86（四 2 输入异或门）、74LS20（双四输入与非门）、74LS04（六反相器）等，使用时可查阅相关资料。

d. 平均传输延迟时间。当与非门输入一个脉冲波形 u_i 时，其输出波形 u_o 要延迟一定时间，如图 8-42 所示。其中，从输入波形上升沿的中点到输出波形下降沿的中点所经历的时间称为导通延迟时间，用 t_{PHL} 表示；从输入波形下降沿的中点到输出波形上升沿的中点所经历的时间称为截止延迟时间，用 t_{PLH} 表示。与非门的传输延迟时间 t_{pd} 是 t_{PHL} 和 t_{PLH} 的平均值，即

$$t_{pd} = \frac{t_{PHL} + t_{PLH}}{2}$$

一般 TTL 与非门的传输延迟时间为几纳秒至十几纳秒，74LS00 的 $t_{pd} = 9.5$ ns。

②TTL集电极开路输出门(OC门)

TTL集电极开路输出门的输出晶体管和电源V_{CC}之间是开路的,又称OC门。使用时,需在输出端Y和V_{CC}之间外接一个负载电阻R_L,如图8-43(a)所示为集电极开路与非门的逻辑符号,按图8-43(b)工作,就可实现与非关系,即$Y = \overline{A \cdot B}$。

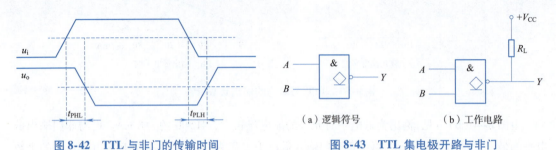

图8-42 TTL与非门的传输时间　　　　图8-43 TTL集电极开路与非门

OC门主要应用在如下几方面:

a. 实现电平转换。一般TTL电路输出高电平为3.4 V,采用图8-43(b)所示电路,Y输出高电平的值为V_{CC},因此,选用不同的电源电压V_{CC},可使输出Y的高电平能适应下一级电路对高电平的要求,从而实现电平转换。

b. 实现线与功能。几个一般的TTL门电路,输出端是不允许直接接在一起的,而几个OC门的输出端可以连在一起实现"线与"逻辑。如图8-44所示电路,则有
$$Y = Y_1 \cdot Y_2 = \overline{AB} \cdot \overline{CD} = \overline{AB + CD}$$

c. 驱动发光二极管。图8-45所示为用OC门驱动发光二极管的电路(注意需串联限流电阻)。该电路在输入A、B都为高电平时输出低电平,这时发光二极管发光;否则,输出高电平,发光二极管熄灭。OC门还可以用来控制其他显示器件。

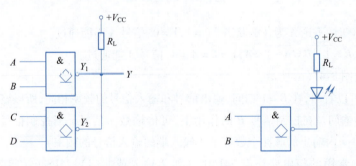

图8-44 用OC门实现线与　　　　8-45 用OC门驱动发光二极管

③TTL三态输出门(TSL门)。三态输出门是指能输出高电平、低电平和高阻态三种工作状态的门电路,是在普通门电路的基础上,附加使能控制端和控制电路构成的,其逻辑符号如图8-46所示。

在图8-46(a)中,A、B为信号输入端,EN为控制端,又称使能端。具体功能如下:

$\overline{EN} = 0$时,三态门处于正常工作状态,$Y = \overline{AB}$。

$\overline{EN} = 1$时,三态门处于高阻状态(或称禁止状态),这时从输出端Y看进去,对地和对电源都相当于开路,呈现高阻。

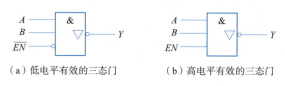

(a) 低电平有效的三态门　　(b) 高电平有效的三态门

图 8-46　TTL 三态与非门逻辑符号

图 8-46(b) 所示为高电平有效的三态门，即 $EN=1$ 时为正常工作状态，$EN=0$ 时为高阻状态。三态门常用的电路形式还有三态非门。

三态门在计算机总线结构中有着广泛的应用，用来实现用同一根数据总线传送几组不同的数据或控制信号，如图 8-47 所示。图 8-47 所示电路中三个三态门的使能端为高电平有效，所以只要 EN_1、EN_2、EN_3 按时间顺序轮流出现高电平，那么，在同一时刻只有一个三态门处于工作状态，其余三态门输出都为高阻状态，则三组输出信号就会轮流送到总线上。

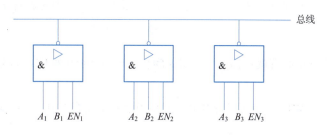

图 8-47　采用三态门传输的数据总线

为了保证任一时刻只有一个三态门传输数据，在控制信号装置中，要求从工作态转为高阻态的速度应高于从高阻态转为工作态的速度，否则，就可能有两个门同时处于工作状态的瞬间，这是不允许的。

④TTL 门电路的使用注意事项：

a. 输出端：

- 不允许直接并联使用(三态门和 OC 门除外)；
- 不能与地或电源直接相连；
- 输出端的负载数不能超过其扇出系数。

b. 对闲置输入端的处理：

- 对于与门和与非门的闲置输入端可接 1，或门和或非门接 0；
- 如果前级驱动能力允许，可将闲置端与有用输入端并联使用；
- 外接干扰小时，与门和与非门的闲置输入端可悬空。

c. 电源电压不能超出规定范围 $5×(1±5\%)$ V。

d. 焊接时电烙铁的功率一般不允许超过 25 W。

(2) CMOS 集成逻辑门电路

CMOS 逻辑门电路是继 TTL 之后发展起来的另一种应用广泛的数字集成电路。由于它功耗低，抗干扰能力强，工艺简单，几乎所有的大规模、超大规模数字集成器件都采用 CMOS 工艺。CMOS 电路由 PMOS 管和 NMOS 管组成互补电路，具有一系列不可比拟的优点，所以，就其发展趋势看，CMOS 电路有可能超越 TTL 成为占统治地位的逻辑器件。

常见的 CMOS 集成逻辑门电路主要有 4000 系列、74HC 系列、74HCT 系列、74AC 系列和 74ACT 系列等。其中 74HCT 系列与 TTL 器件的电压完全兼容，可直接替代使用。

①CMOS 反相器。MOS 管具有开关特性，在 CMOS 电路中只使用增强型 MOS 管。以增强型 NMOS 管为例，其开关等效电路如图 8-48 所示。

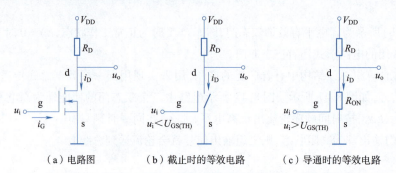

图 8-48 NMOS 管的开关特性

当 $u_i < U_{GS(TH)}$ 时，NMOS 管截止，$u_o = V_{DD}$，d、s 间相当于一个断开的开关，等效电路如图 8-48(b)所示。

当 $u_i > U_{GS(TH)}$ 时，NMOS 管导通，$u_o \approx 0$，d、s 间相当于一个闭合的开关（$R_D \gg R_{ON}$），等效电路如图 8-48(c)所示。

MOS 管由导通转为截止或由截止转为导通都需要一定时间的延迟。

CMOS 反相器如图 8-49 所示。图中 CMOS 反相器的电源电压 V_{DD} 需大于两管的开启电压绝对值之和，即 $V_{DD} > |U_{GS(th)P}| + |U_{GS(th)N}|$，一般 $|U_{GS(th)P}| = |U_{GS(th)N}|$。

当输入为低电平时，VF_P 导通，VF_N 截止，输出 $u_o \approx V_{DD}$，即 u_o 为高电平。

当输入为高电平时，VF_N 导通，VF_P 截止，输出 $u_o \approx 0$，即 u_o 为低电平。

图 8-50 所示为 CMOS 反相器的电压传输特性。设 CMOS 反相器的电源电压 $V_{DD} = 10$ V，两管的开启电压 $U_{GS(th)N} = |U_{GS(th)P}| = 2$ V，则由图 8-50 可见，两管在 $u_i = V_{DD}/2$ 处转换状态，所以 CMOS 门的阈值电压为 $U_{TH} = V_{DD}/2$。

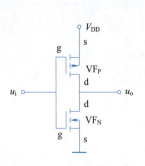

图 8-49 CMOS 反相器

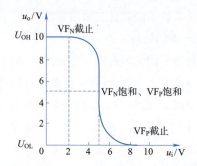

图 8-50 CMOS 反相器的电压传输特性

CMOS 反相器中常用的有六反相器 CD4069，其内部由六个反相器单元电路构成，其引脚排列如图 8-51 所示。

常用的 CMOS 门电路的系列产品除反相器外,还有与非门如 CD4011(四 2 输入与非门)、CD4012(双 4 输入与非门),或非门如 CD4001(四 2 输入或非门)、CD4002(双 4 输入或非门),异或门如 CD4027(四 2 输入异或门)等。其中 CD4011、CD4001 和 CD4027 引脚排列相同,CD4012 和 CD4002 引脚排列相同,如图 8-52、图 8-53 所示。

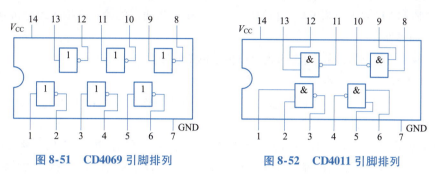

图 8-51　CD4069 引脚排列　　　　图 8-52　CD4011 引脚排列

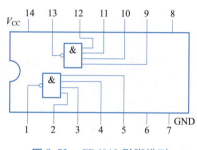

图 8-53　CD4012 引脚排列

②其他功能 CMOS 门电路。按电路结构不同,CMOS 门电路区别于一般门电路的 CMOS 漏极开路门(OD 门)和 CMOS 三态门,使用方法和应用场合分别与 OC 门和 TTL 三态门相同。另外,在 CMOS 门电路中还有 CMOS 传输门,如图 8-54 所示。

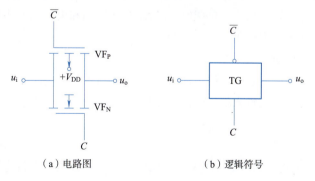

(a)电路图　　　　　　(b)逻辑符号

图 8-54　CMOS 传输门

设两管的开启电压 $U_{GS(th)N} = |U_{GS(th)P}| = 3$ V。在控制端 C 和 $\overline{C}$ 加一对互补控制电压,其高电平为 $V_{DD} = 9$ V,低电平为 0 V。输入信号 u_i 在 0~9 V 的范围内变化,并将 VF_N 的衬底接低电平 0,VF_P 的衬底接高电平 V_{DD}。

当 C 接高电平 V_{DD},$\overline{C}$ 接低电平 0 V 时,若 $0 < u_i < 6$ V,VF_N 导通;若 6 V $< u_i <$ 9 V,VF_P 导通。

即 u_i 在 $0 \sim V_{DD}$ 的范围变化时，至少有一管导通，输出与输入之间呈低电阻，将输入电压传到输出端，$u_o = u_i$，相当于开关闭合。

当 C 接低电平 0 V，$\bar{C}$ 接高电平 V_{DD} 时，u_i 在 $0 \sim V_{DD}$ 的范围变化时，VF_N 和 VF_P 都截止，输出、输入呈高阻状态，输入电压不能传到输出端，相当于开关断开。

由于 VF_N 和 VF_P 漏极和源极可互相使用，因此，CMOS 传输门的输出和输入端也可互换使用，它是一个双向器件。

CMOS 传输门可以传输数字信号，也可以传输模拟信号。

③CMOS 门电路的主要参数：

a. 输出高电平 U_{OH}：$U_{OH} = V_{DD}$，$U_{OHmin} = 0.9 V_{DD}$；输出低电平 U_{OL}：$U_{OL} = 0$，$U_{OLmax} = 0.01 V_{DD}$。

b. 阈值电压 U_{TH}：$U_{TH} = V_{DD}/2$。

c. 抗干扰容限：CMOS 反相器的 $U_{OFF} = 0.45 V_{DD}$，$U_{ON} = 0.55 V_{DD}$，其高、低电平噪声容限均达 $0.45 V_{DD}$。其他 CMOS 门电路的噪声容限一般也大于 $0.3 V_{DD}$，V_{DD} 越大，其抗干扰能力越强。

d. 静态功耗：CMOS 门电路的静态功耗很小，一般小于 1 mW/门。

e. 传输延迟时间 t_{pd}：一般为几十纳秒/门，比 TTL 门电路（十几纳秒/门）高，但 74HC 系列工作速度已与 TTL 门相当。

f. 扇出系数：由于 CMOS 电路输出电阻比较小，故当连接线较短时，CMOS 电路的扇出系数在低频时可达到 50 以上。CMOS 电路的输入端直流电阻十分大，所以对上一级电路而言负载主要是电容性负载，由于 CMOS 输入端对地电容为几皮法，所以在高频重复脉冲情况下工作时，扇出系数就大为减少。

④CMOS 门电路的使用注意事项：

a. 输出端：

● 不允许直接与电源 V_{DD} 或与地相连。这会使输出级的 NMOS 管和 PMOS 管可能因电流过大而损坏。

● 为提高电路的驱动能力，可将同一集成芯片上的电路输入端、输出端并联使用。

● 当 CMOS 电路输出端接大容量负载电容时，需在输出端和电容之间串接一个限流电阻，保证流过晶体管的电流不超过允许值。

b. 对闲置输入端的处理：

● 对于与门和与非门的闲置输入端可接高电平，或门和或非门接低电平。

● 闲置输入端不宜与有用输入端并联使用，因为这样会增大输入电容，从而使电路的工作速度下降；

● 闲置输入端不允许悬空。

c. 4000 系列的电源电压可在 3～18 V 范围内选择，HC 系列的电源电压可在 2～6 V 的范围内选用，HCT 系列的电源电压在 4.5～5.5 V 的范围内选用。

d. 焊接时电烙铁功率一般不超过 25 W，必须接地良好，必要时利用余热焊接。

4）组合逻辑电路的分析与设计

数字电路中，如一个电路在任一时刻的输出状态只取决于该时刻输入状态的组合，而与电路原有状态没有关系，则该电路称为组合逻辑电路。它没有记忆功能，这是组合逻辑电路功能上的特点。

组合逻辑电路可以是多输入单输出的,也可以是多输入多输出的。只有一个输出量的称为单输出组合逻辑电路,有多个输出量的称为多输出组合逻辑电路。图 8-55 所示为组合逻辑电路的示意框图。

图 8-55　组合逻辑电路的示意框图

图 8-55 所示电路有 n 个输入变量 X_0、X_1、$\cdots$、X_{n-1},m 个输出变量 Y_0、Y_1、$\cdots$、Y_{m-1},它们之间的关系可用下面的一组逻辑表达式来描述：

$$Y_0 = F_0(X_0, X_1, \cdots, X_{n-1})$$
$$Y_1 = F_1(X_0, X_1, \cdots, X_{n-1})$$
$$\vdots$$
$$Y_{m-1} = F_{m-1}(X_0, X_1, \cdots, X_{n-1})$$

在电路结构上,组合逻辑电路主要由门电路组成,没有记忆功能,只有从输入到输出的通路,没有从输出到输入的回路。组合逻辑电路的功能除可以用逻辑函数表达式来描述外,还可以用真值表、卡诺图、逻辑图等方法进行描述。

(1) 组合逻辑电路的分析方法

组合逻辑电路的分析主要是根据给定的逻辑电路分析出电路的逻辑功能。组合逻辑电路的一般分析步骤如下：

① 根据逻辑图,由输入到输出逐级写出逻辑表达式。

② 将输出的逻辑表达式化简成最简与或表达式。

③ 根据输出的最简与或表达式列出真值表。

④ 根据真值表分析出电路的逻辑功能。

下面举例说明组合逻辑电路的分析方法。

例 8-25　试分析图 8-56 所示逻辑电路的功能。

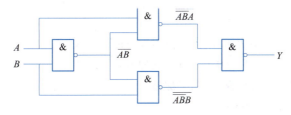

图 8-56　例 8-25 电路图

解　① 由图 8-56 逐级写出逻辑表达式并化简逻辑函数,可得

$$Y = \overline{A \cdot \overline{AB} \cdot B \cdot \overline{AB}} = A\,\overline{AB} + B\,\overline{AB} = A(\overline{A} + \overline{B}) + B(\overline{A} + \overline{B})$$
$$= A\overline{B} + \overline{A}B = A \oplus B$$

②由逻辑表达式列出真值表,见表 8-17。

表 8-17 例 8-25 真值表

输 入		输 出
A	B	Y
0	0	0
0	1	1
1	0	1
1	1	0

③分析逻辑功能。由真值表可知,当变量 A、B 相同时,电路输出为 0;当变量 A、B 不同时,电路输出为 1,所以这个电路是一个异或门。

例 8-26 一个双输入端、双输出端的组合逻辑电路如图 8-57 所示,分析该电路的功能。

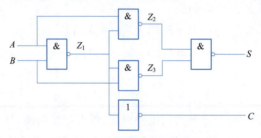

图 8-57 例 8-26 电路图

解 ①由图 8-57 逐级写出逻辑表达式并化简逻辑函数,可得

$$S = \overline{Z_2 \cdot Z_3} = \overline{Z_2} + \overline{Z_3} = A \cdot \overline{AB} + B \cdot \overline{AB} = A(\overline{A} + \overline{B}) + B(\overline{A} + \overline{B})$$
$$= A\overline{B} + \overline{A}B = A \oplus B$$
$$C = \overline{\overline{Z_1}} = AB$$

②由逻辑表达式列出真值表,见表 8-18。

表 8-18 例 8-26 真值表

输 入		输 出	
A	B	S	C
0	0	0	0
0	1	1	0
1	0	1	0
1	1	0	1

③分析逻辑功能。由真值表可知,当 A、B 都是 0 时,S 为 0,C 也为 0;当 A、B 有 1 个为 1 时,S 为 1,C 为 0;当 A、B 都是 1 时,S 为 0,C 为 1。这种电路可用于实现两个 1 位二进制数的相加,实际上它是运算器中的基本单元电路,称为半加器。

(2)组合逻辑电路的设计方法

组合逻辑电路的设计,就是根据给定逻辑功能的要求,设计出实现这一要求的最简的组合电路。一般方法是:

①对给定的逻辑功能进行分析,确定出输入变量、输出变量以及它们之间的关系,并对输入和输出变量进行赋值,即确定什么情况下为逻辑 1 和逻辑 0,这是正确设计组合逻辑电路的关键。

②根据给定的逻辑功能和确定的状态赋值列出真值表。

③根据真值表写出逻辑表达式并化简,然后转换成命题所要求的逻辑表达式。

④根据逻辑表达式,画出相应的逻辑电路图。

例 8-27 设计一个故障指示电路,要求的条件如下:两台电动机同时工作时,绿灯亮;其中一台发生故障时,黄灯亮;两台电动机都有故障时,红灯亮。

解 ①确定输入和输出变量。根据题意,该故障指示电路应有两个输入变量,三个输出变量;用变量 A、B 表示输入,变量为 1 时表示电动机有故障,为 0 时表示无故障;用变量 G、Y、R 表示输出,G 代表绿灯,Y 代表黄灯,R 代表红灯,输出变量为 1 代表灯亮,为 0 代表灯灭。

②根据逻辑功能列出真值表,见表 8-19。

表 8-19 例 8-27 真值表

输	入	输		出
A	B	G	Y	R
0	0	1	0	0
0	1	0	1	0
1	0	0	1	0
1	1	0	0	1

③根据真值表写出输出变量的逻辑表达式为

$$G = \overline{A} \cdot \overline{B}$$

$$Y = A\overline{B} + \overline{A}B = A \oplus B$$

$$R = AB$$

④根据逻辑表达式可画出逻辑电路图,如图 8-58 所示。

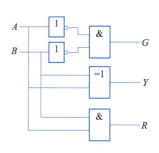

图 8-58 例 8-27 电路图

例 8-28 某董事会有一位董事长和三位董事进行表决,当满足以下条件时决议通过:有三人或三人以上同意,或者有两人同意,但其中一人必须是董事长。试用与非门设计满足上述要求的表决电路。

解 ①确定输入和输出变量。用变量 A、B、C、D 表示输入,A 代表董事长,B、C、D 代表董事,1 表示同意,0 表示不同意;用 Y 表示输出,$Y=1$,代表决议通过,$Y=0$,代表不通过。

②根据逻辑功能列出真值表,见表 8-20。

表 8-20 例 8-28 真值表

输		入		输 出
A	B	C	D	Y
0	0	0	0	0
0	0	0	1	0
0	0	1	0	0
0	0	1	1	0
0	1	0	0	0
0	1	0	1	0
0	1	1	0	0
0	1	1	1	1
1	0	0	0	0
1	0	0	1	1
1	0	1	0	1
1	0	1	1	1
1	1	0	0	1
1	1	0	1	1
1	1	1	0	1
1	1	1	1	1

③根据真值表可画出 Y 的卡诺图，如图 8-59 所示，并根据卡诺图写出 Y 的最简与或表达式为

$$Y = AB + AC + AD + BCD$$

按题意要求转换成与非-与非表达式为

$$Y = \overline{\overline{AB} \cdot \overline{AC} \cdot \overline{AD} \cdot \overline{BCD}}$$

④根据与非-与非表达式可画出逻辑电路图，如图 8-60 所示。

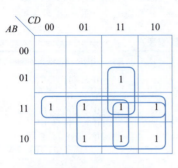

图 8-59　例 8-28 卡诺图

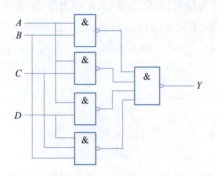

图 8-60　例 8-28 电路图

在组合逻辑电路中，每个门电路都可以实现一个单一功能，但多个门电路的功能加在一起，才能构成一套完整的逻辑，这就是个体与整体的辩证关系，要充分发挥个人在创新团队中的作用，在提高团队凝聚力和综合性创新能力的同时实现个人的创造力和核心力。

组合逻辑电路的品种很多，常用的有编码器、译码器、数据选择器、数据分配器、数值比较器、加法器等。由于这些组合逻辑电路应用广泛，因此有专用的中规模集成器件（MSI）。采用 MSI 实现逻辑函数不仅可以减小体积，而且可以大大提高电路的可靠性，使电路设计变得更为简单。

任务实施

1. 训练目的

①掌握 TTL 和 CMOS 集成门电路的逻辑功能和器件的使用规则。
②学会 TTL 和 CMOS 集成门电路传输特性的测试方法。
③掌握常用逻辑门电路的功能及使用方法。
④正确连接电路，并学会验证其逻辑功能是否正确。
⑤能够排除电路中出现的故障。

2. 训练器材

5 V 直流电源、逻辑电平开关、逻辑电平显示器、直流数字电压表、双踪示波器、连续脉冲源、CD4011、CD4001、CD4070、74LS00、74LS20、电位器 R_P（10 kΩ）。

3. 训练步骤

（1）电路原理分析测试

①门电路的电压传输特性测试电路如图 8-61 所示，采用逐点测试法，即调节 R_P，逐点测得 u_i 及 u_o，然后绘成曲线。

②与非门、与门、或非门对脉冲有控制作用，即条件满足时门打开，脉冲信号可以传到输出

端；条件不满足时门关闭，脉冲信号禁止通过门电路，输出低电平或高电平。测量与非门对脉冲的控制作用电路如图 8-62 所示。

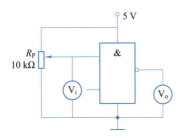

图 8-61　电压传输特性测试电路

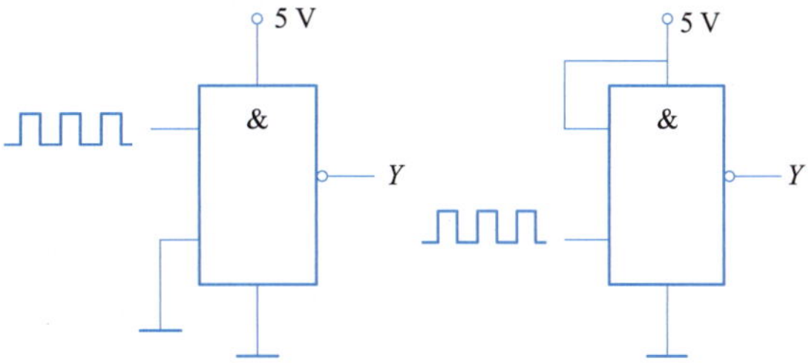

图 8-62　与非门对脉冲的控制作用

（2）门电路的验证

① 验证各门电路的逻辑功能，判断其好坏。验证与非门 CD4011、74LS00 及或非门 CD4001 逻辑功能。

以 CD4011 为例，测试时，选好某一个 14P 插座，插入被测器件，选定一路与非门，如图 8-63 所示（CD4011 共有 4 路与非门，这里只画出其中一路），其输入端 A、B 接逻辑开关的输出插口，其输出端 Y 接至逻辑电平显示器的输入插口，拨动逻辑电平开关，逐个测试各门的逻辑功能，并记入表 8-21 中。

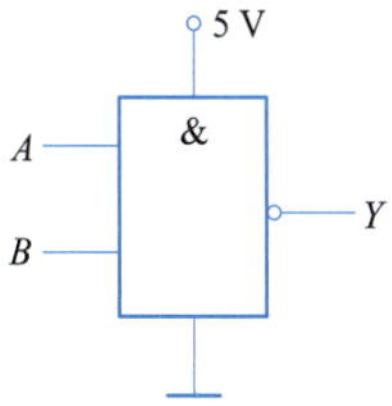

图 8-63　与非门逻辑功能测试

表 8-21　与非门逻辑功能测试结果

输	入	输		出	
A	B	Y_1	Y_2	Y_3	Y_4
0	0				
0	1				
1	0				
1	1				

② 观察与非门、与门、或非门对脉冲的控制作用。选用与非门按图 8-62 所示接线，将一个输入端接连续脉冲源（频率为 20 kHz），用示波器观察两种电路的输出波形，并记录。

③ 分别测试 74LS00 和 CD4011 的传输特性。按图 8-61 接线，调节电位器 R_P，使 u_i 从 0 向高电平变化，逐点测量 u_i 和 u_o 的对应值，记入表 8-22 中。

表 8-22　逻辑门电路电压测试结果

u_i/V	0	0.2	0.4	0.6	0.8	1.0	1.5	2.0	2.5	3.0	3.5	4.0	…
u_{o1}/V													
u_{o2}/V													

④ 按图 8-64 连接训练电路并填写测试真值表，见表 8-23。

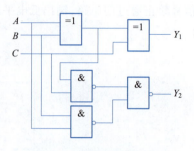

图 8-64 组合逻辑电路测试

表 8-23 测试真值表

A	B	C	Y_1	Y_2
0	0	0		
0	0	1		
0	1	0		
0	1	1		
1	0	0		
1	0	1		
1	1	0		
1	1	1		

(3)任务电路原理及连接

图 8-65 是三人表决器电路原理图,这个电路需要使用三个二输入与非门和一个三输入与非门,可以在 74LS00 中选择三个二输入与非门,在 74LS20 中选择一个四输入与非门来连接电路,输入端 A、B、C 分别连接到三个电平开关上,输出端 Y 连接到电平指示灯插孔中。

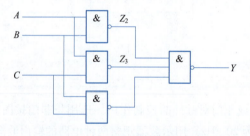

图 8-65 三人表决器电路原理图

注意:74LS00 和 74LS20 的 V_{CC}、GND 必须分别连接到实验箱直流电源部分的 5 V 处和接地处,否则集成电路将无法工作。

74LS20 中的四输入与非门只能用到三个输入端,对于多余的输入端可采用下述方法中的一种进行处理:

①并联到其他输入端上。

②接电源"+"极或者接高电平。

③悬空。

注意:74 系列集成电路属于 TTL 门电路,其输入端悬空可视为输入高电平;CMOS 门电路的多余输入端是禁止悬空的,否则容易损坏集成电路。

(4)电路调试

拨动输入端 A、B、C 的电平开关进行不同的组合,观察电平指示灯的亮灭,验证电路的逻辑功能并记入表 8-24 中。

表 8-24　三人表决器电路功能检测记录

A	B	C	Y	A	B	C	Y
0	0	0		1	0	0	
0	0	1		1	0	1	
0	1	0		1	1	0	
0	1	1		1	1	1	

如果输出结果与输入中的多数一致,则表明电路功能正确,即多数人同意(电路中用"1"表示),表决结果为同意;多数人不同意(电路中用"0"表示),表决结果为不同意。

如果电路功能不正确,应从以下几方面检查来排除故障:

检查电路连接是否有误。实训中大部分电路故障都是由于电路连接错误造成的,电路出现故障后首先应对照电路原理图,根据信号的流程由输入到输出逐级检查,找出引起故障的原因。

重新检测所使用的与非门是否有损坏。在实训中许多元器件是重复使用的,所使用的集成电路即使型号、外观都无异常,但它的内部可能已经损坏,因此,在确认电路没有连接故障后,如果仍不能正常工作,这时应检测集成电路本身是否损坏。

实验箱的插孔、电平开关连接是否松动。长期使用及使用不当容易造成实验箱面板上的插孔、电平开关等与实验箱内部电路之间的连接脱落,特别是一些松动的插孔。可以用万用表来检查嫌疑点与理论上应该连接的地方连接是否正常,必要时可以在教师的指导下打开实验箱检查并排除故障。

任务 2　数字钟译码显示和整点报时电路的设计与制作

任务内容

①掌握二进制和二-十进制优先编码器的工作原理及使用;理解一般编码器的工作原理。

②掌握二进制译码器的工作原理及其实现组合逻辑函数的方法;掌握二-十进制译码器的工作原理和显示译码器的使用。

③掌握数据选择器的工作原理及其实现逻辑函数的方法。

④掌握用二进制译码构成数据分配器的方法。

⑤掌握加法器的工作原理并理解数值比较器的工作原理及其使用。

⑥完成数字钟译码显示和整点报时电路的设计与制作。

知识储备

1. 编码器

把某种具有特定意义的输入信号(如字母、数字、符号等)编成相应的一组二进制代码的过程称为编码,能够实现编码的电路称为编码器。

(1)二进制编码器

普通的二进制编码器有 2^n 个输入端和 n 个输出端,要求 2^n 个输入端中只能有一个为有效输入,输出为这个有效输入的 n 位二进制代码。以 3 位二进制编码器为例,其示意图如图 8-66 所示。

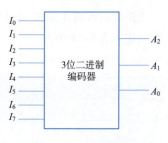

图 8-66　3 位二进制编码器

① 普通二进制编码器。3 位二进制编码器有 8 个输入端 $I_0 \sim I_7$ 和 3 个输出端 $A_2 \sim A_0$,因此常称为 8 线-3 线编码器。8 种正常输入情况下的真值表见表 8-25。

表 8-25　8 线-3 线编码器真值表

输 入								输 出		
I_0	I_1	I_2	I_3	I_4	I_5	I_6	I_7	A_2	A_1	A_0
1	0	0	0	0	0	0	0	0	0	0
0	1	0	0	0	0	0	0	0	0	1
0	0	1	0	0	0	0	0	0	1	0
0	0	0	1	0	0	0	0	0	1	1
0	0	0	0	1	0	0	0	1	0	0
0	0	0	0	0	1	0	0	1	0	1
0	0	0	0	0	0	1	0	1	1	0
0	0	0	0	0	0	0	1	1	1	1

由表 8-25 可写出编码器各个输出的逻辑表达式为

$$A_2 = I_4 + I_5 + I_6 + I_7$$
$$A_1 = I_2 + I_3 + I_6 + I_7$$
$$A_0 = I_1 + I_3 + I_5 + I_7$$

图 8-67 所示为用与非门实现的 3 位二进制编码器逻辑电路。

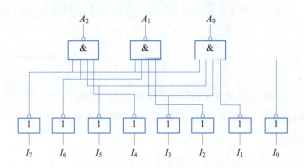

图 8-67　用与非实现的 3 位二进制编码器逻辑电路

② 优先编码器。普通二进制编码器中,不允许同时有两个以上的有效编码信号同时输入,否则编码器的输出将发生混乱。为解决这一问题,一般将编码器设计成优先编码器。

优先编码器允许同时输入两个以上的有效编码信号。当同时输入几个有效编码信号时,优先编码器能按预先设定的优先级别,只对其中优先级别最高的一个进行编码。74LS148 是一种常用的 8 线-3 线优先编码器。

74LS148 端子功能介绍:$\overline{I_0} \sim \overline{I_7}$ 为编码输入端,低电平有效,优先顺序为 $\overline{I_7} \to \overline{I_0}$;$\overline{A_2} \sim \overline{A_0}$ 为编码

输出端,低电平有效,即反码输出;$\overline{EI}$为使能输入端,低电平有效;$\overline{GS}$为编码器的工作标志,低电平有效;EO为使能输出端,高电平有效。74LS148 逻辑框图如图 8-68 所示,74LS148 优先编码器真值表见表 8-26。74LS148 的扩展使用:用两片 74LS148 组成 16 线-4 线优先编码器,如图 8-69 所示。

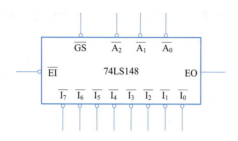

图 8-68　74LS148 逻辑框图

表 8-26　74LS148 优先编码器真值表

输入									输出				
$\overline{EI}$	$\overline{I_0}$	$\overline{I_1}$	$\overline{I_2}$	$\overline{I_3}$	$\overline{I_4}$	$\overline{I_5}$	$\overline{I_6}$	$\overline{I_7}$	$\overline{A_2}$	$\overline{A_1}$	$\overline{A_0}$	$\overline{GS}$	EO
1	×	×	×	×	×	×	×	×	1	1	1	1	1
0	1	1	1	1	1	1	1	1	1	1	1	1	0
0	×	×	×	×	×	×	×	0	0	0	0	0	1
0	×	×	×	×	×	×	0	1	0	0	1	0	1
0	×	×	×	×	×	0	1	1	0	1	0	0	1
0	×	×	×	×	0	1	1	1	0	1	1	0	1
0	×	×	×	0	1	1	1	1	1	0	0	0	1
0	×	×	0	1	1	1	1	1	1	0	1	0	1
0	×	0	1	1	1	1	1	1	1	1	0	0	1
0	0	1	1	1	1	1	1	1	1	1	1	0	1

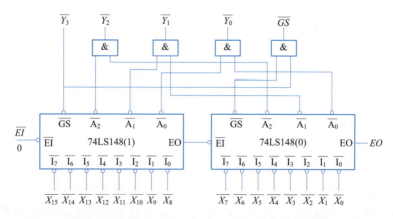

图 8-69　两片 74LS148 组成 16 线-4 线优先编码器

(2)二-十进制编码器

用 4 位二进制代码对 0～9 中的一位十进制数码进行编码的电路称为二-十进制编码器。又称 10 线-4 线编码器。为防止输出混乱，二-十进制编码器通常都设计成优先编码器。

74LS147 是一种常用的 10 线-4 线 8421BCD 优先编码器。74LS147 逻辑符号如图 8-70 所示。

74LS147 端子功能介绍：$\overline{I_1} \sim \overline{I_9}$ 为编码输入端，低电平有效，优先顺序为 $\overline{I_9} \rightarrow \overline{I_1}$。$\overline{A_3} \sim \overline{A_0}$ 为编码输出端，低电平有效，即反码输出。注意：当 $\overline{I_1} \sim \overline{I_9}$ 全为 1 时，代表输入的是十进制数 0。

CD40147 是一种常用 CMOS 系列的 10 线-4 线 8421BCD 优先编码器，其逻辑符号如图 8-71 所示，CD40147 优先编码器真值表见表 8-27。

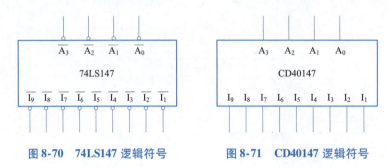

图 8-70　74LS147 逻辑符号　　　　图 8-71　CD40147 逻辑符号

$I_0 \sim I_9$ 为编码输入端，高电平有效，优先顺序为 $I_9 \sim I_0$。

$A_3 \sim A_0$ 为编码输出端，高电平有效，即原码输出。

表 8-27　CD40147 优先编码器真值表

输　　　入										输　　出			
I_0	I_1	I_2	I_3	I_4	I_5	I_6	I_7	I_8	I_9	A_3	A_2	A_1	A_0
0	0	0	0	0	0	0	0	0	0	1	1	1	1
1	0	0	0	0	0	0	0	0	0	0	0	0	0
×	1	0	0	0	0	0	0	0	0	0	0	0	1
×	×	1	0	0	0	0	0	0	0	0	0	1	0
×	×	×	1	0	0	0	0	0	0	0	0	1	1
×	×	×	×	1	0	0	0	0	0	0	1	0	0
×	×	×	×	×	1	0	0	0	0	0	1	0	1
×	×	×	×	×	×	1	0	0	0	0	1	1	0
×	×	×	×	×	×	×	1	0	0	0	1	1	1
×	×	×	×	×	×	×	×	1	0	1	0	0	0
×	×	×	×	×	×	×	×	×	1	1	0	0	1

2. 译码器

（1）二进制译码器

译码是编码的逆过程，即将具有特定意义的二进制代码转换成相应信号输出的过程称为译码。实现译码功能的电路称为译码器，译码器目前主要采用集成电路来构成。

①二进制译码器工作原理。二进制译码器有 n 个输入信号和 2^n 个输出信号，常见的二进制译码器有 2 线-4 线译码器、3 线-8 线译码器、4 线-16 线译码器等。

图 8-72 为 3 线-8 线译码器框图，3 个输入 A_2、A_1、A_0 端有 8 种输入状态的组合，分别对应着 8 个输出端。

②集成二进制译码器 74LS138。74LS138 是一种典型的集成 3 线-8 线译码器,其逻辑符号和引脚排列如图 8-73 所示,3 线-8 线译码器 74LS138 真值表见表 8-28。

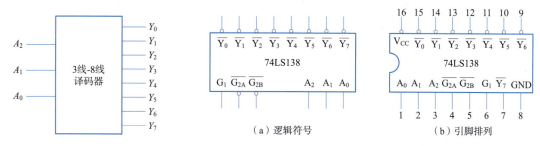

图 8-72 3 线-8 线译码器框图　　　　　　　图 8-73 73LS138 的逻辑符号和引脚排列

A_2、A_1、A_0 为二进制译码输入端,$\overline{Y_7} \sim \overline{Y_0}$ 为译码输出端(低电平有效),G_1、$\overline{G_{2A}}$、$\overline{G_{2B}}$ 为选通控制端。当 $G_1 = 1$、$\overline{G_{2A}} = \overline{G_{2B}} = 0$ 时,译码器处于工作状态;当 $G_1 = 0$、$\overline{G_{2A}} + \overline{G_{2B}} = 1$ 时,译码器处于禁止状态。

表 8-28 3 线-8 线译码器 74LS138 真值表

输入						输出						
使能			选择									
G_1	$\overline{G_{2A}}$	$\overline{G_{2B}}$	A_2	A_1	A_0	$\overline{Y_7}$	$\overline{Y_6}$	$\overline{Y_5}$	$\overline{Y_4}$	$\overline{Y_3}$	$\overline{Y_2}$	$\overline{Y_1}$	$\overline{Y_0}$
×	1	×	×	×	×	1	1	1	1	1	1	1	1
×	×	1	×	×	×	1	1	1	1	1	1	1	1
0	×	×	×	×	×	1	1	1	1	1	1	1	1
1	0	0	0	0	0	1	1	1	1	1	1	1	0
1	0	0	0	0	1	1	1	1	1	1	1	0	1
1	0	0	0	1	0	1	1	1	1	1	0	1	1
1	0	0	0	1	1	1	1	1	1	0	1	1	1
1	0	0	1	0	0	1	1	1	0	1	1	1	1
1	0	0	1	0	1	1	1	0	1	1	1	1	1
1	0	0	1	1	0	1	0	1	1	1	1	1	1
1	0	0	1	1	1	0	1	1	1	1	1	1	1

③74LS138 的应用:

a. 73LS138 的扩展。利用译码器的使能端可以方便地扩展译码器的容量。图 8-74 所示为两片 74LS138 扩展为 4 线-16 线译码器。

b. 实现组合逻辑电路。由于译码器的每个输出端分别对应一个最小项,因此与门电路配合使用,可以实现任何逻辑函数。

例 8-29 试用译码器和门电路实现逻辑函数 $Y = AB + BC + AC$。

解 将逻辑函数转换成最小项表达式,再转换成与非-与非形式:

$$Y = \overline{A}BC + A\overline{B}C + AB\overline{C} + ABC = Y_3 + Y_5 + Y_6 + Y_7 = \overline{\overline{Y_3}\,\overline{Y_5}\,\overline{Y_6}\,\overline{Y_7}}$$

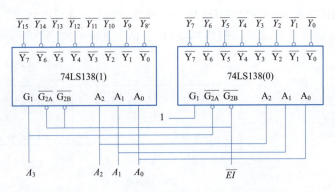

图 8-74 两片 74LS138 扩展为 4 线-16 线译码器

用一片 74LS138 加一个与非门就可实现这个逻辑函数,逻辑图如图 8-75 所示。

(2)二-十进制译码器

二-十进制译码器就是能把某种二-十进制代码(即 BCD 码)变换为相应的十进制数码的组合逻辑电路,又称 4 线-10 线译码器,也就是把代表 4 位二-十进制代码的四个输入信号变换成对应十进制数的十个输出信号中的某一个作为有效输出信号。

图 8-76 所示为 4 线-10 线译码器 74LS42 的引脚排列和逻辑符号,74LS42 的真值表见表 8-29。

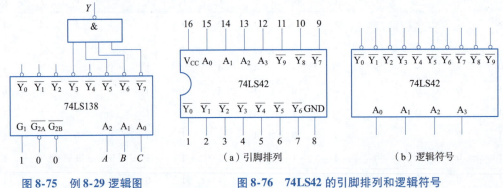

图 8-75 例 8-29 逻辑图　　　　图 8-76 74LS42 的引脚排列和逻辑符号

表 8-29　4 线-10 线译码器 74LS42 真值表

十进制数	输入				输出									
	A_0	A_0	A_0	A_0	$\overline{Y_0}$	$\overline{Y_1}$	$\overline{Y_2}$	$\overline{Y_3}$	$\overline{Y_4}$	$\overline{Y_5}$	$\overline{Y_6}$	$\overline{Y_7}$	$\overline{Y_8}$	$\overline{Y_9}$
0	0	0	0	0	0	1	1	1	1	1	1	1	1	1
1	0	0	0	1	1	0	1	1	1	1	1	1	1	1
2	0	0	1	0	1	1	0	1	1	1	1	1	1	1
3	0	0	1	1	1	1	1	0	1	1	1	1	1	1
4	0	1	0	0	1	1	1	1	0	1	1	1	1	1
5	0	1	0	1	1	1	1	1	1	0	1	1	1	1

续表

十进制数	输入				输出									
	A_3	A_2	A_1	A_0	$\overline{Y_0}$	$\overline{Y_1}$	$\overline{Y_2}$	$\overline{Y_3}$	$\overline{Y_4}$	$\overline{Y_5}$	$\overline{Y_6}$	$\overline{Y_7}$	$\overline{Y_8}$	$\overline{Y_9}$
6	0	1	1	0	1	1	1	1	1	1	0	1	1	1
7	0	1	1	1	1	1	1	1	1	1	1	0	1	1
8	1	0	0	0	1	1	1	1	1	1	1	1	0	1
9	1	0	0	1	1	1	1	1	1	1	1	1	1	0
无效输入	1	0	1	0	1	1	1	1	1	1	1	1	1	1
	1	0	1	1	1	1	1	1	1	1	1	1	1	1
	1	1	0	0	1	1	1	1	1	1	1	1	1	1
	1	1	0	1	1	1	1	1	1	1	1	1	1	1
	1	1	1	0	1	1	1	1	1	1	1	1	1	1
	1	1	1	1	1	1	1	1	1	1	1	1	1	1

由表 8-29 可见，输入 $A_3A_2A_1A_0$ 为 8421BCD 码，其中代码的前 10 种组合 0000 ~ 1001 为有效输入，表示 0 ~ 9 十个十进制数，而后 6 种组合 1010 ~ 1111 为无效输入（伪码）。当输入为伪码时，输出 $\overline{Y_0}$ ~ $\overline{Y_9}$ 都为高电平 1，故能自动拒绝伪码输入。另外，74LS42 无使能端。

（3）显示译码器

能够显示数字、字母或符号的器件称为数码显示器。能把数字量翻译成数码显示器所能识别的信号的译码器称为显示译码器。常用的是七段数码显示器。

① 七段半导体数码显示器。七段半导体数码显示器又称七段数码管，就是将 7 个发光二极管（加上小数点就是 8 个）按一定的方式排列起来，7 段 a、b、c、d、e、f、g（小数点 DP）各对应一个发光二极管，利用不同发光段的组合，显示不同的数码。其内部结构和不同发光段的组合图如图 8-77 所示。

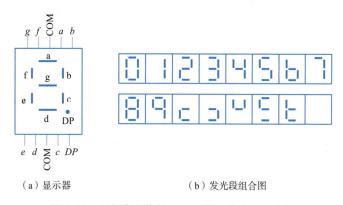

图 8-77　七段半导体数码显示器及发光段组合图

按内部连接方式不同，七段半导体数码显示器分为共阳极接法和共阴极接法两种。共阴极接法七段数码管如图 8-78 所示，共阳极接法七段数码管如图 8-79 所示。

② 集成七段显示译码器 74LS48。集成七段显示译码器 74LS48 是一种与共阴极数字显示器配合使用的集成译码器，它的功能是将输入的 4 位二进制代码转换成显示器所需要的七个段信号

$a \sim g$。集成七段显示译码器 74LS48 的逻辑符号如图 8-80 所示,其真值表见表 8-30。

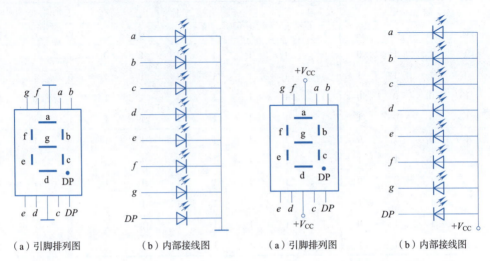

(a) 引脚排列图　　(b) 内部接线图　　　　(a) 引脚排列图　　(b) 内部接线图

图 8-78　共阴极接法七段数码管　　　　**图 8-79　共阳极接法七段数码管**

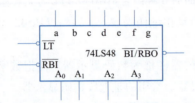

图 8-80　74LS48 的逻辑符号

表 8-30　集成七段显示译码器 74LS48 真值表

数字功能	输入						输入/输出	输出							字符显示
	$\overline{LT}$	$\overline{RBI}$	A_3	A_2	A_1	A_0	$\overline{BI/RBO}$	a	b	c	d	e	f	g	
0	1	1	0	0	0	0	1	1	1	1	1	1	1	0	０
1	1	×	0	0	0	1	1	0	1	1	0	0	0	0	１
2	1	×	0	0	1	0	1	1	1	0	1	1	0	1	２
3	1	×	0	0	1	1	1	1	1	1	1	0	0	1	３
4	1	×	0	1	0	0	1	0	1	1	0	0	1	1	４
5	1	×	0	1	0	1	1	1	0	1	1	0	1	1	５
6	1	×	0	1	1	0	1	0	0	1	1	1	1	1	６
7	1	×	0	1	1	1	1	1	1	1	0	0	0	0	７
8	1	×	1	0	0	0	1	1	1	1	1	1	1	1	８
9	1	×	1	0	0	1	1	1	1	1	0	0	1	1	９
10	1	×	1	0	1	0	1	0	0	0	1	1	0	1	
11	1	×	1	0	1	1	1	0	0	1	1	0	0	1	
12	1	×	1	1	0	0	1	0	1	0	0	0	1	1	

续表

数字功能	输入					输入/输出	输出							字符显示
	$\overline{LT}$	$\overline{RBI}$	A_3	A_2	A_1	A_0	$\overline{BI}/\overline{RBO}$	a	b	c	d	e	f	g	
13	1	×	1	1	0	1	1	1	0	0	1	0	1	1	
14	1	×	1	1	1	0	1	0	0	0	1	1	1	1	
15	1	×	1	1	1	1	1	0	0	0	0	0	0	0	
灭灯	×	×	×	×	×	×	0(入)	0	0	0	0	0	0	0	
灭零	1	0	0	0	0	0	0(出)	0	0	0	0	0	0	0	
试灯	0	×	×	×	×	×	1(出)	1	1	1	1	1	1	1	

74LS48 除基本输入端和基本输出端外,还有几个辅助输入/输出端:试灯输入端 $\overline{LT}$,灭零输入端 $\overline{RBI}$,灭灯输入/灭零输出端 $\overline{BI}/\overline{RBO}$,它既可以作输入用,也可以作输出用。

$\overline{BI}/\overline{RBO}$ 与 $\overline{RBI}$ 配合使用,可消去混合小数的前零和无用的尾零。例如要将 003.060 显示成 3.06,连接电路如图 8-81 所示。

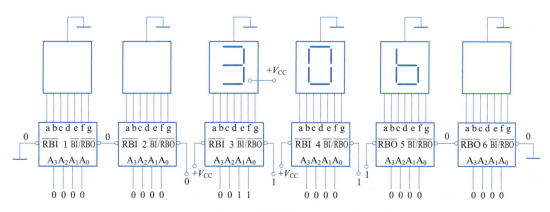

图 8-81 具有灭零控制的六位数码显示系统

3. 数据选择器

（1）数据选择器的功能及工作原理

数据选择器又称多路选择器(简称 MUX)。每次在地址输入的控制下,从多路输入数据中选择一路输出,其功能类似于一个单刀多掷开关。数据选择器示意图如图 8-82 所示。

4 选 1 数据选择器如图 8-83 所示,其功能表见表 8-31。

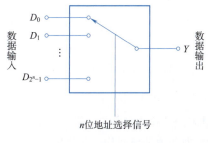

图 8-82 数据选择器示意图

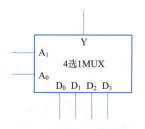

图 8-83 4 选 1 数据选择器

表 8-31 4 选 1 数据选择器功能表

$\overline{G}$	A_1	A_0	Y
0	0	0	D_0
0	0	1	D_1
0	1	0	D_2
0	1	1	D_3
1	×	×	0

根据功能表可以看出 $\overline{G}$ 为选通控制端:$\overline{G}=0$ 时,数据选择器工作;$\overline{G}=1$ 时,$Y=0$ 输出无效。

$$Y=(\overline{A_1}\,\overline{A_0}D_0+\overline{A_1}A_0D_1+A_1\overline{A_0}D_2+A_1A_0D_3)\cdot\overline{\overline{G}}$$

(2)集成数据选择器

①集成 8 选 1 数据选择器 74LS151。74LS151 是一种有互补输出的集成 8 选 1 数据选择器,其引脚排列和逻辑符号如图 8-84 所示,功能表见表 8-32。

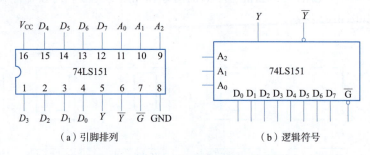

(a)引脚排列　　　　　　　　　　(b)逻辑符号

图 8-84 74LS151 的引脚排列和逻辑符号

表 8-32 8 选 1 数据选择器 74LS151 功能表

输入					输出	
D	A_2	A_1	A_0	$\overline{G}$	Y	$\overline{Y}$
×	×	×	×	1	0	1
D_0	0	0	0	0	D_0	$\overline{D_0}$
D_1	0	0	1	0	D_1	$\overline{D_1}$
D_2	0	1	0	0	D_2	$\overline{D_2}$
D_3	0	1	1	0	D_3	$\overline{D_3}$
D_4	1	0	0	0	D_4	$\overline{D_4}$
D_5	1	0	1	0	D_5	$\overline{D_5}$
D_6	1	1	0	0	D_6	$\overline{D_6}$
D_7	1	1	1	0	D_7	$\overline{D_7}$

由功能表写出 74LS151 输出逻辑表达式为

$$Y=(\overline{A_2}\,\overline{A_1}\,\overline{A_0}D_0+\overline{A_2}\,\overline{A_1}A_0D_1+\overline{A_2}A_1\overline{A_0}D_2+\overline{A_2}A_1A_0D_3+\\A_2\overline{A_1}\,\overline{A_0}D_4+A_2\overline{A_1}A_0D_5+A_2A_1\overline{A_0}D_6+A_2A_1A_0D_7)\overline{\overline{G}}$$

当 $\overline{G}=1$ 时,输出 $Y=0$,数据选择器不工作,输入的数据和地址信号均不起作用。

当 $\overline{G}=0$ 时，数据选择器工作，输出逻辑表达式为

$$Y = \overline{A_2}\,\overline{A_1}\,\overline{A_0}D_0 + \overline{A_2}\,\overline{A_1}A_0D_1 + \overline{A_2}A_1\overline{A_0}D_2 + \overline{A_2}A_1A_0D_3 + \\ A_2\overline{A_1}\,\overline{A_0}D_4 + A_2\overline{A_1}A_0D_5 + A_2A_1\overline{A_0}D_6 + A_2A_1A_0D_7$$

② 集成 4 选 1 数据选择器 74LS153。74LS153 的引脚排列和逻辑符号如图 8-85 所示，其功能表见表 8-33。一个芯片上集成了两个 4 选 1 数据选择器，共用 2 个地址输入端 A_1、A_0。

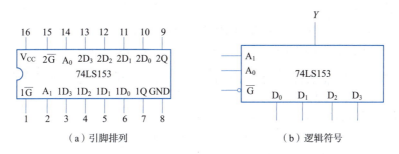

图 8-85　74LS153 的引脚排列图和逻辑符号

表 8-33　4 选 1 数据选择器 74LS153 功能表

输　　入				输　　出
$\overline{G}$	A_1	A_0	D	Y
1	×	×	×	0
0	0	0	D_0	D_0
0	0	1	D_1	D_1
0	1	0	D_2	D_2
0	1	1	D_3	D_3

选通控制端 $\overline{G}$ 为低电平有效，即 $\overline{G}=1$ 时芯片被禁止，$Y=0$；$\overline{G}=0$ 时芯片被选中，处于工作状态：

$$Y = \overline{A_1}\,\overline{A_0}D_0 + \overline{A_1}A_0D_1 + A_1\overline{A_0}D_2 + A_1A_0D_3$$

③ 数据选择器的应用：

a. 构成无触点切换电路。图 8-86 所示是由数据选择器 74LS153 构成的无触点切换电路，用于切换四种频率的输入信号。例如，当 $AB=11$ 时，D_3 被选中，$f_3=3\,\text{kHz}$ 的方波信号由 Y 端输出；当 $AB=10$ 时，$f_2=1\,\text{kHz}$ 的信号被送到 Y 端。

b. 实现组合逻辑电路。当逻辑函数的变量个数和数据选择器的地址输入变量个数相同时，可直接用数据选择器来实现逻辑函数。

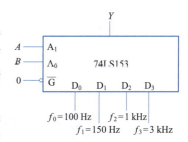

图 8-86　74LS153 构成的无触点切换电路

基本方法：输入变量送入地址端，即 $A=A_2$，$B=A_1$，$C=A_0$；数据端 D_i 取"0"或"1"；输出变量接至数据选择器的输出端，即 $L=Y$。

例 8-30　用 8 选 1 数据选择器 74LS151（见图 8-87）实现逻辑函数 $Y = A\overline{C} + BC + A\overline{B}$。

解　把函数 Y 变换成最小项表达式：

$$Y = A\overline{C}(B+\overline{B}) + BC(A+\overline{A}) + A\overline{B}(C+\overline{C})$$

$$= AB\overline{C} + A\overline{B}\,\overline{C} + ABC + \overline{A}BC + A\overline{B}C + \overline{A}\,\overline{B}\,\overline{C}$$
$$= \overline{A}\,\overline{B}\,C + \overline{A}\,B\,\overline{C} + \overline{A}BC + A\overline{B}C + ABC$$
$$= m_3 + m_4 + m_5 + m_6 + m_7$$

将输入变量接至地址端,即 $A_2 = A$、$A_1 = B$、$A_0 = C$,将 Y 式的最小项表达式与 74LS151 的输出表达式相比较,Y 式中出现的最小项对应的数据输入端应接 1,Y 式中没出现的最小项对应的数据输入端应接 0,即

$$D_0 = D_1 = D_2 = 0, D_3 = D_4 = D_5 = D_6 = D_7 = 1$$

例 8-31 用 74LS153(见图 8-88)实现逻辑函数 $Y = AB + BC + AC$。

解 函数 Y 有三个输入变量 A、B、C,而 4 选 1 数据选择器仅有两个地址输入端 A_1 和 A_0,所以选 A、B 接到地址端,即 $A = A_1$、$B = A_0$,C 接到相应的数据端。

将逻辑函数转换成每一项都含有 A、B 的表达式为
$$Y = AB + BC + AC = AB + \overline{A}BC + A\overline{B}C$$

74LS153 的输出表达式为 $Y = \overline{A}\,\overline{B}D_0 + \overline{A}BD_1 + A\overline{B}D_2 + ABD_3$。

比较两式得:$D_0 = 0$、$D_1 = C$、$D_2 = C$、$D_3 = 1$。

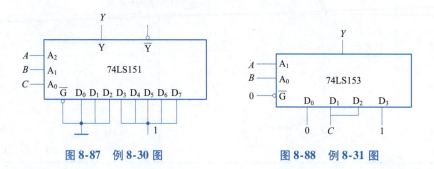

图 8-87　例 8-30 图　　　　图 8-88　例 8-31 图

c. 数据选择器的扩展应用。实际应用中,有时需要获得更大规模的数据选择器,这时可进行通道扩展。图 8-89 所示为两片 74LS151 和 3 个门电路组成的 16 选 1 数据选择器的逻辑图。

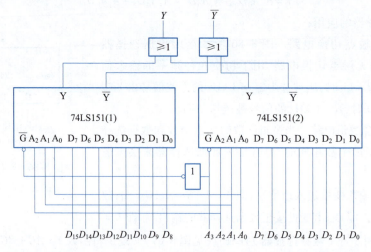

图 8-89　两片 74LS151 和 3 个门电路组成的 16 选 1 数据选择器的逻辑图

4. 数据分配器

数据分配器能根据地址信号将一路输入数据按需要分配给某一个对应的输出端,它的操作过程是数据选择器的逆过程。它有一个数据输入端,多个数据输出端和相应的地址控制端(或称地址输入端),其功能相当于一个波段开关,如图 8-90 所示。

厂家不生产专门的数据分配器,数据分配器实际上是译码器的一种特殊应用。作为数据分配器使用的译码器其"使能"端作为数据输入端使用,译码器的输入端作为地址输入端,其输出端则作为数据分配器的输出端。图 8-91 是由 74LS138 构成的 8 路数据分配器。

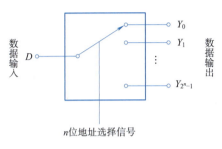

图 8-90 数据分配器示意图

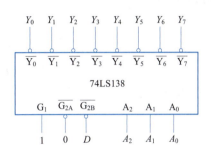

图 8-91 由 74LS138 构成的 8 路数据分配器

图 8-91 中,$G_1 = 1$,$\overline{G_{2A}} = 0$,$\overline{G_{2B}} = D$ 作为数据输入端,A_2、A_1、A_0 为地址输入信号,$Y_0 \sim Y_7$ 为输出端,分别接 74LS138 的 $\overline{Y_0} \sim \overline{Y_7}$ 端。当 $D = 0$ 时,译码器译码,与地址输入信号对应的输出端为 0,等于 D;当 $D = 1$ 时,译码器不译码,所有输出全为 1,与地址输入信号对应的输出端也为 1,也等于 D。所以,不论什么情况,与地址输入信号对应的输出端都等于 D。例如,当 $A_2A_1A_0 = 110$ 时,$Y_6 = D$。8 路数据分配器真值表见表 8-34。

表 8-34 8 路数据分配器真值表

地址输入			数据输入	输出							
A_2	A_1	A_0	D	Y_0	Y_1	Y_2	Y_3	Y_4	Y_5	Y_6	Y_7
0	0	0	D	D	1	1	1	1	1	1	1
0	0	1	D	1	D	1	1	1	1	1	1
0	1	0	D	1	1	D	1	1	1	1	1
0	1	1	D	1	1	1	D	1	1	1	1
1	0	0	D	1	1	1	1	D	1	1	1
1	0	1	D	1	1	1	1	1	D	1	1
1	1	0	D	1	1	1	1	1	1	D	1
1	1	1	D	1	1	1	1	1	1	1	D

5. 数值比较器

用来比较两个位数相同的二进制数的大小的逻辑电路称为数值比较器,简称比较器。

(1) 位数值比较器

1 位数值比较器的功能是比较两个 1 位二进制数 A 和 B 的大小,比较结果有三种情况,即 $A > B$、$A < B$、$A = B$。1 位数值比较器真值表见表 8-35。

表 8-35　1 位数值比较器真值表

A	B	$F_{A>B}$	$F_{A<B}$	$F_{A=B}$
0	0	0	0	1
0	1	0	1	0
1	0	1	0	0
1	1	0	0	1

由真值表可得

$$\begin{cases} F_{A>B} = A\overline{B} \\ F_{A<B} = \overline{A}B \\ F_{A=B} = \overline{A}\,\overline{B} + AB = \overline{\overline{AB} + A\overline{B}} \end{cases}$$

可以用逻辑门电路来实现,如图 8-92 所示。

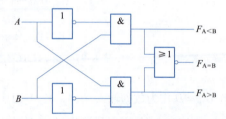

图 8-92　1 位数值比较器的逻辑电路图

(2) 多位数值比较器

对于多位数码的比较,需从高向低逐位比较。如果 A 数最高位大于 B 数最高位,则不论其他各位情况如何,必有 $A>B$;如果 A 数最高位小于 B 数最高位,则 $A<B$;如果 A 数最高位等于 B 数最高位,再比较次高位,依次类推。

下面以 2 位数值比较器为例讨论其结构及工作原理。2 位数值比较器的真值表见表 8-36。

表 8-36　2 位数值比较器真值表

数值输入		级联输入			输　出		
$A_1\ B_1$	$A_0\ B_0$	$I_{A>B}$	$I_{A<B}$	$I_{A=B}$	$F_{A>B}$	$F_{A<B}$	$F_{A=B}$
$A_1 > B_1$	× ×	×	×	×	1	0	0
$A_1 < B_1$	× ×	×	×	×	0	1	0
$A_1 = B_1$	$A_1 > B_1$	×	×	×	1	0	0
$A_1 = B_1$	$A_1 < B_1$	×	×	×	0	1	0
$A_1 = B_1$	$A_1 = B_1$	1	0	0	1	0	0
$A_1 = B_1$	$A_1 = B_1$	0	1	0	0	1	0
$A_1 = B_1$	$A_1 = B_1$	0	0	1	0	0	1

由表 8-36 可写出逻辑表达式为

$$F_{A>B} = A_1\overline{B_1} + (A_1 \odot B_1) A_0 \overline{B_0} + (A_1 \odot B_1)(A_0 \odot B_0) \cdot I_{A>B}$$

$$F_{A<B} = \overline{A_1}B_1 + (A_1 \odot B_1)\overline{A_0}B_0 + (A_1 \odot B_1)(A_0 \odot B_0) \cdot I_{A<B}$$

$$F_{A=B} = (A_1 \odot B_1)(A_0 \odot B_0) \cdot I_{A=B}$$

根据逻辑表达式可画出逻辑图,如图 8-93 所示。

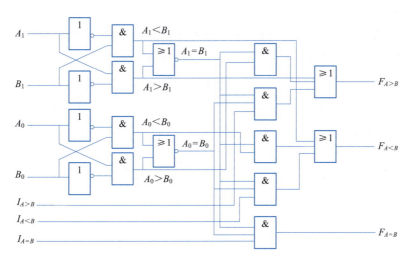

图 8-93　2 位数值比较器的逻辑电路图

(3) 集成数值比较器

74LS85 是典型的集成 4 位二进制数值比较器,其电路原理与 2 位二进制数值比较器一样,其逻辑功能示意图如图 8-94 所示。

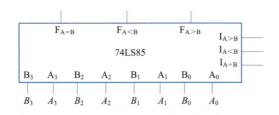

图 8-94　74LS85 逻辑功能示意图

74LS85 引脚功能:$A = A_3A_2A_1A_0$,$B = B_3B_2B_1B_0$ 为比较数值输入端。$F_{A>B}$、$F_{A=B}$、$F_{A<B}$ 为比较结果输出端(高电平有效)。$I_{A>B}$,$I_{A=B}$,$I_{A<B}$ 为扩展输入端,级联时低位向高位进位。若 $A = B$ 时,要由这三位输入来决定比较结果。用两片 74LS85 可以组成一个 8 位数值比较器,电路如图 8-95 所示。

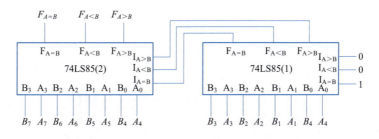

图 8-95　由两片 74LS85 组成的 8 位数值比较器

6. 加法器

（1）半加器

能对两个1位二进制数进行相加而求得和及进位的逻辑电路称为半加器。根据两个1位二进制数 A 和 B 相加的运算规律可得半加器真值表，见表8-37。

表8-37　半加器真值表

输入		输出	
A	B	S	C
0	0	0	0
0	1	1	0
1	0	1	0
1	1	0	1

表8-37中，A 和 B 分别表示加数和被加数，S 表示本位和输出，C 表示向相邻高位的进位输出。由真值表可得半加器本位和 S 和进位 C 的表达式为

$$S = A\bar{B} + \bar{A}B = A \oplus B$$

$$C = AB$$

图8-96（a）是用异或门和与门组成的半加器的逻辑图，图8-96（b）是半加器的逻辑符号。

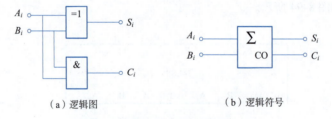

（a）逻辑图　　　　　　　　（b）逻辑符号

图8-96　半加器的逻辑图和逻辑符号

（2）全加器

能对两个1位二进制数进行相加并考虑低位来的进位，即相当于3个1位二进制数相加，求得和及进位的逻辑电路称为全加器。全加器真值表见表8-38。

表8-38　全加器真值表

输入			输出	
A_i	B_i	C_{i-1}	S_i	C_i
0	0	0	0	0
0	0	1	1	0
0	1	0	1	0
0	1	1	0	1
1	0	0	1	0
1	0	1	0	1
1	1	0	0	1
1	1	1	1	1

由真值表可得本位和 S_i 和进位和 C_i 的表达式为

$$S_i = m_1 + m_2 + m_4 + m_7$$
$$= \overline{A_i}\,\overline{B_i}C_{i-1} + \overline{A_i}B_i\overline{C_{i-1}} + A_i\overline{B_i}\,\overline{C_{i-1}} + A_iB_iC_{i-1}$$
$$= \overline{A_i}(\overline{B_i}C_{i-1} + B_i\overline{C_{i-1}}) + A_i(\overline{B_i}\,\overline{C_{i-1}} + B_iC_{i-1})$$
$$= \overline{A_i}(B_i \oplus C_{i-1}) + A_i(\overline{B_i \oplus C_{i-1}})$$
$$= A_i \oplus B_i \oplus C_{i-1}$$

$$C_i = m_3 + m_5 + A_iB_i$$
$$= \overline{A_i}B_iC_{i-1} + A_i\overline{B_i}C_{i-1} + A_iB_i$$
$$= (\overline{A_i}B_i + A_i\overline{B_i})C_{i-1} + A_iB_i$$
$$= (A_i \oplus B_i)C_{i-1} + A_iB_i$$

根据上式可画出全加器的逻辑图,如图 8-97(a)所示,逻辑符号如图 8-97(b)所示。

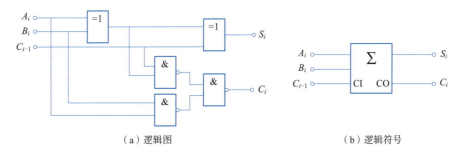

(a)逻辑图　　　　　　　　　　(b)逻辑符号

图 8-97　全加器逻辑图及逻辑符号

(3)多位二进制加法器

①串行进位加法器。串行进位加法器的构成是把 n 位全加器串联起来,低位全加器的进位输出连接到相邻的高位全加器的进位输入,其特点是进位信号是由低位向高位逐级传递的,速度不高。图 8-98 是 4 位串行进位的加法逻辑图。

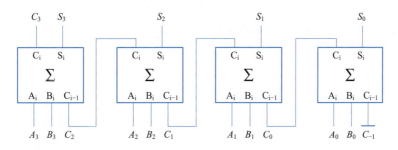

图 8-98　4 位串行进位的加法逻辑图

②并行进位加法器(超前进位加法器)。现在的集成加法器大多采用快速进位加法器,即在进行加法运算的过程中,各级进位信号同时送到各全加器的进位输入端。74LS283 就是一种典型的 4 位快速进位集成加法器,其逻辑符号和引脚排列如图 8-99 所示。

图 8-100 所示是用 74LS283 实现的 8421BCD 码到余 3 码的转换。由前面内容可知,对于同一个十进制数,余 3 码比 8421BCD 码多 3,因此,实现 8421BCD 码到余 3 码的转换,只需将 8421BCD 码加 3(0011)。

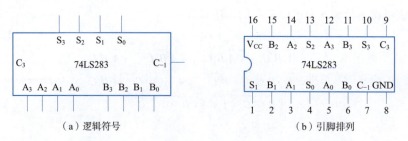

（a）逻辑符号　　　　　　　　　　　　（b）引脚排列

图 8-99　集成 4 位加法器 74LS283 逻辑符号和引脚排列

图 8-100　8421 BCD 码到余 3 码电路

如果要扩展加法运算的位数，可将多片 74LS283 进行级联，即将低位片的 C_3 接到相邻高位片的 C_{-1} 上。

任务实施

1. 训练目的

①熟悉集成译码器的逻辑功能和测试方法。

②掌握译码器和数码管的应用。

③掌握中规模集成数据选择器的逻辑功能及使用方法。

④学习用数据选择器构成组合逻辑电路的方法。

2. 训练器材

5 V 直流电源、逻辑电平开关、逻辑电平显示器、直流数字电压表、74LS138、74LS20、74LS00、74LS48、74LS153。

3. 训练步骤

测试 74LS138、74LS48、74LS151 和 74LS153 的逻辑功能，掌握 74LS138、74LS48、74LS151 和 74LS153 的具体应用。

1）测试练习

（1）显示译码器 74LS48 的应用练习

①按图 8-101 接线，A_3、A_2、A_1、A_0 分别接至逻辑电平开关输出口，拨动逻辑电平开关，观察数码管的显示。

②测试 74LS48 的灭灯功能。

③测试 74LS48 的灭零功能。

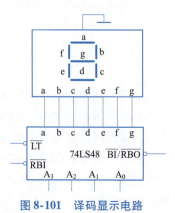

图 8-101　译码显示电路

④测试74LS48的试灯功能。

自拟表格,记录测试结果。

(2)译码器74LS138的功能测试

将74LS138使能端及地址端分别接至逻辑电平开关输出口,输出端依次连接在逻辑电平显示器上,拨动逻辑电平开关,逐项测试74LS138的逻辑功能。将测试结果填入表8-39中。

表8-39 测试结果记录表

输入					输出							
G_1	$\overline{G_{1A}}+\overline{G_{2A}}$	A_2	A_1	A_0	$\overline{Y_7}$	$\overline{Y_6}$	$\overline{Y_5}$	$\overline{Y_4}$	$\overline{Y_3}$	$\overline{Y_2}$	$\overline{Y_1}$	$\overline{Y_0}$
1	0	0	0	0								
1	0	0	0	1								
1	0	0	1	0								
1	0	0	1	1								
1	0	1	0	0								
1	0	1	0	1								
1	0	1	1	0								
1	0	1	1	1								
0	×	×	×	×								
×	1	×	×	×								

(3)译码器74LS138的应用练习

按照图8-102连接电路,将测试结果填入表8-40中,并分析电路的逻辑功能。

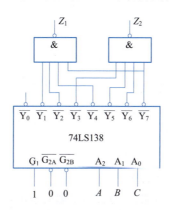

图8-102 74LS138的应用电路

表8-40 测试结果记录表

输入			输出	
A	B	C	Z_1	Z_2
0	0	0		
0	0	1		
0	1	0		

续表

输入			输出	
A	B	C	Z_1	Z_2
0	1	1		
1	0	0		
1	0	1		
1	1	0		
1	1	1		

(4)测试数据选择器 74LS151 和 74LS153 的逻辑功能

将数据选择器 74LS151 和 74LS153 的地址端、数据端、使能端接逻辑开关,输出端 Q 接逻辑电平显示器,按 74LS151 和 74LS153 的功能表逐项进行测试,将测试结果计入表 8-41、表 8-42。

表 8-41 74LS151 逻辑功能测试结果记录表

输入				输出		输入				输出	
$\overline{G}$	A_2	A_1	A_0	Q	$\overline{Q}$	$\overline{G}$	A_2	A_1	A_0	Q	$\overline{Q}$
1	×	×	×			0	1	0	0		
0	0	0	0			0	1	0	1		
0	0	0	1			0	1	1	0		
0	0	1	0			0	1	1	1		
0	0	1	1								

表 8-42 74LS153 逻辑功能测试结果记录表

输入			输出
$\overline{G}$	A_1	A_0	Q
1	×	×	
0	0	0	
0	0	1	
0	1	0	
0	1	1	

(5)74LS151 和 74LS153 的应用练习

按照图 8-103 和图 8-104 连接电路,将测试结果填入表 8-43 中,并分析电路的逻辑功能,写出逻辑表达式。

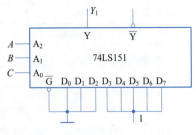

图 8-103 74LS151 应用电路

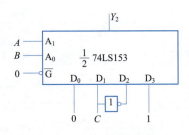

图 8-104 74LS153 应用电路

表 8-43　测试结果记录表

输入			输出	
$A(A_2)$	$B(A_1)$	$C(A_0)$	Y_1	Y_2
0	0	0		
0	0	1		
0	1	0		
0	1	1		
1	0	0		
1	0	1		
1	1	0		
1	1	1		

2）电路设计

数字钟译码显示电路的功能是将时、分、秒计数器的输出代码进行翻译，变成相应的数字显示。可用显示译码器驱动七段数码管来实现，具体电路如图 8-105 所示。

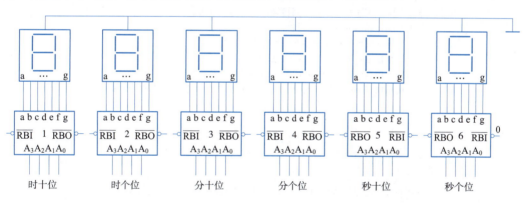

图 8-105　数字钟显示电路

3）数字钟显示电路的组装与调试

①按图 8-105 将数码管、显示译码器焊接到数字钟电路板相应的位置。

②接通电源并使数码管的 $LT=0$，进行试灯实验，检查数码管的好坏。

③分别在各 74LS48 的输入端输入 8421BCD 码，检查各个数码管是否正常显示 0~9 十个数码。

项目评价表

学　院		专　　业		姓　　名	
学　号		小　　组		组长姓名	
指导教师		日　　期		成　　绩	
学习目标	素质目标： 1. 自主学习能力的养成：在信息收集阶段，能够在教师引导下完成相关知识点的学习，并能举一反三。				

学习目标	2. 职业审美的养成：在任务计划阶段，要总体考虑电路布局与连接规范，使电路美观实用。 　3. 职业意识的养成：在任务实施阶段，要首先具备健康管理能力，即注意安全用电和劳动保护，同时注重 6S（整理、整顿、清扫、清洁、素养和安全）的养成和环境保护。 　4. 工匠精神的养成：专心专注、精益求精要贯穿任务完成始终，不惧失败。 　5. 社会能力的养成：小组成员间要做好分工协作，注重沟通和能力训练。 　6. 建立"知行合一"的行动理念 知识目标： 1. 掌握进制及其转换。 2. 掌握逻辑代数的常用运算、基本公式及定理，逻辑函数的表达和化简。 3. 掌握逻辑门电路的电气特性。 4. 掌握 TTL 和 CMOS 集成门电路的逻辑功能和器件的使用规则。 5. 掌握组合逻辑电路的分析和设计方法。 6. 掌握编码器的功能和应用。 7. 掌握译码器的功能和应用。 8. 掌握数据选择器的功能和应用。 9. 掌握数据分配器的功能和应用。 10. 掌握数值比较器的功能和应用。 11. 掌握加法器的功能和应用。 12. 掌握数码管的显示方法和应用。 技能目标： 1. 学会 TTL 和 CMOS 集成门电路传输特性的测试方法。 2. 熟悉集成译码器的逻辑功能和测试方法。 3. 掌握中规模集成数据选择器的逻辑功能及使用方法。 4. 学习用数据选择器构成组合逻辑电路的方法。 5. 学习使用仿真软件 Multisim 10 进行电路的仿真运行和测试。 6. 学会使用面包板搭建硬件电路，并能够使用仪器仪表进行电路的测试和调试

	任务内容	完成情况
任务评价	1. 学习常用数制、码制的基本概念、表示方法及运算	
	2. 掌握基本逻辑运算和复合逻辑运算，理解逻辑代数的常用公式，掌握逻辑函数的表示和化简	
	3. 理解各种门电路的结构、工作原理，掌握门电路的逻辑功能和电气特性	
	4. 理解组合逻辑电路的结构、特点，掌握组合逻辑电路的分析和设计方法	
	5. 掌握二进制和二-十进制优先编码器的工作原理及使用，理解一般编码器的工作原理	
	6. 掌握二进制译码器的工作原理及其实现组合逻辑函数的方法；掌握二-十进制译码器的工作原理和显示译码器的使用	
	7. 掌握数据选择器的工作原理及其实现逻辑函数的方法；掌握用二进制译码构成数据分配器的方法	
	8. 掌握加法器的工作原理和理解数值比较器的工作原理及其使用	
	9. 三人表决器设计与制作	
	10. 数字钟译码显示与整点报时电路的设计与制作	

质量检查	请教师检查本组作业结果，并针对问题提出改进措施及建议	
	综合评价	
	建　　议	

评价项目	评价标准	配 分	得 分
理论知识学习	理论知识学习情况及课堂表现	25	
素质能力	能理性、客观地分析问题	20	
作业训练	作业是否按要求完成,电气元件符号表示是否正确	25	
质量检查	改进措施及能否根据讲解完成线路装调及故障排查	20	
评价反馈	能对自身客观评价和发现问题	10	
任务评价	基本完成(　　) 良好(　　) 优秀(　　)		
教师评语			

(评价考核)

做一颗科技报国的"螺丝钉"——中国科学院院士郝跃教授

郝跃,国际著名微电子学家,中国科学院院士,西安电子科技大学教授。1958年3月生,1982年毕业于西北电讯工程学院(现西安电子科技大学),九三学社中央常委、中国电子学会副理事长。曾任第九、十、十三届全国政协委员和第十一届全国人大代表,九三学社陕西省第十三届委员会主委。数十年从事新型第三代(宽禁带)半导体材料和器件、微纳米半导体器件与高可靠集成电路芯片等方面的科学研究和人才培养,引领我国第三代半导体科技进入世界领先行列。获2009年国家技术发明二等奖、2015年国家科技进步二等奖、2019年陕西省最高科学技术奖、2018年国家教学成果一等奖、2010年何梁何利科学技术奖。2021年获中宣部、教育部联合授予的"全国教书育人楷模"称号,其科研教学团队入选"全国高校黄大年式教师团队"。

科技报国,奋战半导体科技前沿

1977年,神州大地迎来了科学的春天。恢复高考后,郝跃取得了非常不错的成绩,填报志愿时他毅然选择了西北电讯工程学院(现西安电子科技大学)。当时,有人好奇他的选择,他一笑,给出朴实的回答:"我心中充满了对革命年代的向往。延安是革命圣地,西安离延安不远,再看看这个学校的介绍,前身还是所军校,专业又是我喜欢的半导体……"。

凭着这样质朴的想法,从求学到毕业留校,他扎根大西北、深耕半导体。

"只要能发挥专业特长,无论戈壁大漠还是深山峻岭,在广袤的祖国大地上,哪里需要就扎根在哪里,做一颗祖国的螺丝钉!"爱国奉献的情怀,一直深植于郝跃的思想深处。

这一"耕",就是四十多个春秋。

近年来,发达国家对我国开展的"芯片"封锁,让全社会开始关注和了解芯片背后的半导体科技。当前,所有的集成电路芯片都是在半导体材料上制作而成的。手机、计算机、家用电器、电动汽车等这些与生活密切相关的科技产品,都离不开芯片,也就是离不开半导体科技;卫星、导弹、雷达、通信、电子对抗等现代国防装备,同样离不开高端电子器件,因此也离不开半导体科技。

我国第一代、第二代半导体研究一直是跟在西方后面艰难前行——这对于国家安全和国民经济发展来说是一个很大的隐患。

西安电子科技大学的特色,就是长期服务于国家重大战略需求。因为要想从根本上摆脱受制于人的困境,走出自己的新路才是最为安全可靠的选择。

放眼长远,瞄准未来,郝跃在20世纪90年代就高瞻远瞩地选择了当时几乎无人问津的新型半导体,即后来被称为"第三代半导体"的宽禁带半导体材料与器件开展科学研究。在郝跃的带领下,西电的宽禁带半导体科研团队,开始了新领域科学研究的拓荒之旅。

条件简陋,缺乏资金,就只能自己动手,创造条件。郝跃带领团队发扬南泥湾精神,有人拿起电钻给外墙打眼,钻出管道敷设线缆;有人手持电烙铁,焊接电子线路板,反复调试设备。老旧的大楼里没有电梯,几十公斤的气体钢瓶,一组实验要换10来个,师生们都是肩扛手抬,从楼梯人力搬运上楼——这是他们多年的工作常态。

靠着勤劳节俭,他们建设起了超净工艺实验室,并在2001年自主研制成功第一台脉冲反应氮化物气相外延生长的关键设备PMOCVD(脉冲金属氧化物化学气相淀积设备)。在经过两年多的反复调试改进之后,PMOCVD设备通过定型验收。这台设备可以在晶圆衬底上"生长"出氮化物新型半导体单晶材料,是当时最为重要的材料制备科研设施。

自主研发设备的优势是,设备的大量控制参数及其设定范围,都由气路管路、电控系统和自主研发的程序所设定,这可以为科学探索带来更大的状态空间。

从这台设备成功验收开始,郝跃带领团队开启了"自主材料生长—表征分析—改进生长方法"的迭代改进循环。

通过优化的高质量氮化镓单晶外延片,研制得到用于微波领域的氮化镓HEMT(高电子迁移率晶体管),氮化镓HEMT器件再装入特定的微波电路,再进入装备和系统的应用测试。

就这样,经过近三十年的艰辛探索,郝跃带领团队打通了"设备-材料-器件-电路应用"的技术体系,成为我国氮化物宽禁带半导体的早期开拓者。

以"板凳要坐十年冷"的精神,经过长期的科研攻关和技术迭代,通过科研合作和人才培养,郝跃推动了我国第三代(宽禁带)半导体从核心设备、材料到器件的重大创新,引领我国氮化物第三代半导体电子器件步入国际领先行列。

以氮化镓为代表的宽禁带半导体本身具有禁带宽度大、抗辐射、耐高温、耐高压、高功率等物理特征,在微波毫米波高功率、高效率固体电子器件,以及紫外光电器件等方面具有不可替代的独特优势。目前,氮化镓技术已在我国先进雷达、卫星通信、紫外LED、5G通信、手机快充电源等领域得到了广泛应用。

近些年,郝跃又带领团队开展了更为前沿的探索——以氧化镓、金刚石为代表的"超宽禁带半导体"。也正是因为未雨绸缪、超前部署,才使得氧化镓和金刚石技术在2022年8月被美国实施技术封锁的局面下,凭借在实际层面上取得的一些科研探索和技术储备,实现了我国较高起点的科技自立自强。

在郝跃的推动下,2019年,西电获批建设第三代半导体领域唯一的国家工程研究中心;2021年,西电获批建设国家集成电路产教融合创新平台,致力打造集成电路人才培养、科技引领、服务产业发展的典型示范基地。

科技创新,自立自强。2021年3月8日,在全国政协十三届四次全会上,郝跃代表九三学社中央作了题为"努力实现更多'从0到1'的突破"的大会发言。

扎根西北,做祖国的一颗"螺丝钉"

郝跃本科毕业后即留校任教,四十年来,他对于教育事业的热爱从未减退。在课程体系、教材建设、育人模式以及教学团队培育与创新人才培养等方面,郝跃的探索从未停步。

他带领团队建设近30门微电子专业主干课程,编写教材20余部,年覆盖学生近千人。"集成电路设计丛书"和"宽禁带半导体前沿丛书"入选国家重点出版物出版规划项目,主编的《微电子概论》入选国家"十一五"规划教材,荣获全国优秀教材二等奖。指导学生参加中国"互联网+"大学生创新创业大赛、全国大学生电子设计竞赛等,累计获国家级和省级比赛奖50余项。

他引导团队持续强化党建引领,形成"红色朝阳班"育人品牌,建设"师德师风好、师生关系好、培养模式好,有先进文化、有出色管理、有突出业绩"的"三好三有"导学团队。总结凝练科研人员攻关突破的生动案例,形成集成电路课程思政素材库,建有3门课程思政示范课。

他始终抱着做"一颗螺丝钉"的信念,带领着团队在教学上不断探索、不断创新,既做知识的传授者,又做思想的引领者。2021年郝跃及其团队入选"全国高校黄大年式教师团队",这是国家对于郝跃及其团队在教书育人业绩的鼓励和褒奖。

在郝跃励学笃行、孜孜不倦的培育和影响下,一批又一批西电学子将个人成长与国家事业发展紧密融合,很多都已成为行业翘楚和相关领域的领军人物。郝跃培养出博士后20余名,博士60余名,硕士80余名,指导培育中青年学术骨干入选各类国家人才工程和计划入选者近10人,其中包括十九大代表、全国三八红旗手、工信部电子五所总工程师恩云飞,国家级人才张进成、马晓华、郑雪峰、韩根全、王小飞等,他指导的团队成员中多人获得国家级、省部级科技奖励和人才称号。

四十年来,郝跃身体力行、深耕讲坛、潜心育人。他认为,不管是人才培养还是科学研究,想要在微电子材料和器件领域有一番作为,就需要发扬"螺丝钉"无私奉献的精神。面对集成电路"锁喉之痛",他提出,要改变现实,不能凭一己之力,必须要打造一支热爱教育事业的教师队伍。由他创立的"理论课程-实践能力-创新素质"三位一体微电子复合型创新人才培养模式,为我国关键技术领域突破培养了大批拔尖创新人才,并于2018年获得国家教学成果一等奖。

一枝独秀不是春,百花齐放春满园。郝跃坚信:"只有持续拓展和扩大集成电路人才培养版图,才能缓解中国高端芯片被'卡脖子'的窘境。"想国家之所想、急国家之所急、应国家之所需,通过资源配置、产教融合、协同育人的手段激发人才培养的全链条活力,是他始终在探索的方向。

2021年中宣部、教育部公布了"全国教书育人楷模"获得者名单,郝跃光荣入选。

履职尽责,携手聚力服务区域发展

政治信仰坚定,履职尽责,建言献策,郝跃多年来以各种方式参与国家社会治理建设。

在担任九三学社陕西省委期间,郝跃积极发挥引领作用,团结带领社陕西省委,坚持以习近平新时代中国特色社会主义思想为指导,深入学习贯彻中共十九大和中共十九届历次会议精神,认真落实社中央、中共陕西省委的各项工作部署,大力弘扬九三学社爱国民主科学的优良传统,不断加强自身建设,认真履行参政和社会服务职能,为推动陕西经济社会发展做出了积极贡献。

脱贫攻坚是中华民族和人类社会发展史上的伟大壮举。2016年,中共中央委托九三学社中央对口陕西省开展脱贫攻坚民主监督工作。这是时代赋予的历史重任,责任重大,使命光荣。

郝跃带领九三学社陕西省委,在配合九三学社中央对口陕西省开展脱贫攻坚民主监督的同时,对口深度贫困县岚皋县开展脱贫攻坚民主监督。组织开展调研活动8次,安排走访全县12个乡镇39个行政村,访谈农户700余户和干部群众600余人次,召开各类会议50余场,开展扶贫活动5场次,培训专业人员1 000余人次。在发动省内社员组织踊跃参与,将自身特色优势与民主党派职能职责紧密结合的同时,围绕脱贫攻坚工作在县市乡镇层面出谋划策,献计出力,形成调研报告5篇,提出意见建议43条,充分发挥参政党作用,成为脱贫攻坚战的亲历者和建设者,受到了九三学社中央的表彰。

作为科研工作者,郝跃一直保持着赤诚的初心,开拓进取,勇攀宽禁带半导体科技高峰。作为人民教师,他坚持立德树人,为国育才,培养了大批行业优秀人才。作为九三学社社员,他履职尽责,建言献策,多年来以各种方式积极服务社会治理和区域发展。爱国奉献,立德树人,科教兴国,躬行不辍,他始终都在践行自己的誓言:做祖国的一颗"螺丝钉"。

课后习题

8.1 将下列二进制数分别转换成十进制数、八进制数和十六进制数。

(1) 1001B   (2) 11001011B   (3) 101100.011B   (4) 111110.111B

8.2 将下列十进制数转换成二进制数、八进制数和十六进制数。

(1) 57   (2) 321.46   (3) 128   (4) 22.125   (5) 110.375

8.3 将下列十进制数表示为8421BCD码。

(1) $(58)_{10}$ (2) $(110.15)_{10}$ (3) $(354)_{10}$

8.4 将下列BCD码转换为十进制数。

(1) $(010101111001)_{8421BCD}$ (2) $(10001001.01110101)_{8421BCD}$

(3) $(010011011011)_{2421BCD}$ (4) $(001110101100.1001)_{5421BCD}$

8.5 写出下列函数的对偶式和反演式。

(1) $F = \overline{AB + C} + A\overline{B}$

(2) $F = \overline{ABC} + \overline{\overline{B} + C}$

(3) $F = [(A\overline{B} + C)D + B]A$

8.6 利用逻辑代数的基本定理和公式证明下列等式。

(1) $\overline{AB} + \overline{A}B = \overline{A}B + A\overline{B}$

(2) $\overline{A}B + AC = (A + \overline{B})(\overline{A} + C)$

(3) $AB + BCD + \overline{A}C + \overline{B}C = AB + C$

(4) $\overline{ABC} + \overline{A}B\overline{C} = \overline{A}\overline{B} + \overline{B}C + CA$

8.7 用公式化简法化简下列函数。

(1) $F = \overline{A}B + A\overline{B} + B$

(2) $F = AC + ACD + \overline{AB} + BCD$

(3) $F = (A \oplus B)\overline{AB} + \overline{AB + AB}$

(4) $F = \overline{\overline{A + \overline{B} + CD} + \overline{ADB}}$

(5) $F = \overline{AB}C + A\overline{BC} + \overline{ABC} + \overline{A}B\overline{C}$

(6) $F = (\overline{A} + \overline{B} + \overline{C})(A + B + C)$

8.8 画出下列函数的卡诺图。

(1) $F(A,B,C) = AB + BC + AC$

(2) $F(A,B,C) = A\overline{B} + B\overline{C} + \overline{AC}$

8.9 用卡诺图化简下列函数。

(1) $F = ABC + \overline{A}B\overline{C} + \overline{A}\overline{B}C + \overline{A}\overline{B}\overline{C}$

(2) $F = A\overline{B} + \overline{A}C + \overline{A}B + B\overline{C}$

(3) $F = A\overline{B} + \overline{A}D + \overline{A}BC$

(4) $F = \overline{B\overline{C}D + A\overline{D}(B+C)}$

(5) $F(A,B,C,D) = \sum m(1,3,5,7,8,15)$

(6) $F(A,B,C,D) = \sum m(3,5,8,9,11,13,14,15)$

(7) $F(A,B,C,D) = \sum m(2,3,7,8,11,14) + \sum d(0,5,10,15)$

(8) $F(A,B,C,D) = \sum m(0,2,5,7,8,10,13,15) + \sum d(4,6,12,14)$

8.10 如图 8-106 所示电路,试判断哪个电路能实现其下方所列出的逻辑功能？如有错误,请改正。

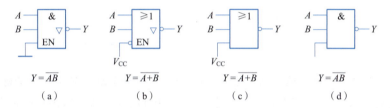

图 8-106 题 8.10

8.11 试求图 8-107 所示电路输出信号 Y 的逻辑表达式。

8.12 如图 8-108(a)所示电路,已知输入信号 A、B、C、EN 的波形如图 8-108(b)所示,试画出输出信号 Y 的波形。

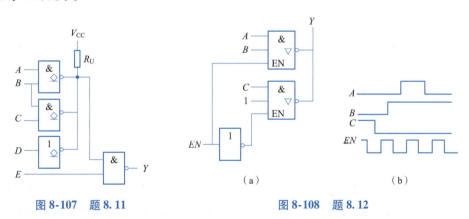

图 8-107 题 8.11   图 8-108 题 8.12

8.13 试说明下列各种门电路中有哪些输出端可以并联使用。

(1)输出级具有推拉结构的 TTL 门电路;(2)TTL OC 门电路;(3)TTL 三态门电路;(4)普通的 CMOS 门电路;(5)CMOS 三态门电路。

8.14 写出图 8-109 所示电路输出的逻辑表达式,列出真值表,说明其逻辑功能。

8.15 试分析图 8-110 所示电路的逻辑功能。

8.16 试分析图 8-111 所示电路的逻辑功能。

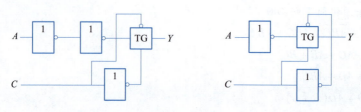

图 8-109　题 8.14

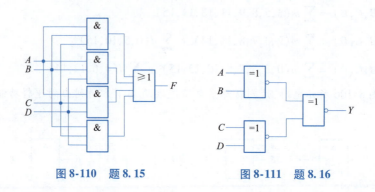

图 8-110　题 8.15　　　　　　图 8-111　题 8.16

8.17　某单位内部电话需通过电话总机与外线连接,电话总机需对 4 种电话进行编码控制,优先级别由高到低依次是:火警电话(119)、急救电话(120)、匪警电话(110)、普通电话。试用与非门设计该控制电路。

8.18　某逻辑函数的输入(A、B、C)和输出(Y)电压波形如图 8-112 所示,试列出其真值表,写出其表达式,并用门电路实现该逻辑函数。

图 8-112　题 8.18

8.19　试用译码器 74LS138 和门电路设计一个逻辑电路,以实现下列逻辑函数:
$F_1 = ABC + A\overline{B} + \overline{A}B\overline{C}$,$F_2 = AC + B\overline{C}$。

8.20　试为某水坝设计一个报警控制电路,设水位高程用 4 位二进制数表示。要求:当水位上升到 8 m 时,白指示灯亮,其余灯不亮;当水位上升到 10 m 时,黄指示灯亮,其余灯不亮;当水位上升到 12 m 时,红指示灯亮,其余灯不亮。试用门电路设计此报警控制电路。

项目 9

数字钟电路的设计与制作

项目引入

数字钟是一种采用数字电子技术实现"时"、"分"、"秒"数字显示的计时装置。与机械式时钟相比，数字钟具有更高的准确性和直观性，且无机械装置，具有更长的使用寿命，不仅可以用作家用计时，而且由于其能做得显示数字巨大，还可用于机场、车站、码头、体育场等人员众多的公共场所，给人们提供准确时间。数字钟从原理上讲是一种典型的数字电路应用。目前，数字钟的功能越来越强大，并且有多种专门的大规模集成电路可供选择。

本项目从学习应用数字电子技术知识的角度考虑，介绍以中小规模集成电路设计和仿真分析制作数字钟的方法。

学习目标

①掌握基本 RS、JK、D 和 T 触发器的逻辑功能。
②掌握集成触发器的逻辑功能及使用方法。
③掌握异步和同步二进制计数器、十进制计数器的工作原理。
④掌握集成二进制计数器和十进制计数器的逻辑功能，及其构成任意进制计数器的方法。
⑤掌握同步时序逻辑电路的分析方法。
⑥掌握数据寄存器和移位寄存器的工作原理，并理解移位寄存器的使用和顺序脉冲电路的工作原理。
⑦理解 D/A 转换和 A/D 转换的工作原理，并掌握 D/A 转换器和 A/D 转换器技术指标及功能。
⑧掌握 555 定时器组成施密特触发器、单稳态触发器和多谐振荡器的工作原理；掌握单稳态触发器输出脉冲宽度和多谐振荡器振荡频率的计算。
⑨理解集成施密特触发器和集成单稳态触发器的工作原理及使用。

任务 1　数字钟校时电路和分频电路的设计与制作

任务内容

①学习基本 RS 触发器和同步触发器的逻辑功能、特性方程、状态转换图和时序图。
②学习边沿触发器的逻辑功能和使用。
③学习 RS 触发器、D 触发器、JK 触发器、T 触发器和 T′触发器的各自功能特点，会画由它们构成的时序逻辑电路的波形。
④完成数字钟校时电路和分频电路的设计与制作。

知识储备

1. 触发器概述

数字电路分为组合逻辑电路和时序逻辑电路两大类。

组合逻辑电路的基本单元是门电路;时序逻辑电路的基本单元是触发器。

(1)触发器的基本特点

①能够自行保持两个稳定状态:"1"状态或"0"状态。

②在不同输入信号作用下,触发器可以置成"1"状态或"0"状态。

(2)触发器的现态和次态

现态 Q^n:触发器接收输入信号之前的状态。

次态 Q^{n+1}:触发器接收输入信号之后的状态。

现态 Q^n 和次态 Q^{n+1} 的逻辑关系是研究触发器工作原理的基本问题。

(3)触发器的分类

按结构可分为:基本 RS 触发器、同步触发器、主从触发器、边沿触发器。

按逻辑功能可分为:RS 触发器、JK 触发器、D 触发器、T 触发器和 T′触发器。

2. 基本 RS 触发器

基本 RS 触发器又称 RS 锁存器,是各类触发器的基本组成部分,也可单独作为一个记忆元件来使用。同一逻辑功能的触发器可以用不同结构的逻辑电路实现,同一基本电路结构也可以构成不同逻辑功能的触发器。对于某种特定的电路结构,只不过是可能更易于实现某一逻辑功能而已。基本 RS 触发器可由与非门构成(输入信号低电平有效),也可由或非门构成(输入信号高电平有效)。

1)基本 RS 触发器的电路组成和工作过程

(1)与非门组成的基本 RS 触发器

由两个与非门交叉连接构成的基本 RS 触发器如图 9-1 所示。图中,输入信号 $\overline{S_D}$ 为置位(置1)输入端、$\overline{R_D}$ 为复位(置0)输入端,字母上方的逻辑非符号和逻辑符号中对应的小圆圈,表示低电平有效;Q 和 $\overline{Q}$ 为互补输出信号,且电路工作正常时,这两个输出信号必须互补,否则电路会出现逻辑错误;在触发器处于稳定状态时,定义 $Q=1$、$\overline{Q}=0$ 为触发器的"1"状态,$Q=0$、$\overline{Q}=1$ 为触发器的"0"状态。正常情况下,两输出端的状态保持相反。通常以 Q 端的逻辑电平表示触发器的状态,即 $Q=1$、$\overline{Q}=0$ 时,称为"1"状态;反之为"0"状态。

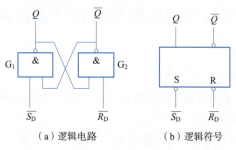

(a)逻辑电路　　(b)逻辑符号

图 9-1　由与非门构成的基本 RS 触发器

① 当 $\overline{S_D} = 1$、$\overline{R_D} = 0$ 时，输入信号有效，G_2 输出高电平，G_1 输出低电平，不论 $Q^n(\overline{Q^n})$ 为何种状态（1 或 0），都有 $Q^{n+1} = 0$、$\overline{Q^{n+1}} = 1$，触发器置 0。

② 当 $\overline{S_D} = 0$、$\overline{R_D} = 1$ 时，输入信号 $\overline{S_D}$ 有效，G_1 输出高电平，G_2 输出低电平，不论 $Q^n(\overline{Q^n})$ 为何种状态（1 或 0），都有 $Q^{n+1} = 1$、$\overline{Q^{n+1}} = 0$，触发器置 1。

③ 当 $\overline{S_D} = \overline{R_D} = 1$ 时，输入信号 $\overline{S_D}$、$\overline{R_D}$ 均无效，触发器的状态由原状态确定，保持不变。

④ 当 $\overline{S_D} = \overline{R_D} = 0$ 时，$Q^{n+1} = \overline{Q^{n+1}} = 1$，触发器既不是"1"状态，也不是"0"状态，这不符合触发器的逻辑关系。由于两个与非门的延迟时间不可能完全相等，在输入信号 $\overline{S_D}$、$\overline{R_D}$ 二者同时由 0 变为 1 时，将无法判定触发器将置于何种状态，亦即触发器处于不定状态。因此，正常工作时，输入信号应满足 $\overline{S_D} + \overline{R_D} = 1$（即 $S_D R_D = 0$）的约束条件。

综上所述，正常工作时，RS 触发器在输入信号作用下具有置 1、置 0 和保持三种功能。

（2）由或非门组成的基本 RS 触发器

由两个或非门交叉连接构成的基本 RS 触发器如图 9-2 所示。或非门构成的基本 RS 触发器，其输入信号高电平有效。

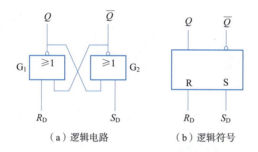

（a）逻辑电路　　　　（b）逻辑符号

图 9-2　由或非门构成的基本 RS 触发器

2）触发器的逻辑功能描述

（1）特性表

将触发器的次态与触发信号和现态之间的关系列成表格，就得到触发器的特性表，见表 9-1。

表 9-1　由与非门构成的基本 RS 触发器的特性表

$\overline{S_D}$	$\overline{R_D}$	Q^n	Q^{n+1}	功能说明
0	1	0 1	1 1	触发器置 1
1	0	0 1	0 0	触发器置 0
1	1	0 1	0 1	触发器保持原态不变
0	0	0 1	× ×	触发器状态不定（不允许）

（2）驱动表

根据触发器的现态和次态的取值来确定触发信号取值的关系表，称为触发器的驱动表，见表 9-2。

表 9-2　由与非门构成的基本 RS 触发器驱动表

Q^n	→	Q^{n+1}	$\overline{S_D}$	$\overline{R_D}$
0		0	1	×
0		1	0	1
1		0	1	0
1		1	×	1

（3）特性方程

根据表 9-1 可画出基本 RS 触发器的卡诺图，如图 9-3 所示。触发器的特性方程就是触发器次态 Q^{n+1} 与输入及现态 Q^n 之间的逻辑关系式，即

$$Q^{n+1} = S_D + \overline{R_D} Q^n$$

$$R_D S_D = 0 \text{（约束条件）}$$

（4）状态转换图

描述触发器的状态转换关系及转换条件的图形称为状态转换图，如图 9-4 所示。

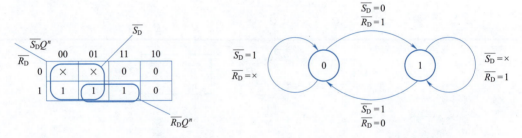

图 9-3　基本 RS 触发器次态 Q^{n+1} 的卡诺图　　图 9-4　基本 RS 触发器的状态转换图

当触发器处在"0"状态，即 $Q^n = 0$ 时，若输入信号 $\overline{R_D}\,\overline{S_D}$ = 01 或 11，触发器仍为"0"状态；若 $\overline{R_D}\,\overline{S_D}$ = 10，触发器就会翻转成为"1"状态。

当触发器处在"1"状态，即 $Q^n = 1$ 时，若输入信号 $\overline{R_D}\,\overline{S_D}$ = 10 或 11，触发器仍为"1"状态；若 $\overline{R_D}\,\overline{S_D}$ = 01，触发器就会翻转成为"0"状态。

（5）时序图

反映触发器输入信号取值和状态之间对应关系的图形称为波形图，如图 9-5 所示，这种波形图又称时序图。

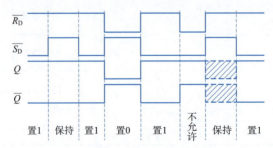

图 9-5　基本 RS 触发器的波形图

例 9-1　在与非门组成的基本 RS 触发器中，设初始状态为 0，已知输入波形图，试画出两输出端的波形图。

解 由触发器特性表可知,当$\overline{R}_D$、$\overline{S}_D$都为高电平时,触发器保持原状态不变;当$\overline{S}_D$变低电平时,触发器翻转为"1"状态;当$\overline{R}_D$变低电平时,触发器翻转为"0"状态;不允许$\overline{R}_D$、$\overline{S}_D$同时为低电平。由此可画出Q和$\overline{Q}$波形图,如图9-6所示。

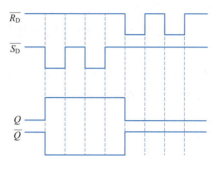

图9-6 例9-1波形图

3. 同步触发器

前面介绍的基本RS触发器电路简单,但只要输入信号发生变化,触发器的状态就会发生相应的变化,抗干扰能力差。工程上,除要求逻辑电路的输出状态受输入信号的控制外,还要求触发电路按一定的节拍(时钟脉冲信号CP),与数字系统中其他部分协调(同步)动作。因此,常在触发器的触发电路中加入一时钟脉冲信号CP,只是在时钟有效信号作用下,触发器才可能依据当时的输入信号改变为相应的状态。时钟脉冲控制(同步控制)信号CP也常用CLK表示。这种具有时钟脉冲控制的触发器称为时钟触发器(钟控触发器),又称同步触发器。

1)同步RS触发器

(1)电路结构

同步RS触发器逻辑电路及逻辑符号如图9-7所示。

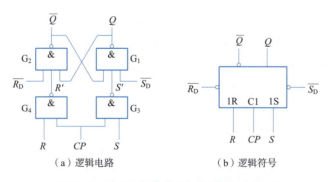

(a)逻辑电路　　　　　　(b)逻辑符号

图9-7 同步RS触发器逻辑电路及逻辑符号

图9-7中,门G_1和G_2构成基本RS触发器,由时钟脉冲信号CP控制(高电平有效)的两个与非门G_3和G_4构成了触发导引电路;S和R为输入信号(高电平有效);输入信号$\overline{S}_D$、$\overline{R}_D$低电平有效,只要$\overline{S}_D$或$\overline{R}_D$为低电平,立即可将触发器置1或置0,而不受输入信号S、R和时钟脉冲信号CP的控制,因此又称$\overline{S}_D$为异步置1(置位)输入信号、$\overline{R}_D$为异步置0(复位)输入信号。图9-7(b)所示的图形符号中,C1表示CP是编号为1的一个控制信号;1S和1R表示受C1控制的两个输入信号,只有在C1为有效电平(C1=1)时,1S和1R才能起作用;框图外部的信号输入端处没有小圆

圈,表示该输入信号为高电平有效(有小圆圈,则表示低电平有效)。图中的 CP、S、R 输入信号均为高电平有效。

(2)逻辑功能

在 $\overline{S_D} = \overline{R_D} = 1$ 的前提下(下同),当 CP 为 0 时,门 G_3、G_4 被封锁,其输出始终为 1,R、S 输入信号无效(不影响触发器的状态),触发器的输出 Q 和 $\overline{Q}$ 将保持原状态不变,即 $Q^{n+1} = Q^n$。此时,称同步 RS 触发器被禁止。

当 CP 为 1 时,门 G_3、G_4 被解除封锁,在 $\overline{S_D} = \overline{R_D} = 1$ 的前提下,输入信号 R、S 被变换、传送到门 G_1、G_2 的输入端,将与触发器的原有状态 Q^n 共同确定触发器的次态 Q^{n+1}。

① 当 S = 0、R = 0 时,触发器保持原态,$Q^{n+1} = Q^n$;
② 当 S = 0、R = 1 时,触发器置 0;
③ 当 S = 1、R = 0 时,触发器置 1;
④ 当 S = 1、R = 1,时钟由 1 变 0 后,触发器状态不定,不允许。

据此,有同步 RS 触发器的特性表,见表 9-3。

表 9-3 同步 RS 触发器特性表

CP	S	R	Q^n	Q^{n+1}	功能
0	×	×	×	Q^n	$Q^{n+1} = Q^n$ 保持
1	0	0	0	0	$Q^{n+1} = Q^n$ 保持
1	0	0	1	1	
1	0	1	0	0	$Q^{n+1} = 0$ 置 0
1	0	1	1	0	
1	1	0	0	1	$Q^{n+1} = 1$ 置 1
1	1	0	1	1	
1	1	1	0	不定	不允许
1	1	1	1	不定	

在 $CP = 1$、$\overline{S_D} = \overline{R_D} = 1$ 的前提下,根据表 9-3 可画出同步 RS 触发器的卡诺图,如图 9-8 所示。根据卡诺图可得到同步 RS 触发器次态 Q^{n+1} 与输入及现态 Q^n 之间的逻辑关系式,即

$$Q^{n+1} = S + \overline{R}Q^n$$

$$RS = 0 \text{(约束条件)}$$

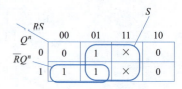

图 9-8 同步 RS 触发器的卡诺图

根据上面的关系式得出同步 RS 触发器的驱动表,见表 9-4。

表 9-4 同步 RS 触发器驱动表

Q^n	→	Q^{n+1}	S	R
0		0	0	×
0		1	1	0
1		0	0	1
1		1	×	0

综上所述,在同步 RS 触发器中,触发信号 R 和 S 决定了电路翻转到什么状态,而时钟脉冲

CP 决定了电路状态翻转的时刻,实现了对电路状态翻转时刻的控制。同步 RS 触发器状态转换图如图 9-9 所示。

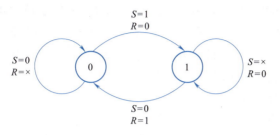

图 9-9　同步 RS 触发器状态转换图

例 9-2　同步 RS 触发器输入信号波形如图 9-10(a)所示,试画出输出信号波形。设触发器的初始状态为 0 态。

解　输出信号波形如图 9-10(b)所示。

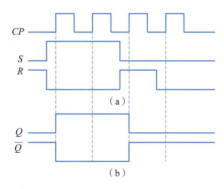

图 9-10　例 9-2 波形图

2)同步 JK 触发器

(1)电路结构

为避免同步 SR 触发器同时出现 $S=R=1$ 的不允许状态,可将触发器的互补输出信号 Q 和 $\overline{Q}$ 反馈到触发器的输入端,如图 9-11(a)所示。这样,G_3、G_4 就不会输出同时为 0,从而避免了输出逻辑状态不定的情况。如此构成的电路称为同步 JK 触发器,其逻辑符号如图 9-11(b)所示。

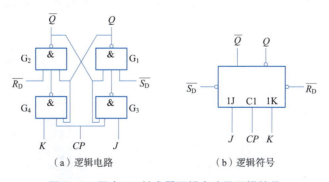

图 9-11　同步 JK 触发器逻辑电路及逻辑符号

(2)逻辑功能

在 $\overline{S_D} = \overline{R_D} = 1$ 的前提下(下同),当 CP 为 0 时,G_3、G_4 被封锁,其输出始终为 1;输入信号 J 和 K 无效,触发器将保持原状态不变,即 $Q^{n+1} = Q^n$(锁定在 CP 刚变为 0 以前瞬间的状态)。

在 $CP = 1$ 的全部时间里,G_3、G_4 被解除封锁,输入信号 J、K 与触发器的原有状态 Q^n 和 $\overline{Q^n}$ 将共同确定触发器的次态 Q^{n+1},在此期间 J、K 的变化可引起输出状态的改变。

① $J = 0$、$K = 0$,触发器保持原态,$Q^{n+1} = Q^n$;

② $J = 0$、$K = 1$,触发器置 0;

③ $J = 1$、$K = 0$,触发器置 1。

根据上述分析,同步 JK 触发器的特性表见表 9-5,对应的卡诺图如图 9-12 所示,对应的状态转换图如图 9-13 所示。

表 9-5 同步 JK 触发器的特性表

CP	J	K	Q^n	Q^{n+1}	功能
0	×	×	×	Q^n	$Q^{n+1} = Q^n$ 保持
1	0	0	0	0	$Q^{n+1} = Q^n$ 保持
1	0	0	1	1	
1	0	1	0	0	$Q^{n+1} = 0$ 置 0
1	0	1	1	0	
1	1	0	0	1	$Q^{n+1} = 1$ 置 1
1	1	0	1	1	
1	1	1	0	1	$Q^{n+1} = \overline{Q^n}$ 翻转
1	1	1	1	0	

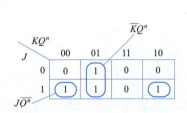

图 9-12 同步 JK 触发器卡诺图

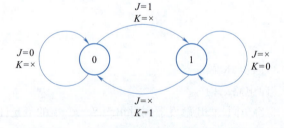

图 9-13 同步 JK 触发器状态转换图

根据图 9-12 可得其特性方程为 $Q^{n+1} = J\overline{Q^n} + \overline{K}Q^n$($CP = 1$ 时有效)。因此,同步 JK 触发器驱动表见表 9-6。

表 9-6 同步 JK 触发器驱动表

Q^n	→	Q^{n+1}	J	K
0		0	0	×
0		1	1	×
1		0	×	1
1		1	×	0

(3)同步触发器存在的问题

① 空翻现象。在 $CP = 1$ 期间,触发器的输出状态翻转两次或两次以上的现象称为空翻现象。

②振荡现象。在同步 JK 触发器中，输入端引入了互补输出，如果 CP 脉冲过宽，即使输入信号不发生变化，也会产生多次翻转，这种现象称为振荡现象。

4. 边沿触发器

同步触发器是采用电平触发方式，因而存在空翻和振荡现象，这就限制了同步触发器的使用。采用主从触发方式，可以克服电位触发方式的多次翻转现象，但是主从触发器有一次翻转的特性，这就降低了其抗干扰能力。

边沿触发器不仅可以克服电位触发方式的多次翻转现象，而且仅仅在时钟脉冲 CP 的上升沿或下降沿才对激励信号响应，如此可大大提高抗干扰能力。

1）边沿 D 触发器

（1）电路结构

边沿 D 触发器的逻辑电路如图 9-14（a）所示，其逻辑符号如图 9-14（b）所示。

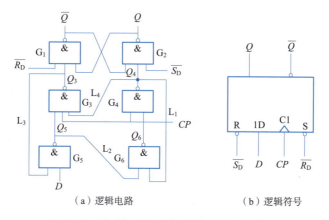

（a）逻辑电路　　　　　（b）逻辑符号

图 9-14　边沿 D 触发器逻辑电路及逻辑符号

（2）逻辑功能

① $CP = 0$ 时，门 G_3、G_4 被封锁，有 $Q_3 = Q_4 = 1$，则触发器状态保持不变。

② 当 CP 由 0 正向跳变到 1 瞬间，触发器发生状态转移，则有 $Q_3 = \overline{R}_D = D$，$Q_4 = \overline{S}_D = \overline{D}$，$Q^{n+1} = S + \overline{R}Q^n = D$，此时触发器实现了 D 触发器的逻辑功能。

③ 在 $CP = 1$ 期间，当②中若 $D = 1$ 时，有通过置 1 维持线 L_1 将门 G_6 封锁，使得 $Q_4 = \overline{S} = 0$，而通过置 0 阻塞线 L_4 将门 G_3 封锁，使得 $Q_3 = \overline{R} = 1$，触发器置 1；当②中若 $D = 0$ 时，通过置 0 维持线 L_3 将门 G_5 封锁，使得 $Q_3 = \overline{R} = 0$，而通过置 1 阻塞线 L_2 将门 G_3 封锁，使得 $Q_4 = \overline{S} = 1$，触发器置 0。

由上可得边沿 D 触发器特性表，见表 9-7。

表 9-7　边沿 D 触发器特性表

CP	D	Q^n	Q^{n+1}	功　能
↑	0	0	0	置 0
↑	0	1	0	
↑	1	0	1	置 1
↑	1	1	1	

边沿 D 触发器特性方程为 $Q^{n+1} = D$（CP 上升沿到来时有效）。

(3) 集成边沿 D 触发器

①74LS74。74LS74 为双上升沿 D 触发器，$\overline{R_D}$ 和 $\overline{S_D}$ 为直接置 0 端和直接置 1 端，低电平有效。74LS74 集成边沿 D 触发器引脚排列图及逻辑符号如图 9-15 所示，其特性表见表 9-8。

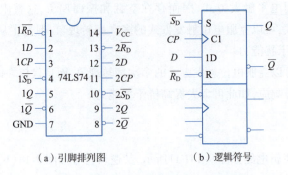

(a) 引脚排列图　　　(b) 逻辑符号

图 9-15　74LS74 引脚排列图及逻辑符号

表 9-8　74LS74 特性表

CP	$\overline{R_D}$	$\overline{S_D}$	D	Q^{n+1}	功能
×	0	1	×	0	异步置 0
×	1	0	×	1	异步置 1
↑	1	1	0	0	置 0
↑	1	1	1	1	置 1
0	1	1	×	Q^n	保持
1	1	1	×	Q^n	

②CC4013。CC4013 为双上升沿 D 触发器，R_D 和 S_D 为直接置 0 端和直接置 1 端，高电平有效。CC4013 集成边沿 D 触发器引脚排列图及逻辑符号如图 9-16 所示，其特性表见表 9-9。

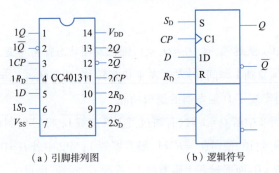

(a) 引脚排列图　　　(b) 逻辑符号

图 9-16　CC4013 引脚排列图及逻辑符号

表 9-9　CC4013 特性表

CP	R_D	S_D	D	Q^{n+1}	功能
×	0	1	×	1	异步置 1
×	1	0	×	0	异步置 0
↑	0	0	0	0	置 0
↑	0	0	1	1	置 1
0	0	0	×	Q^n	保持
1	0	0	×	Q^n	

2）边沿 JK 触发器

边沿 JK 触发器和同步 JK 触发器实现的逻辑功能相同，只是触发时刻不同，因此，它们的特性表和特性方程相同，对于下降沿触发的 JK 触发器，其特性方程为

$$Q^{n+1} = J\overline{Q^n} + \overline{K}Q^n$$

常见的集成边沿 JK 触发器有 74LS112、CC4027 等。

① 74LS112。74LS112 为双下降沿触发的 JK 触发器，$\overline{R_D}$ 和 $\overline{S_D}$ 为直接置 0 端和直接置 1 端，低电平有效。74LS112 集成边沿 JK 触发器引脚排列图及逻辑符号如图 9-17 所示，其特性表见表 9-10。

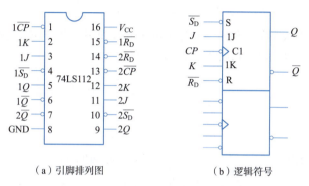

图 9-17　74LS112 引脚排列及逻辑符号

表 9-10　74LS112 特性表

CP	$\overline{R_D}$	$\overline{S_D}$	J	K	Q^{n+1}	功能
×	0	1	×	×	0	异步置 0
×	1	0	×	×	1	异步置 1
↓	1	1	0	0	Q^n	保持
↓	1	1	0	1	0	置 0
↓	1	1	1	0	1	置 1
↓	1	1	1	1	$\overline{Q^n}$	翻转
0	1	1	×	×	Q^n	保持
1	1	1	×	×	Q^n	

② CC4027。CC4027 为双上升沿 JK 触发器，R_D 和 S_D 为直接置 0 端和直接置 1 端，高电平有效。CC4027 集成边沿 JK 触发器引脚排列图及逻辑符号如图 9-18 所示，其特性表见表 9-11。

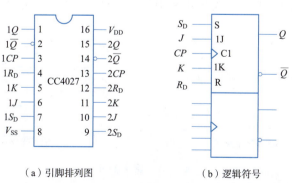

图 9-18　CC4027 引脚排列图及逻辑符号

表 9-11　CC4027 特性表

CP	R_D	S_D	J	K	Q^{n+1}	功能
×	0	1	×	×	1	异步置 1
×	1	0	×	×	0	异步置 0
↑	0	0	0	0	Q^n	保持
↑	0	0	0	1	0	置 0
↑	0	0	1	0	1	置 1
↑	0	0	1	1	$\overline{Q^n}$	翻转
0	0	0	×	×	Q^n	保持
1	0	0	×	×	Q^n	

例 9-3　边沿 JK 触发器的逻辑符号和输入电压波形如图 9-19 所示，试画出触发器 Q 和 $\overline{Q}$ 端所对应的电压波形。设触发器的初始状态为"0"状态。

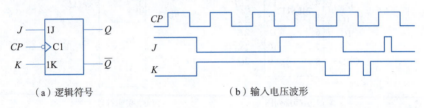

（a）逻辑符号　　　　　　（b）输入电压波形

图 9-19　例 9-3 图

解　图 9-19 所示为下降沿触发的 JK 触发器，根据 JK 触发器特性表可画出 Q 和 $\overline{Q}$ 端所对应的电压波形如图 9-20 所示。

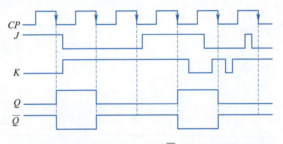

图 9-20　例 9-3 题 Q 和 $\overline{Q}$ 的电压波形

例 9-4　由边沿 D 触发器 74LS74 和边沿 JK 触发器 74LS112 组成的电路如图 9-21（a）所示，各输入端波形如图 9-21（b）所示。当各触发器的初态为 0 时，试画出 Q_1 和 Q_2 端的波形。

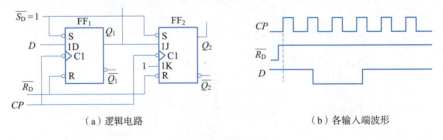

（a）逻辑电路　　　　　　　　　（b）各输入端波形

图 9-21　例 9-4 图

解 边沿 D 触发器 74LS74 是上升沿触发,边沿 JK 触发器 74LS112 是下降沿触发,根据 D 触发器和 JK 触发器特性表可画出 Q_1 和 Q_2 端的波形如图 9-22 所示。

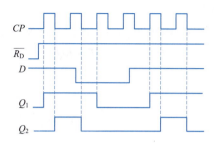

图 9-22 例 9-4 题 Q_1 和 Q_2 端的电压波形

5. 触发器的逻辑转换

1) T 触发器和 T′ 触发器

T 触发器是一种受控计数型触发器,即当输入信号 $T=1$ 时,时钟脉冲到来,触发器就翻转;当输入信号 $T=0$ 时,触发器处于保持状态。T′ 触发器则是指每输入一个时钟脉冲,状态就变化一次的电路。由 JK 触发器构成的 T 触发器和 T′ 触发器如图 9-23 所示,由 D 触发器构成的 T 触发器和 T′ 触发器如图 9-24 所示。

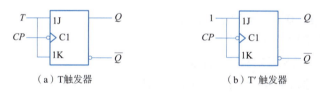

（a）T触发器　　　　　　　　　　（b）T′触发器

图 9-23 由 JK 触发器构成的 T 触发器和 T′ 触发器

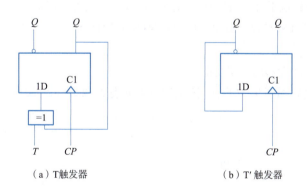

（a）T触发器　　　　　　　　　　（b）T′触发器

图 9-24 由 D 触发器构成的 T 触发器和 T′ 触发器

T 触发器特性方程:$Q^{n+1} = T\overline{Q^n} + \overline{T}Q^n$（$CP$ 下降沿时刻有效）。

T′ 触发器特性方程:$Q^{n+1} = T\overline{Q^n} + \overline{T}Q^n = \overline{Q^n}$（$CP$ 下降沿时刻有效）。

2) D 触发器和 JK 触发器之间的逻辑功能转换

（1）JK 触发器转换为 D 触发器

由 JK 触发器转换为 D 触发器如图 9-25 所示。比较 JK 触发器和 D 触发器特性方程:

$$Q^{n+1} = J\overline{Q^n} + \overline{K}Q^n = D$$

$$= DQ^n + D\overline{Q^n}$$

则 $J = D, K = \overline{D}$。

(2) D 触发器转换为 JK 触发器

由 D 触发器转换为 JK 触发器如图 9-26 所示。比较 D 触发器和 JK 触发器特性方程:

$$Q^{n+1} = D = J\overline{Q^n} + \overline{K}Q^n$$

则 $D = J\overline{Q^n} + \overline{K}Q^n$。

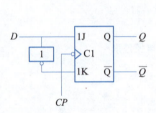

图 9-25 由 JK 触发器转换为 D 触发器

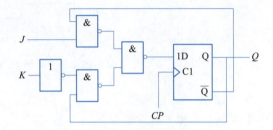

图 9-26 由 D 触发器转换为 JK 触发器

任务实施

1. 训练目的

①掌握基本 RS、JK、D 和 T 触发器的逻辑功能。
②掌握集成触发器的逻辑功能及使用方法。
③学习 D 触发器和 JK 触发器的综合运用。
④了解简单数字系统实验、调试及故障排除方法。

2. 训练器材

5 V 直流电源、逻辑电平开关、逻辑电平显示器、双踪示波器、连续脉冲器、单次脉冲器、74LS175、74LS112、74LS20、74LS74、74LS00。

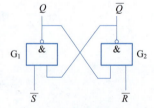

图 9-27 RS 触发器逻辑电路

3. 训练步骤

(1) 测试基本 RS 触发器的逻辑功能

RS 触发器逻辑电路如图 9-27 所示,测试记录表见表 9-12。

表 9-12 RS 触发器测试记录表

$\overline{R}$	$\overline{S}$	Q	$\overline{Q}$
1	1→0		
	0→1		
1→0	1		
0→1			
0	0		

(2) 测试双 JK 触发器 74LS112 的逻辑功能

①测试 $\overline{R}_D$ 和 $\overline{S}_D$ 的复位、置位功能,要求改变 $\overline{R}_D$、$\overline{S}_D$(J、K、CP 处于任意状态),并在 $\overline{R}_D$ 或 $\overline{S}_D$ 作用期间任意改变 J、K、CP 的状态,观察 Q 和 $\overline{Q}$ 状态,表格记录,见表 9-13。

②测试 JK 触发器的逻辑功能。

③将 JK 触发器的 J、K 端连在一起,构成 T 触发器。

表 9-13 双 JK 触发器 74LS112 的测试记录表

J	K	CP	Q^{n+1}	
			$Q^n = 0$	$Q^n = 1$
0	0	0→1		
		1→0		
0	1	0→1		
		1→0		
1	0	0→1		
		1→0		
1	1	0→1		
		1→0		

(3)测试双 D 触发器 74LS74 的逻辑功能

①测试 $\overline{R_D}$ 和 $\overline{S_D}$ 的复位、置位功能。

②测试 D 触发器的逻辑功能,按表 9-14 要求进行测试,并观察触发器状态更新是否发生在 CP 脉冲的上升沿(即由 0→1)。

表 9-14 双 D 触发器 74LS74 的测试记录表

D	CP	Q^{n+1}	
		$Q^n = 0$	$Q^n = 1$
0	0→1		
	1→0		
1	0→1		
	1→0		

(4)JK 触发器转换为 D 触发器

用 74LS112 构成一个 D 触发器,按表 9-14 测试并记录。

(5)电路的设计

电路的设计如图 9-28、图 9-29 所示。

(6)数字钟校时与分频电路的安装与调试

安装校时和分频电路需要 8 片 74LS74、4 片 74LS00、4 个 3.3 kΩ 电阻、2 个 0.01 μF 电容、1 个 5 V 直流电源、1 台函数信号发生器、1 台示波器。

①数字钟校时电路的安装与调试:

a. 按图 9-30 安装校时电路,门电路也可选 4 片 74LS00。

b. 合上 S1,校时,用示波器观察门 U1 的输出信号是否为秒脉冲信号。

c. 合上 S2,校分,用示波器观察门 U2 的输出信号是否为秒脉冲信号。

d. 将 S3 合向"校秒"位置,校秒,用示波器观察门 U3 的输出信号是否为 0.5 Hz 脉冲信号。

e. 若电路发生抖动,将 S1、S2、S3 换成图 9-31 所示的去抖动开关电路。

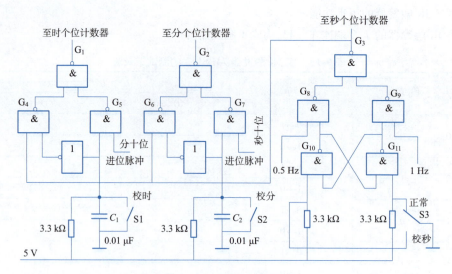

图 9-28　数字钟校时电路的设计

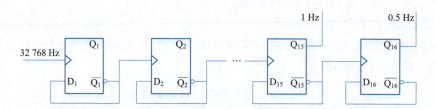

图 9-29　数字分频电路的设计

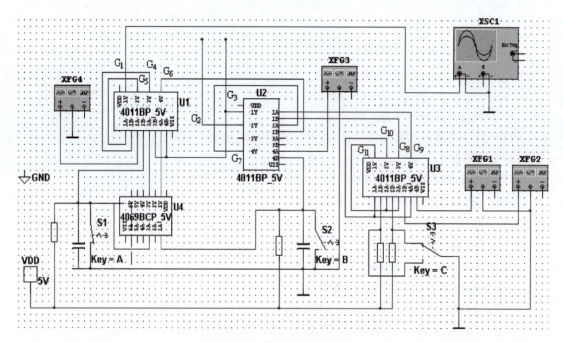

图 9-30　数字钟校时电路仿真

②数字钟分频电路的安装与调试：

由低频信号发生器提供一 32 768 Hz 的时钟信号,输入到第一级触发器的 CP 脉冲输入端,用示波器观察 Q_5、Q_6、Q_{15}、Q_{16} 的波形。

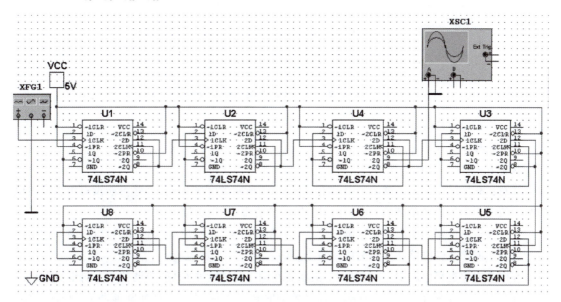

图 9-31　数字钟分频电路仿真

任务 2　数字钟计时电路的设计与制作

任务内容

①掌握异步和同步二进制计数器、十进制计数器的工作原理。
②掌握集成二进制计数器和十进制计数器的逻辑功能,及其构成任意进制计数器的方法。
③掌握同步时序逻辑电路的分析方法。
④掌握数据寄存器和移位寄存器的工作原理。
⑤理解移位寄存器的使用;了解顺序脉冲电路的工作原理。
⑥掌握 D/A 转换和 A/D 转换的工作原理;掌握 D/A 转换器和 A/D 转换器技术指标及功能。
⑦完成数字钟计时电路的设计与制作。

知识储备

1. 时序逻辑电路的分析

(1) 时序逻辑电路概述

时序逻辑电路具有记忆功能,电路在任一时刻的输出状态(次态 Q^{n+1})不仅取决于该时刻的输入,还取决于电路原来的工作状态(现态 Q^n),即还与此前时刻电路的输入及输出状态有关。

①时序逻辑电路结构特点。时序逻辑电路通常由组合逻辑电路和存储电路组成,其组成框图如图 9-32 所示。

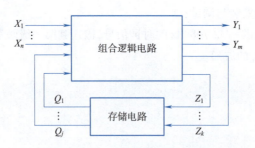

图 9-32　时序逻辑电路组成框图

输出方程：$Y = F(X, Q^n)$。

驱动方程：$Z = G(X, Q^n)$。

状态方程：$Q^{n+1} = H(Z, Q^n)$。

注意：不是每一个时序逻辑电路都有如图 9-32 所示的完整形式，有些可能没有组合逻辑电路部分或者没有输入变量，但必须有存储电路，如锁存器、触发器等。

②时序逻辑电路的分类。根据触发器状态更新与时钟脉冲 CP 是否同步，可以将时序逻辑电路分为同步时序逻辑电路和异步时序逻辑电路两大类。

在同步时序逻辑电路中，所有触发器的状态在同一时钟脉冲 CP 的协调控制下同步变化。

在异步时序逻辑电路中，只有部分触发器的时钟输入端与系统时钟脉冲源 CP 相连，这部分触发器状态的变化与系统时钟脉冲同步，而其他触发器状态的变化往往滞后于这部分触发器。

同步时序逻辑电路的工作速度明显高于异步电路，但电路复杂。

（2）时序逻辑电路分析的一般步骤

时序逻辑电路的分析是根据已知的逻辑电路图，找出电路状态和输出信号在输入信号和时钟脉冲信号作用下的变化规律，确定电路的逻辑功能。

对时序逻辑电路进行分析的一般步骤是：列写电路方程→列状态转换表→说明电路的逻辑功能→画出状态转换图和时序图。

例 9-5　分析图 9-33 所示电路的逻辑功能，画出状态转换图和时序图。

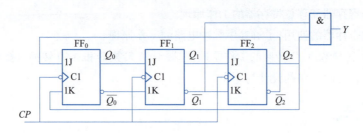

图 9-33　例 9-5 图

解　①写出电路方程：

a. 输出方程：

$$Y = Q_2^n \overline{Q_1^n}$$

b. 驱动方程：

$$\begin{cases} J_0 = \overline{Q_2^n}, & K_0 = Q_2^n \\ J_1 = Q_0^n, & K_1 = \overline{Q_0^n} \\ J_2 = Q_1^n, & K_2 = \overline{Q_1^n} \end{cases}$$

c. 各触发器状态方程：

$$\begin{cases} Q_0^{n+1} = J_0 \overline{Q_0^n} + \overline{K_0} Q_0^n = \overline{Q_2^n}\,\overline{Q_0^n} + \overline{Q_2^n} Q_0^n = \overline{Q_2^n} \\ Q_1^{n+1} = J_1 \overline{Q_1^n} + \overline{K_1} Q_1^n = Q_0^n \overline{Q_1^n} + Q_0^n Q_1^n = Q_0^n \\ Q_2^{n+1} = J_2 \overline{Q_2^n} + \overline{K_2} Q_2^n = Q_1^n \overline{Q_2^n} + Q_1^n Q_2^n = Q_1^n \end{cases}$$

② 列状态转换表，见表 9-15。

表 9-15 例 9-5 的状态转换表

现态			次态			输出
Q_2^n	Q_1^n	Q_0^n	Q_2^{n+1}	Q_1^{n+1}	Q_0^{n+1}	Y
0	0	0	0	0	1	0
0	0	1	0	1	1	0
0	1	1	1	1	1	0
1	1	1	1	1	0	0
1	1	0	1	0	0	0
1	0	0	0	0	0	1
0	1	0	1	0	1	0
1	0	1	0	1	0	1

③ 逻辑功能说明。电路在输入第六个 CP 后，返回到原来的状态，同时输出端 Y 输出一个进位信号，因此，电路为一个同步六进制加法计数器。

④ 画状态转换图和时序图，如图 9-34、图 9-35 所示。

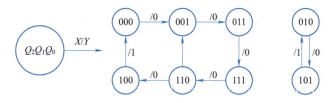

图 9-34 例 9-5 状态转换图

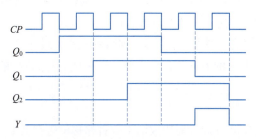

图 9-35 例 9-5 时序图

当电路处于 010 或 10"1"状态时,在 CP 脉冲作用下,这两个状态之间交替循环变换,不能进入有效循环,所以该电路没有自启动能力。

2. 寄存器

寄存器由触发器和门电路组成,主要功能是实现数据接收、存放、传送。一个触发器就是一个最简单的寄存器,能存放 1 位二进制代码,n 个触发器能存 n 位二进制代码。

寄存器分为两类:数码寄存器和移位寄存器。

数码寄存器分为多位 D 触发器、锁存器、寄存器阵列等。

移位寄存器分为单向移位寄存器和双向移位寄存器等。

1)数码寄存器

由 D 触发器构成的四位数码寄存器,直接清零端为有效态时,数码寄存器输出全部清零。D_3、D_2、D_1、D_0 是数码寄存器的数据寄存输入端。CP 上升沿未到达前,需要传送的数据寄存在数据输入端。当清零端为无效态 1 且 CP 上升沿到达时,寄存在数据输入端的数据立即并行送入数据输出端。

集成数码寄存器种类较多,常见的有 4D 触发器(如 74LS175)、6D 触发器(如 74LS174)、8D 触发器(如 74LS374、74LS377)等。74LS175 的逻辑电路和引脚排列图如图 9-36 所示。

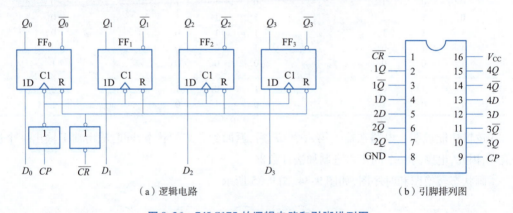

(a)逻辑电路　　　　　　　　　　　(b)引脚排列图

图 9-36　74LS175 的逻辑电路和引脚排列图

数码寄存器还可以由锁存器构成。锁存器与触发器的区别是:其送数脉冲为一使能信号,当使能信号到来时,输出跟随输入数码的变化而变化;当使能信号结束时,输出保持使能信号跳变时的状态不变。由锁存器组成的寄存器,常见的有 8D 锁存器(如 74LS373)。

2)移位寄存器

移位寄存器除了具有存储代码的功能以外,还具有移位功能。所谓移位功能,是指寄存器里存放的代码能在移位脉冲的作用下依次左移或右移。

关于左移、右移:一般规定右移是向高位移(即数码先移入最低位),左移是向低位移(即数码先移入最高位),而不管看上去的方向如何。右移:$Q_0 \rightarrow Q_3$(Q_0 到 Q_3 的移位);左移:$Q_3 \rightarrow Q_0$(Q_3 到 Q_0 的移位)。

(1)单向移位寄存器

①右移寄存器。由上升沿 D 触发器构成的 4 位右移移位寄存器如图 9-37 所示。

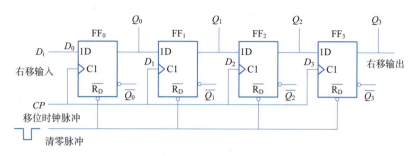

图 9-37　由上升沿 D 触发器构成的 4 位右移移位寄存器

时钟方程：
$$CP_3 = CP_2 = CP_1 = CP_0 = CP$$

输出方程：
$$Q_i^{n+1} = D_i (i = 0,1,2,3)$$

驱动方程：
$$D_0 = D_i,\ D_1 = Q_0^n,\ D_2 = Q_1^n,\ D_3 = Q_2^n$$

状态方程：
$$Q_0^{n+1} = D_0, Q_1^{n+1} = Q_0^n, Q_2^{n+1} = Q_1^n, Q_3^{n+1} = Q_2^n$$

电路的初始状态 $Q_3^n Q_2^n Q_1^n Q_0^n = 0000$，随着 CP 上升沿的控制，在 CP 上升沿到达之前已从串行右移输入端 D_i 连续输入数码 1011，根据状态方程可列出电路的状态转换真值表，见表 9-16。

表 9-16　右移寄存器中数码移动情况

移位脉冲 CP	输入数据 D_i	Q_0	Q_1	Q_2	Q_3
0	0	0	0	0	0
1	1	1	0	0	0
2	0	0	1	0	0
3	1	1	0	1	0
4	1	1	1	0	1
并行输出		1	1	0	1

由真值表可以看出该移位寄存器是串行输入，并行（串行）输出。其时序图如图 9-38 所示。

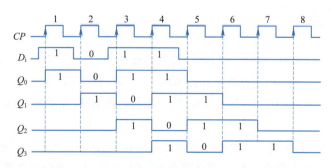

图 9-38　右移寄存器中数码移动过程时序图

图 9-37 所示的右移移位寄存器是串入/并出（串出）移位寄存器，在此寄存器基础上添加与

非门电路,可得到串行(并行)输入/串行输出移位寄存器,如图 9-39 所示。

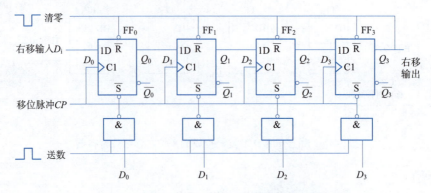

图 9-39　串行(并行)输入/串行输出移位寄存器

②左移寄存器。在图 9-37 所示右移寄存器的基础上,通过机构上的改变,可得到由上升沿 D 触发器构成的 4 位左移移位寄存器,如图 9-40 所示。

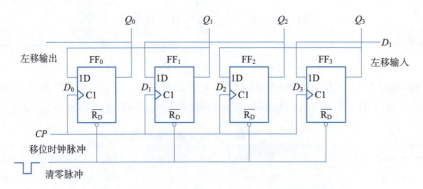

图 9-40　由 D 触发器组成的 4 位左移移位寄存器

③集成单向移位寄存器:

a. 74LS164:串行输入/并行输出 8 位移位寄存器。74LS164 有两个可控串行数据输入端 A 和 B,当 A 或 B 任意一个为 0 时,在 CP 上升沿作用下 $Q_0^{n+1}=0$;当 A 或 B 中有一个为高电平时,允许另一个串行输入数据,并在 CP 上升沿作用下决定 Q_0^{n+1} 的状态。通过 74LS164 可实现发光二极管循环点亮,如图 9-41 所示。

b. 74LS165:并行(串行)输入/互补输出 8 位移位寄存器。当 $SH/\overline{LD}=0$ 时,并行数据($D_0 \sim D_7$)被直接置入寄存器;当 $SH/\overline{LD}=1$ 时,并行置数功能被禁止。当 CP_0、CP_1 中有一个为高电平时,另一个时钟被禁止。当 CP_0 为低电平并且 $SH/\overline{LD}=1$ 时,则在 CP_1 作用下可以将 $D_0 \sim D_7$ 的数据逐位从 Q_7 端输出。通过 74LS165 实现 8 位并行/串行转换电路,如图 9-42 所示。

(2)双向移位寄存器

右移位寄存器和左移位寄存器的电路结构是基本相同的,若适当加入一些控制电路和控制信号,就可以将右移位寄存器和左移位寄存器合在一起,构成双向移位寄存器。74LS194 的逻辑符号及引脚排列图如图 9-43 所示,功能表见表 9-17。

项目9 数字钟电路的设计与制作

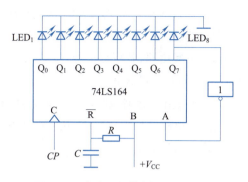

图 9-41 发光二极管循环点亮电路

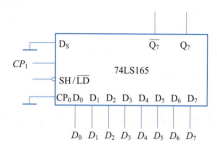

图 9-42 8 位并行/串行转换电路

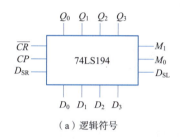

（a）逻辑符号

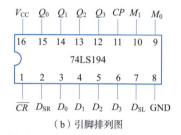

（b）引脚排列图

图 9-43 74LS194 的逻辑符号和引脚排列图

表 9-17 74LS194 的功能表

CP	$\overline{CR}$	M_1	M_0	D_{SR}	D_{SL}	D_0	D_1	D_2	D_3	Q_0^{n+1}	Q_1^{n+1}	Q_2^{n+1}	Q_3^{n+1}	功能说明
×	0	×	×	×	×	×	×	×	×	0	0	0	0	清零
×	1	0	0	×	×	×	×	×	×	Q_0^n	Q_1^n	Q_2^n	Q_3^n	保持
0	1	×	×	×	×	×	×	×	×	Q_0^n	Q_1^n	Q_2^n	Q_3^n	保持
↑	1	1	1	×	×	D_0	D_1	D_2	D_3	D_0	D_1	D_2	D_3	并行输入
↑	1	0	1	D_{SR}	×	×	×	×	×	D_{SR}	Q_0^n	Q_1^n	Q_2^n	右移输入
↑	1	1	0	×	D_{SL}	×	×	×	×	Q_1^n	Q_2^n	Q_3^n	D_{SL}	左移输入

在图 9-43 和表 9-17 中，$\overline{CR}$ 为异步置零输入端（低电平有效），$D_0 \sim D_3$ 为 4 位并行数据输入端，D_{SR} 为右移串行数码输入端，D_{SL} 为左移串行数码输入端，CP 为同步移位时钟信号输入端（上升沿有效），$Q_0 \sim Q_3$ 为 4 位并行数据输出端，M_0、M_1 为工作方式控制端。

由表 9-17 所示可知双向移位寄存器 74LS194 具有如下主要功能：

异步清零，只要 $\overline{CR} = 0$，寄存器即被置零，$Q_3 Q_2 Q_1 Q_0 = 0000$；

保持，当 $\overline{CR} = 1$，没有 CP 上升沿到达或 $M_1 = M_0 = 0$ 时，寄存器保持原状态不变；

并行置数，当 $\overline{CR} = 1$，$M_1 = M_0 = 1$ 时，在 CP 上升沿作用下，在 CP 上升沿到达之前已从并行输入端 $D_0 \sim D_3$ 输入的数码 $d_0 \sim d_3$ 并行置入寄存器，$Q_3 Q_2 Q_1 Q_0 = d_3 d_2 d_1 d_0$；

右移串行数码输入，当 $\overline{CR} = 1$，$M_1 = 1$，$M_0 = 0$ 时，在连续 CP 上升沿作用下，在 CP 上升沿到达之前已从右移串行数码输入端 D_{SR} 输入的数码，依次从寄存器的低端 Q_0 向高端 Q_3 右移输入；

左移串行数码输入，当 $\overline{CR} = 1$，$M_1 = 0$，$M_0 = 1$ 时，在连续 CP 上升沿作用下，在 CP 上升沿到达之前已从左移串行数码输入端 D_{SL} 输入的数码，依次从寄存器的高端 Q_3 向低端 Q_0 左移输入。

根据 74LS194 功能，可以由双向移位寄存器 74LS194 构成一个七进制扭环形计数器，如

图 9-43 所示。这种将输出状态最后以逻辑非的关系反馈输入串行数码输入端(D_{SR} 或 D_{SL})构成的环形计数器称为扭环形计数器。而且,若将移位寄存器的第 n 位和第 $n-1$ 位输出经逻辑与非后输入 D_{SR},则构成了 $2n-1$ 进制扭环形计数器,即奇数分频电路;若将移位寄存器的第 n 位输出经逻辑非后输入 D_{SR},则构成了 $2n$ 进制扭环形计数器,即偶数分频电路。

设 74LS194 的初始状态 $Q_0^n Q_1^n Q_2^n Q_3^n = 0000$,当 CP 上升沿到达时,$Q_0^{n+1} = D_{SR} = \overline{Q_3^n Q_2^n}$,$Q_1^{n+1} = Q_0^n$,$Q_2^{n+1} = Q_1^n$,$Q_3^{n+1} = Q_2^n$。随着移位脉冲 CP 的连续输入,电路开始右移操作,从而有状态转换真值表见表 9-18(省略了 8 个无效状态),状态转换图如图 9-44 所示。

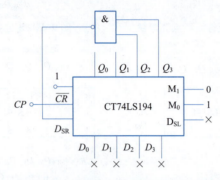

图 9-44 由双向移位寄存器 74LS194 构成的扭环形计数器

表 9-18 74LS194 构成的扭环形计数器状态转换真值表

CP 顺序	串行输入 $D_{SR} = \overline{Q_3^n Q_2^n}$	现态				次态			
		Q_0^n	Q_1^n	Q_2^n	Q_3^n	Q_0^{n+1}	Q_1^{n+1}	Q_2^{n+1}	Q_3^{n+1}
0	1	0	0	0	0	1	0	0	0
1	1	1	0	0	0	1	1	0	0
2	1	1	1	0	0	1	1	1	0
3	1	1	1	1	0	1	1	1	1
4	0	1	1	1	1	0	1	1	1
5	0	0	1	1	1	0	0	1	1
6	0	0	0	1	1	0	0	0	1
7	1	0	0	0	1				

如图 9-44 所示,Q_3 为移位寄存器的第 4 位输出,Q_2 为移位寄存器的第 3 位输出,故构成了 $(2 \times 4 - 1) = 7$ 进制扭环形计数器;七进制计数信号也就是七进制分频信号从 Q_3 输出。或者如图 9-45 所示,主循环里有七个有效状态,故是一个七进制(模为 7)计数器,简称模 7 计数器,也就是一个七分频电路。

该电路的特点是可任意设置初始状态,电路状态每次变化只有一个触发器翻转,译码器电路简单,不存在竞争-冒险现象。缺点是电路虽然可以得到 $2n$ 个有效循环状态,比环形计数器提高了一倍,但仍有 $2^n - 2n$ 个状态没有利用,状态利用率仍然不高。

3. 计数器

通常,把记忆输入 CP 个数的操作称为计数,把能实现计数操作的器件称为计数器,构成计数器的主要电路单元是边沿触发器。计数器能记忆 CP 个数的最大数目称为计数器的模,用 M 表示,称为模 M 计数器,它实际就是计数器的有效循环状态数,又称计数容量或计数长度。

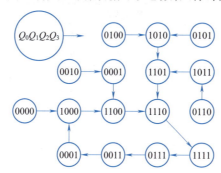

图 9-45　74LS194 构成的扭环形计数器状态转换

计数器的分类:

①按计数进制可分为二进制计数器和非二进制计数器。非二进制计数器中最典型的是十进制计数器。

②按数字的增减趋势可分为加法计数器、减法计数器和可逆计数器。

③按计数器中触发器翻转是否与计数脉冲同步分为同步计数器和异步计数器。

(1)异步计数器

①异步二进制计数器。异步二进制计数器是计数器中最基本、最简单的电路,它一般由 T'(计数型)触发器连接而成,计数脉冲加到最低位触发器的 CP 端,其他各级触发器由相邻低位触发器的输出状态变化来触发。

a. 异步二进制加法计数器。图 9-46 是利用三个下降沿触发的 JK 触发器构成的异步 3 位二进制加法计数器。JK 触发器的 J、K 输入端均接高电平,具有 T' 触发器的功能。计数脉冲 CP 加至最低位触发器 FF_0 的时钟端,低位触发器的 Q 端依次接到相邻高位触发器的时钟端,因此它是一个异步计数器。3 位二进制加法计数器时序图如图 9-47 所示,状态转换表见表 9-19。

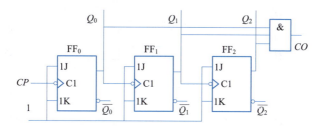

图 9-46　由 JK 触发器构成的异步 3 位二进制加法计数器

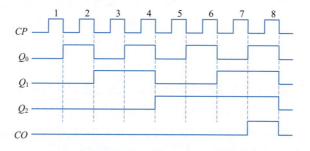

图 9-47　3 位二进制加法计数器时序图

表 9-19 3 位二进制加法计数器状态转换表

计数脉冲 CP 顺序	计数器状态			进位 CO
	Q_2	Q_1	Q_0	
0	0	0	0	0
1	0	0	1	0
2	0	1	0	0
3	0	1	1	0
4	1	0	0	0
5	1	0	1	0
6	1	1	0	0
7	1	1	1	1
8	0	0	0	0

3 位二进制加法计数器也可采用上升沿 D 触发器来构成,如图 9-48 所示。图中各 D 触发器连成 T′触发器,需要注意的是:上升沿触发时高位触发器的时钟端接相邻低位触发器的 $\overline{Q}$ 端。上升沿触发的异步 3 位二进制加法计数器时序图如图 9-49 所示。

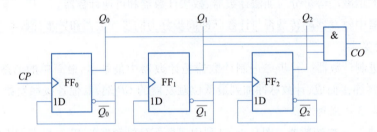

图 9-48 由 D 触发器组成的异步 3 位二进制加法计数器

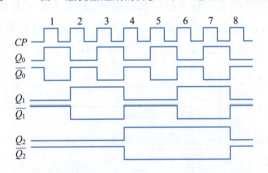

图 9-49 上升沿触发的异步 3 位二进制加法计数器时序图

b. 异步二进制减法计数器。图 9-50 是利用三个下降沿触发的 JK 触发器构成的异步 3 位二进制减法计数器,JK 触发器的 J、K 输入端均接高电平,具有 T′触发器的功能。计数脉冲 CP 加至最低位触发器 FF_0 的时钟端,低位触发器的 $\overline{Q}$ 端依次接到相邻高位触发器的时钟端,因此它是一个异步计数器。3 位二进制减法计数器时序图见图 9-51 所示,状态转换表见表 9-20。

②异步十进制计数器。异步十进制计数器通常是在二进制计数器基础上,通过脉冲反馈消除多余状态(无效状态)后实现的,且一旦电路误入无效状态后,它应具有自启动性能。8421BCD 码异步十进制加法计数器如图 9-52 所示,状态转换表见表 9-21,状态转换图如图 9-53 所示,时序图如图 9-54 所示。由状态转换图可以看出,电路有自启动能力。

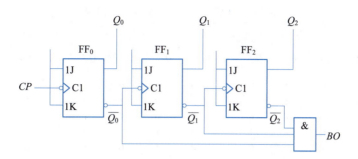

图 9-50 由 JK 触发器组成的异步 3 位二进制减法计数器

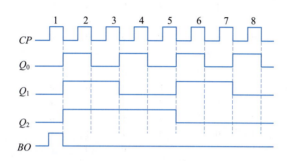

图 9-51 下降沿触发的异步 3 位二进制减法计数器时序图

表 9-20 3 位二进制减法计数器状态转换表

计数脉冲 CP 顺序	计数器状态			借位 BO
	Q_2	Q_1	Q_0	
0	0	0	0	0
1	1	1	1	0
2	1	1	0	0
3	1	0	1	0
4	1	0	0	0
5	0	1	1	0
6	0	1	0	0
7	0	0	1	0
8	0	0	0	1

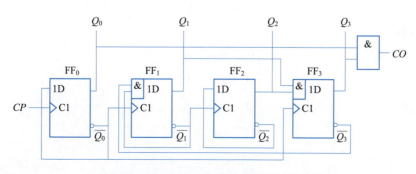

图 9-52 8421BCD 码异步十进制加法计数器

表 9-21 8421BCD 码异步十进制加法计数器状态转换表

计数脉冲序号	现态				次态				输出	说明
	Q_3^n	Q_2^n	Q_1^n	Q_0^n	Q_3^{n+1}	Q_2^{n+1}	Q_1^{n+1}	Q_0^{n+1}	CO	
0	0	0	0	0	0	0	0	1	0	有效循环
1	0	0	0	1	0	0	1	0	0	
2	0	0	1	0	0	0	1	1	0	
3	0	0	1	1	0	1	0	0	0	
4	0	1	0	0	0	1	0	1	0	
5	0	1	0	1	0	1	1	0	0	
6	0	1	1	0	0	1	1	1	0	
7	0	1	1	1	1	0	0	0	0	
8	1	0	0	0	1	0	0	1	0	
9	1	0	0	1	0	0	0	0	1	
0	1	0	1	0	1	0	1	1	0	有自启动能力
1	1	0	1	1	0	1	0	0	1	
0	1	1	0	0	1	1	0	1	0	
1	1	1	0	1	0	1	0	0	1	
0	1	1	1	0	1	1	1	1	0	
1	1	1	1	1	1	0	0	0	1	

时钟方程:

$$\begin{cases} CP_0 = CP & (\text{FF}_0 \text{ 由 } CP \text{ 上升沿触发}) \\ CP_1 = \overline{Q_0} & (\text{FF}_1 \text{ 由 } \overline{Q_0} \text{ 上升沿触发}) \\ CP_2 = \overline{Q_1} & (\text{FF}_2 \text{ 由 } \overline{Q_1} \text{ 上升沿触发}) \\ CP_3 = \overline{Q_0} & (\text{FF}_3 \text{ 由 } \overline{Q_0} \text{ 上升沿触发}) \end{cases}$$

输出方程:

$$CO = Q_3^n \, Q_0^n$$

驱动方程:

$$\begin{cases} D_0 = \overline{Q_0^n} \\ D_1 = \overline{Q_3^n Q_1^n} \\ D_2 = \overline{Q_2^n} \\ D_3 = Q_2^n \, Q_1^n \end{cases}$$

状态方程:

$$\begin{cases} Q_0^{n+1} = D_0 = \overline{Q_0^n} \\ Q_1^{n+1} = D_1 = \overline{Q_3^n Q_1^n} \\ Q_2^{n+1} = D_2 = \overline{Q_2^n} \\ Q_3^{n+1} = D_3 = Q_2^n \, Q_1^n \end{cases}$$

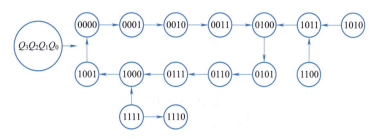

图 9-53　8421BCD 码异步十进制加法计数器状态转换图

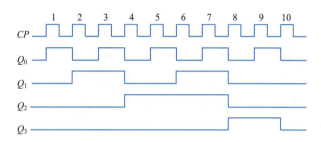

图 9-54　8421BCD 码异步十进制加法计数器时序

（2）同步计数器

①同步二进制计数器。同步二进制加法计数器（见图 9-55）中各触发器的翻转条件：

a. 最低位触发器每输入一个计数脉冲翻转一次。

b. 其他各触发器都是在其所有低位触发器的输出端 Q 全为 1 时，在下一个时钟脉冲触发沿到来时状态改变一次。

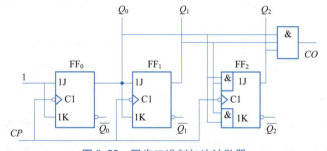

图 9-55　同步二进制加法计数器

②同步十进制计数器。由 JK 触发器构成的同步十进制加法计数器（下降沿触发），如图 9-56 所示。

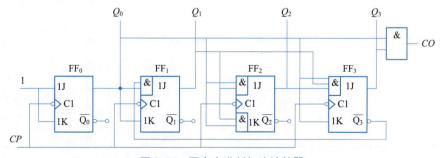

图 9-56　同步十进制加法计数器

输出方程：
$$CO = Q_3^n Q_0^n$$

驱动方程：
$$\begin{cases} J_0 = K_0 = 1 \\ J_1 = \overline{Q_3^n} Q_0^n, K_1 = Q_0^n \\ J_2 = K_2 = Q_1^n Q_0^n \\ J_3 = Q_2^n Q_1^n Q_0^n, K_3 = Q_0^n \end{cases}$$

状态方程：
$$\begin{cases} Q_0^{n+1} = J_0 \cdot \overline{Q_0^n} + \overline{K_0} \cdot Q_0^n = \overline{Q_0^n} \\ Q_1^{n+1} = J_1 \cdot \overline{Q_1^n} + \overline{K_1} \cdot Q_1^n = \overline{Q_3^n} Q_0^n \cdot \overline{Q_1^n} + \overline{Q_0^n} \cdot Q_1^n \\ Q_2^{n+1} = J_2 \cdot \overline{Q_2^n} + \overline{K_2} \cdot Q_2^n = Q_1^n Q_0^n \cdot \overline{Q_2^n} + \overline{Q_1^n Q_0^n} \cdot Q_2^n \\ Q_3^{n+1} = J_3 \cdot \overline{Q_3^n} + \overline{K_3} \cdot Q_3^n = Q_2^n Q_1^n Q_0^n \cdot \overline{Q_3^n} + \overline{Q_0^n} \cdot Q_3^n \end{cases}$$

(3) 集成计数器

①集成同步计数器：

a. 74LS160~74LS163。74LS160~74LS163 是一组可预置数的同步计数器，在计数脉冲上升沿作用下进行加法计数，74LS161 和 74LS163 是 4 位二进制加法计数器，74LS160 和 74LS162 是十进制加法计数器。74LS160~74LS163 计数器引脚排列和逻辑符号如图 9-57 所示。

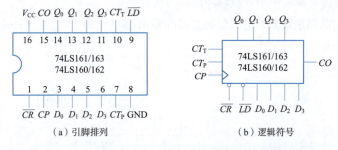

图 9-57　74LS160~74LS163 计数器引脚排列和逻辑符号

74LS161 和 74LS163 的各端子功能：$D_3 D_2 D_1 D_0$ 为并行置数端（74LS161 和 74LS163 均为同步置数），$Q_3 Q_2 Q_1 Q_0$ 为并行数据输出端；CT_T 和 CT_P 为计数控制端，CP 为计数脉冲端，CO 为进位输出端；$\overline{CR}$ 为清零端（74LS161 为异步清零，74LS163 为同步清零）；$\overline{LD}$ 为置数控制端，低电平有效 $\overline{LD} = 0$ 时，在 CP 为上升沿时，$Q_3 Q_2 Q_1 Q_0 = D_3 D_2 D_1 D_0$。

74LS161 的功能表见表 9-22，74LS163 的功能表与表 9-22 类似，只是同步清零。

表 9-22　74LS161 的功能表

$\overline{CR}$	$\overline{LD}$	CT_P	CT_T	CP	D_3	D_2	D_1	D_0	Q_3	Q_2	Q_1	Q_0	CO	功能说明
0	×	×	×	×	×	×	×	×	0	0	0	0	0	异步清零
1	0	×	×	↑	D_3	D_2	D_1	D_0	D_3	D_2	D_1	D_0		$CO = CT_T Q_3 Q_2 Q_1 Q_0$
1	1	1	1	↑	×	×	×	×					计数	$CO = Q_3 Q_2 Q_1 Q_0$
1	1	0	×	×	×	×	×	×					保持	$CO = CT_T Q_3 Q_2 Q_1 Q_0$
1	1	×	0	×	×	×	×	×					保持	0

74LS161 和 74LS163 的功能：

- 清零功能；
- 同步并行预置数功能；
- 计数功能；
- 保持功能。

74LS160 和 74LS162 的各端子功能：$D_3D_2D_1D_0$ 为并行置数端（74LS160 和 74LS162 均为同步置数），$Q_3Q_2Q_1Q_0$ 为并行数据输出端；CT_T 和 CT_P 为计数控制端，CP 为计数脉冲端，CO 为进位输出端；$\overline{CR}$ 为清零端（74LS160 为异步清零，74LS162 为同步清零）；$\overline{LD}$ 为置数控制端，低电平有效 $\overline{LD}=0$ 时，在 CP 为上升沿时，$Q_3Q_2Q_1Q_0=D_3D_2D_1D_0$。

74LS160 的功能表见表 9-23，74LS162 的功能表与表 9-23 类似，只是同步清零。

表 9-23　74LS160 的功能表

$\overline{CR}$	$\overline{LD}$	CT_P	CT_T	CP	D_3	D_2	D_1	D_0	Q_3	Q_2	Q_1	Q_0	CO	功能说明
0	×	×	×	×	×	×	×	×	0	0	0	0	0	异步清零
1	0	×	×	↑	D_3	D_2	D_1	D_0	D_3	D_2	D_1	D_0		$CO=CT_TQ_3Q_0$
1	1	1	1	↑	×	×	×	×	计数					$CO=Q_3Q_0$
1	1	0	×	×	×	×	×	×	保持					$CO=CT_TQ_3Q_0$
1	1	×	0	×	×	×	×	×	保持				0	

74LS160 和 74LS162 的功能：

- 清零功能；
- 同步并行预置数功能；
- 计数功能；
- 保持功能。

b. 74LS192 和 74LS193。74LS192 和 74LS193 为可预置数同步加/减可逆计数器，它们的引脚排列和逻辑符号完全相同，如图 9-58 所示。其中 74LS193 是 4 位二进制计数器，74LS192 是 8421BCD 码十进制计数器。74LS192 和 74LS193 计数器引脚排列图和逻辑符号如图 9-58 所示。

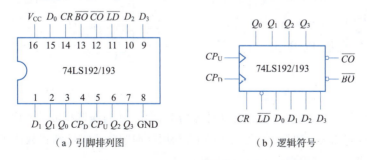

（a）引脚排列图　　　（b）逻辑符号

图 9-58　74LS192/74LS193 计数器引脚排列图和逻辑符号

74LS192 和 74LS193 的各端子功能：$D_3D_2D_1D_0$ 为并行置数端，$Q_3Q_2Q_1Q_0$ 为并行数据输出端；CP_D 为减计数脉冲端，CP_U 为加计数脉冲端，$\overline{CO}$ 为进位输出端，$\overline{BO}$ 为借位输出端；CR 为异步清零端；$\overline{LD}$ 为置数控制端，低电平有效 $\overline{LD}=0$ 时，在 CP 为上升沿时，$Q_3Q_2Q_1Q_0=D_3D_2D_1D_0$。

74LS192 的功能表见表 9-24，74LS193 的功能表与表 9-24 类似，但 $CO=Q_3Q_2Q_1Q_0\overline{CP_U}$。

表 9-24 74LS192 的功能表

CR	$\overline{LD}$	CP_U	CP_D	D_3	D_2	D_1	D_0	Q_3	Q_2	Q_1	Q_0	功能说明
1	×	×	×	×	×	×	×	0	0	0	0	异步清零
0	0	×	×	D_3	D_2	D_1	D_0	D_3	D_2	D_1	D_0	
0	1	↑	1	×	×	×	×	加计数				$CO = \overline{Q_3 Q_0 \overline{CP_U}}$
0	1	1	↑	×	×	×	×	减计数				$BO = \overline{\overline{Q_3}\,\overline{Q_2}\,\overline{Q_1}\,\overline{Q_0} CP_U}$

c. 利用集成计数器获得 N 进制计数器。利用集成计数器的清零端或置数控制端可获得 N 进制计数器。图 9-59 所示是用反馈清零法构成的十二进制计数器,图 9-60 所示是用反馈置数法构成的十三进制计数器。

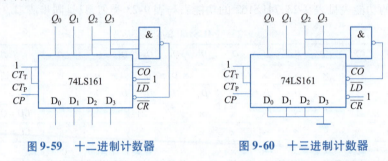

图 9-59 十二进制计数器   图 9-60 十三进制计数器

例 9-6 试用集成同步 4 位二进制计数器 74LS163 的清零端构成七进制计数器。

解 74LS163 是采用同步清零方式的集成计数器,故构成七进制计数器时,其归零状态为 $S_6 = 0110$,则 $\overline{CR} = \overline{Q_3 Q_2}$,电路如图 9-61 所示。

例 9-7 试用 74LS161 的同步置数功能构成十进制计数器,其计数起始状态为 0011。

解 74LS161 是采用同步置数方式的集成计数器,故构成十进制计数器时,其置数状态为 S_9,由于计数起始状态为 $S_0 = 0011$,则 $S_9 = 1100$,同时 $D_3 D_2 D_1 D_0 = 0011$,电路如图 9-62 所示。

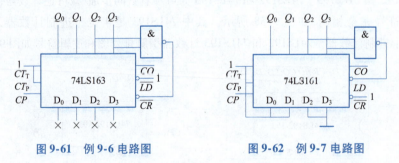

图 9-61 例 9-6 电路图   图 9-62 例 9-7 电路图

图 9-63 所示为由两片 4 位二进制加法计数器 74LS161 串行级联构成的 8 位二进制加法计数器(二百五十六进制加法计数器)。在此基础上,利用反馈归零法或反馈置数法可以构成 256 以内任意进制计数器。

图 9-64 是 74LS192 进行串行级联时的电路图。各级的清零端 CR 并接在一起,预置数控制端并接在一起,同时将低位的进位输出端接到高一位的 CP_U,将低位的借位输出端接到高一位的 CP_D。

例 9-8 试用两片 74LS160 构成一个二十四进制计数器。

解 由于 74LS160 是采用异步清零的十进制计数器,利用反馈归零法组成一个二十四进制计数器时,清零状态为 $S_{24} = 00100100$,则 $\overline{CR} = \overline{Q_5 Q_2}$,电路如图 9-65 所示。

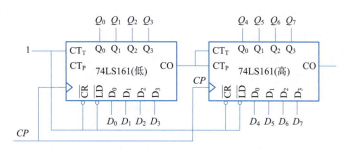

图 9-63　两片 74LS161 串行级联构成 8 位二进制加法进制计数器

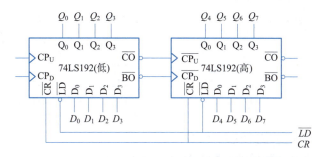

图 9-64　两片 74LS192 串行级联构成一百进制计数器

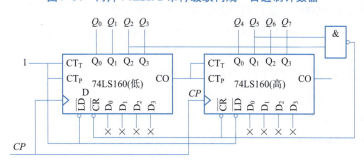

图 9-65　例 9-8 电路图

②**集成异步计数器 74LS290**。74LS290 为二-五-十进制计数器。在 74LS290 内部有四个触发器，第一个触发器有独立的时钟输入端 CP_0（下降沿有效）和输出端 Q_0，构成二进制计数，其余三个触发器以五进制方式相连，其时钟输入为 CP_1（下降沿有效），输出端为 Q_1、Q_2、Q_3。74LS290 电路结构图及逻辑符号如图 9-66 所示。

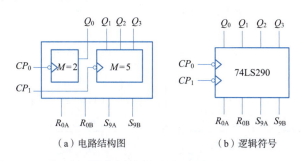

（a）电路结构图　　　　　（b）逻辑符号

图 9-66　74LS290 电路结构图及逻辑符号

74LS290 的各端子功能：R_{0A} 和 R_{0B} 为异步清零端，S_{9A} 和 S_{9B} 为异步置 9 端。CP_0 和 CP_1 为计数脉冲端，计数脉冲由 CP_0 输入，Q_0 输出时，构成 1 位二进制计数器；计数脉冲由 CP_1 输入，输出为 $Q_3Q_2Q_1$ 时，则构成异步五进制计数器。如将 Q_0 和 CP_1 相连，计数脉冲由 CP_0 输入，输出为 $Q_3Q_2Q_1Q_0$ 时，构成 8421BCD 码异步十进制加法计数器。74LS290 的功能表见表 9-25。

表 9-25　74LS290 的功能表

R	R_{0B}	S	S_{9B}	CP_0	CP_1	Q_3	Q_2	Q_1	Q_0	功能说明
1	1	0	×	×	×	0	0	0	0	异步清零
1	1	×	0	×	×	0	0	0	0	异步清零
0	×	1	1	×	×	1	0	0	1	异步置 9
×	0	×	0	↓	0	计数				1 位二进制计数
×	0	0	×	0	↓	计数				五进制计数
0	×	×	0	↓	Q_0	计数				8421BCD 码十进制计数
0	×	0	×	Q_3	↓	计数				5421BCD 码十进制计数

例 9-9　试用 74LS290 构成七进制计数器。

解　设构成的七进制计数器的计数循环状态为 $S_0 \sim S_6$，并取计数起始状态 $S_0 = 0000$。由于 74LS290 具有异步清零功能，所以选归零状态为 $S_7 = 0111$，则 $R_{0A}R_{0B} = Q_2Q_1Q_0$，电路如图 9-67 所示。

集成异步计数器一般没有专门的进位信号输出端，通常可以用本级的高位输出信号驱动下一级计数器计数，即采用串行进位方式来扩展容量。由两片 74LS290 串行级联构成的一百进制计数器如图 9-68 所示，二十四进制计数器如图 9-69 所示。

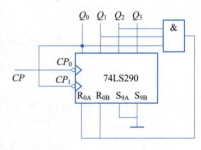

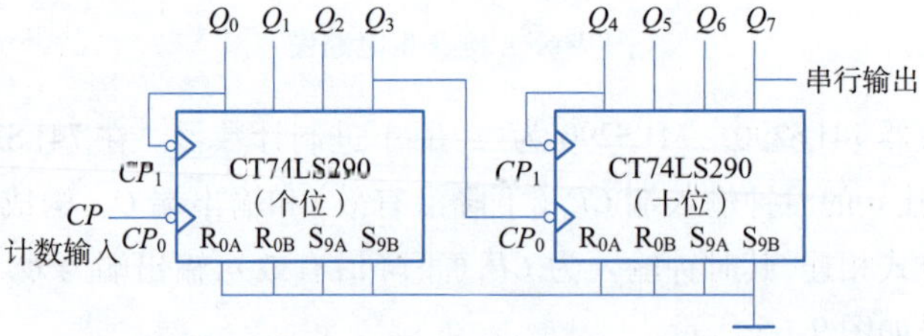

图 9-67　例 9-9 电路图

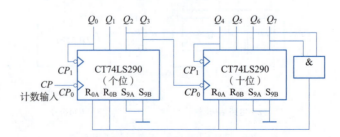

图 9-68　两片 74LS290 串行级联构成的一百进制计数器

图 9-69　两片 74LS290 串行级联构成的二十四进制计数器

4. A/D 与 D/A 转换

(1) D/A 转换技术

①D/A 转换器。D/A 转换的作用是将数字信号量转换成模拟信号量。完成 D/A 转换的电路称为 D/A 转换器。D/A 转换器的种类很多,有权电阻网络 D/A 转换器、T 形和倒 T 形网络 D/A 转换器、权电容网络 D/A 转换器等。图 9-70 所示电路由权电阻网络电子模拟开关和放大器两部分组成。

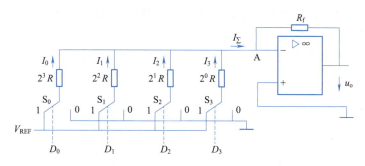

图 9-70　4 位权电阻网络 D/A 转换器

$$I_\Sigma = I_0 + I_1 + I_2 + I_3 = \frac{V_{REF}}{2^3 R}D_0 + \frac{V_{REF}}{2^2 R}D_1 + \frac{V_{REF}}{2^1 R}D_2 + \frac{V_{REF}}{2^0 R}D_3$$

$$= \frac{V_{REF}}{2^3 R}(2^3 D_3 + 2^2 D_2 + 2^1 D_1 + 2^0 D_0)$$

当 $R_f = \frac{1}{2}R$ 时,代入上式,得

$$u_o = -I_\Sigma R_f = -\frac{V_{REF}}{2^4}(2^3 D_3 + 2^2 D_2 + 2^1 D_1 + 2^0 D_0)$$

推广得

$$u_o = -I_\Sigma R_f = -\frac{V_{REF}}{2^n}(2^{n-1} D_{n-1} + 2^{n-2} D_{n-2} + \cdots + 2^1 D_1 + 2^0 D_0)$$

②D/A 转换器的主要技术指标:

a. 分辨率。分辨率是说明 D/A 转换器输出最小电压的能力。它是指 D/A 转换器模拟输出所产生的最小输出电压 U_{LSB}(对应的输入数字量仅最低位为 1)与最大输出电压 U_{FSR}(对应的输入数字量各有效位全为 1)之比,即

$$分辨率 = \frac{1}{2^n - 1}$$

例如,对于 8 位 DAC,其分辨率为 $\frac{1}{2^8 - 1} \approx 0.004$;对于 10 位 DAC,其分辨率为 $\frac{1}{2^{10} - 1} \approx$ 0.000 978。

如果输出模拟电压为 10 V,则 8 位和 10 位 DAC 能分辨的最小电压分别为 0.04 V 和 0.009 78 V。所以,D/A 转换器位数越多,分辨输出最小电压的能力越强。

b. 转换精度。转换精度是指 D/A 转换器实际输出的模拟电压值与理论输出的模拟电压值之间的最大误差,常以百分数来表示。例如,某 D/A 转换器的输出模拟电压满刻度值为 10 V,转

换精度为 2%,则其输出电压的最大误差为 $10\ V\times 2\% = 200\ mV$。

转换精度是一个综合指标,不仅与器件参数精度有关,而且还与环境温度、运算放大器的温漂以及 D/A 转换器的位数有关。一般情况下,要求 D/A 转换器的误差小于 $U_{LSB}/2$。

c. 转换时间。指 D/A 转换器从输入数字信号开始到输出模拟电压或电流达到稳定值时所用的时间,即转换器的输入变化为满度值(输入由全 1 变为全 0,或由全 0 变为全 1)时,其输出达到稳定值所需要的时间。转换时间越小,D/A 转换器的工作速度就越快。

③集成 D/A 转换器器件介绍。集成 D/A 转换器器件种类较多,下面以 DAC0832 为例进行简单介绍。

a. DAC0832 电路结构和引脚功能。DAC0832 内部结构框图如图 9-71 所示,引脚排列图如图 9-72 所示。

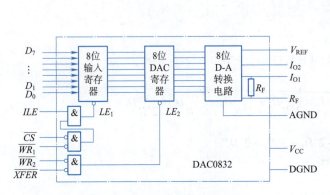

图 9-71　DAC0832 内部结构框图

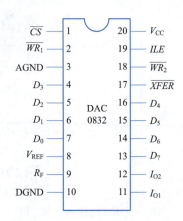

图 9-72　DAC0832 引脚排列图

DAC0832 引脚功能：

$D_0 \sim D_7$:数据输入线,TTL 电平。

ILE:输入允许信号端,高电平有效。

$\overline{CS}$:片选信号输入线,低电平有效。

$\overline{WR_1}$:数据输入选通信号端(又称写输入信号端),低电平有效。

$\overline{XFER}$:数据传送控制信号端。

$\overline{WR_2}$:为 DAC 寄存器写选通信号端。

I_{O1}:模拟电流输出端。

I_{O2}:模拟电流输出端,其值与 I_{O1} 之和为一常数。

R_F:外接运算放大器提供的反馈电阻引出端,改变 R_F 端外接电阻值可调整转换满量程精度。

V_{CC}:电源接线端(5~15 V)。

V_{REF}:基准电压接线端(-10~10 V)。

AGND:模拟电路接地端。

DGND:数字电路接地端,通常与模拟电路接地端在基准电源处相连。

DAC0832 的 D/A 转换结果采用电流形式(I_{O1}、I_{O2})输出。若需要相应的模拟电压信号,可通过一个高输入阻抗的线性运算放大器实现。

b. DAC0832 工作特点和使用方法。由于 DAC0832 中不包含运算放大器,所以需要外接运算放大器,才能构成完整的 D/A 转换器。DAC0832 外接运算放大器如图 9-73 所示。

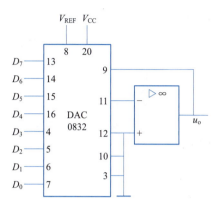

图 9-73　DAC0832 外接运算放大器

因为有两级锁存器,DAC0832 可以工作在双缓冲器方式,即在输出模拟信号的同时采集下一个数字量。此外,两级锁存器还可以在多个 D/A 转换器同时工作时,利用第二级锁存信号来实现多个转换器同步输出。

（2）A/D 转换技术

①A/D 转换原理。A/D 转换的作用是将模拟信号量转换成数字信号量。完成 A/D 转换的电路称为 A/D 转换器,或写为 ADC。A/D 转换的过程如图 9-74 所示。

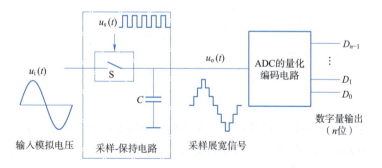

图 9-74　A/D 转换的过程

a. 采样和保持。采样就是对连续变化的模拟信号作等间隔的抽取样值,也就是对连续变化的模拟信号作周期性的测量。

根据采样定理,理论上只要满足 $f_s \geq 2f_{imax}$（式中,f_s 是采样频率；f_{imax} 是信号中所包含最高次谐波分量的频率）,就能将 u_s 不失真地还原成 u_i。由于电路元件不可能达到理想要求,通常取 $f_s > 5f_{imax}$,才能保证还原后信号不失真。

b. 量化和编码。将采样后的样值电平归化到与之接近的离散电平上,这个过程称为量化。将量化的数值用二进制代码表示,称为编码。

A/D 转换器有直接 A/D 转换器和间接 A/D 转换器两大类。

直接 A/D 转换器是通过一套基准电压与采样-保持电压进行比较,从而直接将模拟量转换成数字量。其特点是工作速度高,转换精度容易保证,调准也比较方便。直接 A/D 转换器有计数型、逐次比较型、并行比较型等。模数转换采样原理如图 9-75 所示,划分量化电平方法如图 9-76 所示。

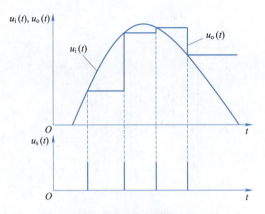

图 9-75　模数转换采样原理

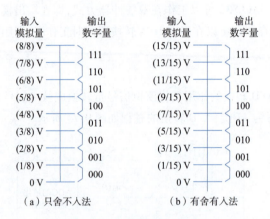

（a）只舍不入法　　　　　　（b）有舍有入法

图 9-76　划分量化电平方法

间接 A/D 转换器是将采样后的模拟信号先转换成中间变量时间 t 或频率 f,然后再将 t 或 f 转换成数字量。其特点是工作速度较低,但转换精度可以做得较高,且抗干扰性强。间接 A/D 转换器有单次积分型、双积分型等。

逐次比较型 A/D 转换器又称逐次逼近型 ADC 或逐次渐近型 ADC,它是通过对模拟量不断地逐次比较、鉴别,直到最末一位为止,它类似于用天平称量物重的过程。逐次比较型 A/D 转换器原理框图如图 9-77 所示。

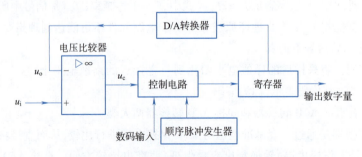

图 9-77　逐次比较型 A/D 转换器原理框图

②A/D 转换器的主要技术指标

a. 分辨率。分辨率用来反映 A/D 转换器对输入模拟信号的分辨能力。从理论上讲，一个 n 位二进制数输出的 A/D 转换器应能区分输入模拟电压的 2^n 个不同量级，即

$$分辨率 = \frac{1}{2^n}$$

该分辨率下能够区分的最小输入模拟信号为 $\frac{u_i}{2^n}$，其中 u_i 是输入的满量程模拟电压，n 为 A/D 转换器的位数。显然，位数越多，A/D 转换器可以分辨的最小模拟电压值就越小，分辨率越高。

例如，A/D 转换器的输出为 12 位二进制数，最大输入模拟信号为 10 V，则其分辨率为 $\frac{1}{2^{12}}$ = 0.024 4%，能够区分的最小输入模拟信号为 10 V × 0.024 4% = 2.44 mV。

b. 转换时间。转换时间是指从接到转换控制信号开始，到输出端得到稳定的数字输出信号所需要的时间。通常用完成一次 A/D 转换操作所需时间来表示转换速度。转换时间越短，说明转换速度越快。

双积分型 A/D 转换器的转换速度最慢，需几百毫秒；逐次比较型 A/D 转换器的转换速度较快，需几十微秒；并行比较型 A/D 转换器的转换速度最快，仅需几十纳秒。

c. 转换误差。转换误差表示 A/D 转换器实际输出的数字量和理论上输出的数字量之间的差别，常用最低有效位的倍数表示。

例如，转换误差 ≤ ±LSB/2，就表明实际输出的数字量和理论上应得到的输出数字量之间的误差小于最低位的半个字。

③集成 A/D 转换器器件介绍：

a. ADC0809 电路结构和引脚功能。ADC0809 电路结构如图 9-78 所示，引脚排列如图 9-79 所示。

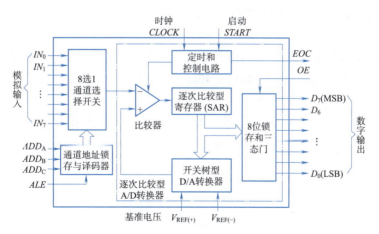

图 9-78 ADC0809 电路结构

ADC0809 引脚功能：

$IN_0 \sim IN_7$：8 路模拟输入信号送入端。

ADD_A、ADD_B、ADD_C：模拟通道选择地址信号。

$D_7 \sim D_0$：A/D 转换后的数据输出端，为三态可控输出。

$V_{REF(+)}$、$V_{REF(-)}$：正、负参考电压输入端,用于提供片内 DAC 电阻网络的基准电压。单极性输入时,$V_{REF(+)}=5$ V,$V_{REF(-)}=0$ V；双极性输入时,$V_{REF(+)}$、$V_{REF(-)}$ 分别接正、负极性的参考电压。

ALE：地址锁存允许信号端,高电平有效。

START：A/D 转换启动信号端,正脉冲有效。如正在进行转换时又接到新的启动脉冲,则原来的转换进程被中止,重新从头开始转换。

EOC：转换结束信号端,高电平有效。

OE：输出允许信号端,高电平有效。

b. ADC0809 工作过程和使用说明。首先输入 3 位地址,并使 ALE = 1,将地址存入通道地址锁存器中,此地址经译码选通 8 路模拟输入之一到比较器。START 上升沿将逐次逼近寄存器复位。下降沿启动 A/D 转换,之后 EOC 输出信号变低,指示转换正

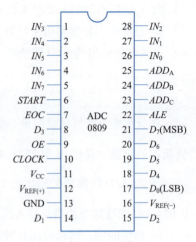

图 9-79 ADC0809 引脚排列

在进行。直到 A/D 转换完成,EOC 变为高电平,指示 A/D 转换结束,结果数据已存入锁存器,这个信号可用作中断申请。当 OE 输入高电平时,输出三态门打开,转换结果的数字量输出到数据总线上。

模拟输入通道的选择可以相对于转换开始操作独立地进行,当然,不能在转换过程中进行。然而通常是把通道选择和启动转换结合起来完成,因为 ADC0809 的时间特性允许这样做。

任务实施

1. 训练目的

①学习用集成触发器构成计数器的方法。

②掌握中规模集成计数器的使用及功能测试方法。

③运用集成计数器构成 1/N 分频器。

2. 训练器材

5 V 直流电源、逻辑电平开关、逻辑电平显示器、双踪示波器、连续脉冲器、单次脉冲器、译码显示器、74LS74 × 2、74LS192 × 3、74LS161、CC4011、CC4012。

3. 训练步骤

①用 74LS74 构成一个 3 位二进制减法计数器,画出电路并连接测试。

②按图 9-80 连接训练电路,测试并比较,将结果记入表 9-26、表 9-27 中,并分别说明是几进制计数器。

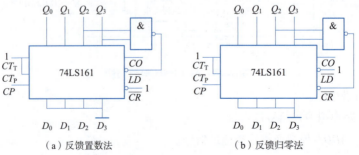

(a) 反馈置数法　　　　　　　　(b) 反馈归零法

图 9-80 训练电路图

表 9-26 训练电路(a)记录表

CP	Q_3	Q_2	Q_1	Q_0	CO

表 9-27 训练电路(b)记录表

CP	Q_3	Q_2	Q_1	Q_0	CO

③ 图 9-81 所示为用 74LS192 构成的一个特殊十二进制的计数器电路。在数字钟里,对时位的计数序列是 1、2、…、11、12、1、…是十二进制的,且无 0 数。在图 9-81 中,当计数到 13 时,通过与非门产生一个复位信号,使 74LS192(2)(时十位)直接置成 0000,而 74LS192(1)(时个位)直接置成 0001,从而实现 1~12 计数。连接训练电路并进行测试。

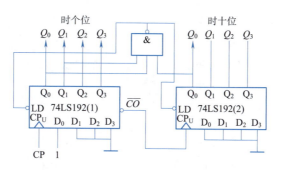

图 9-81 十二进制训练电路图

④ 数字钟计时电路的设计。数字钟计时电路由时、分、秒计数器构成。要实现分、秒计数,各需设计一个六十进制秒计数器,小时的计数采用二十四进制计数器。将标准秒脉冲信号送入秒计数器,每累计 60 s 发出一个进位脉冲信号,该信号作为分计数器的计数控制脉冲。

方案 1:用 74LS160 实现数字钟计时电路设计,如图 9-82 所示。

方案 2:用 74LS290 实现数字钟计时电路设计,如图 9-83 所示。

方案 3:用 74LS390 实现数字钟计时电路设计。除了 74LS160,其他十进制的计数器也都可以很方便地来实现时间计数单元的计数功能。为减少器件使用数量,可选 74LS390,该器件为双二-五-十异步计数器,故三块计数器芯片即可实现数字钟的计时电路。具体电路读者可参考前面电路自行设计。

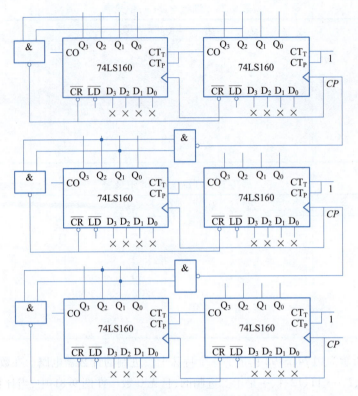

图 9-82 74LS160 实现数字钟计时

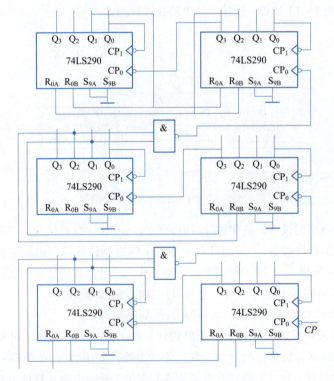

图 9-83 74LS290 实现数字钟计时

⑤数字钟计时电路的安装与调试

按图9-84所示连接电路,分别完成如下内容调试:

a. 将秒信号送入秒计数器,检查个位、十位是否按 10 s、60 s 进位。

b. 将秒信号送入分计数器,检查个位、十位是否按 10 s、60 s 进位。

c. 将秒信号送入时计数器,检查是否按 24 s 进位。

d. 若时、分、秒计数器都正常计数,可在秒计数器 CP 端加入一 10 Hz 信号,观察时、分、秒计数器计数情况。为了便于观察,可将时、分、秒计数器计数的输出端接到图 9-84 中完成的译码显示电路上进行调试。

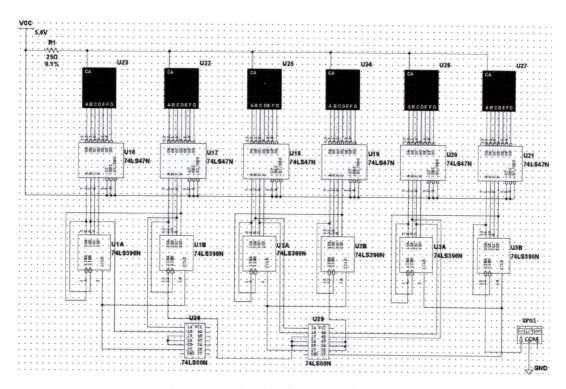

图 9-84　数字计时电路仿真图

任务 3　秒脉冲发生器的设计与制作

任务内容

①掌握 555 定时器组成施密特触发器、单稳态触发器和多谐振荡器的工作原理。

②掌握单稳态触发器输出脉冲宽度和多谐振荡器振荡频率的计算。

③理解集成施密特触发器和集成单稳态触发器的工作原理,理解它们的使用。

④完成秒脉冲发生器的设计与制作。

知识储备

1. 脉冲信号与脉冲波形的产生

所谓脉冲信号,就是在瞬间突然变化、作用时间极短的电压或电流。它可能是周期性的,也可能是非周期性或单次的脉冲,如图 9-85 所示。

图 9-85　不同类型的脉冲信号波形图

(1)脉冲信号的主要参数

脉冲信号波形如图 9-86 所示。其主要参数如下:

①脉冲幅度 U_m:脉冲幅度是指输出脉冲的电压强度,以伏(V)为单位。

②脉冲上升时间(前沿)t_r:从脉冲振幅的 10% 上升到 90% 所需的时间。

③脉冲下降时间(后沿)t_f:从脉冲振幅的 90% 下降到 10% 所需的时间。

④脉冲宽度 t_w:从上升沿的脉冲幅度的 50% 到下降沿脉冲的脉冲幅度的 50% 所需的时间,这段时间也称为脉冲持续时间。

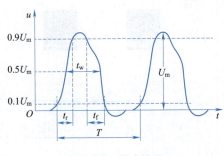

图 9-86　脉冲信号

⑤脉冲周期 T:周期性脉冲信号相邻两个上升沿(或下降沿)的脉冲幅度的 10% 两点之间的时间间隔。

⑥占空比:是指在一个脉冲循环内,通电时间相对于总时间所占的比例,即 $q = \dfrac{t_w}{T}$。

(2)脉冲波形的产生

①利用振荡器电路直接产生所需要的矩形脉冲,这种方式不需要外加触发信号,只需要电路的电源,这种电路称为多谐振荡电路。

②通过各种整形电路,把已有的周期性变化波形变换为符合要求的矩形脉冲,电路自身不能产生脉冲信号。常用的电路有单稳态触发器和施密特触发器。

2. 多谐振荡器

(1)门电路构成的多谐振荡器

①对称式多谐振荡器。图 9-87 是对称式多谐振荡器电路。G_1 和 G_2 是两个反相器。C_1 和 C_2 是两个耦合电容,$C_1 = C_2 = C$,R_{f1} 和 R_{f2} 是两个反馈电阻,且 $R_{f1} = R_{f2} = R_f$,反相器 G_3 做整形缓冲电路。电路中各点电压的波形如图 9-88 所示。

若与门的阈值电压 $U_{TH} = V_{DD}/2$(V_{DD} 为与门电源电压),则振荡周期 $T \approx 1.4\ R_f C$。

②带 RC 的环形多谐振荡器。图 9-89 是带 RC 的环形多谐振荡器电路。R 为限流电阻,一般取 100 Ω,电位器 $R_P \leq 1$ kΩ。电路利用电容 C 的充、放电来控制 P 点的电位 V_P,从而控制非门的

开启,形成多谐振荡。带 RC 的环形多谐振荡器的振荡周期为 $T \approx 2.2R_\mathrm{P}C$,工作波形如图 9-90 所示。

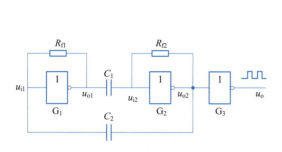

图 9-87 对称式多谐振荡器电路

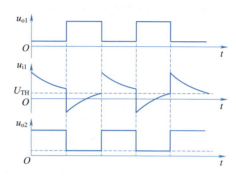

图 9-88 对称式多谐振荡器电路中各点电压的波形

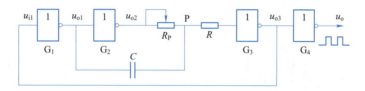

图 9-89 带 RC 的环形多谐振荡器电路

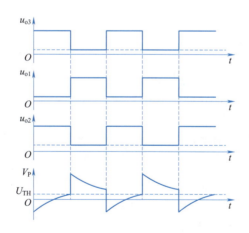

图 9-90 带 RC 的环形多谐振荡器工作波形图

(2)石英晶体多谐振荡器

石英晶体的频率稳定性非常高,误差只有 $10^{-11} \sim 10^{-6}$,因此在频率稳定性要求较高的场合多采用石英晶体振荡器。石英晶体振荡器阻抗频率特性及图形符号如图 9-91 所示。

常用的石英晶体振荡器电路如图 9-92 所示。

图 9-92(a)所示电路中 f_0 通常为几兆赫到几十兆赫。图 9-92(b)的 $f_0 = 100$ kHz。图 9-92(c)、(d)中的 $f_0 = 32\ 768$ Hz $= 2^{15}$ Hz,常用作数字电子钟的时标信号。

(3)555 定时器构成的多谐振荡器

①555 定时器的结构和工作原理。555 定时器为数字模拟混合集成电路。可产生精确的时间

延迟和振荡,内部有 3 个 5 kΩ 的电阻分压器,故称 555。

在波形的产生与变换、测量与控制、家用电器、电子玩具等许多领域中都得到了应用。不同类型 555 定时器引脚图如图 9-93 所示。

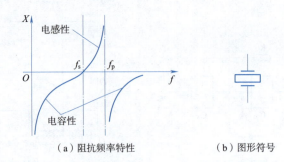

图 9-91　石英晶体振荡器阻抗频率特性及图形符号

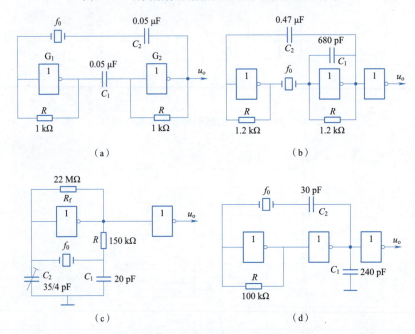

图 9-92　常用的石英晶体振荡器电路

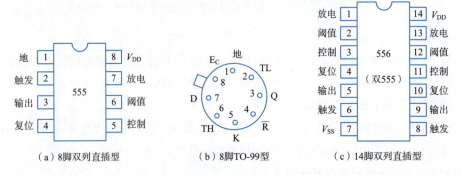

图 9-93　不同类型 555 定时器引脚图

各公司生产的 555 定时器的逻辑功能与外引线排列完全相同。不同的 555 定时器性能见表 9-28。

表 9-28 不同的 555 定时器性能

项　目	双极型产品	CMOS 产品
单 555 型号的最后几位数码	555	7555
双 555 型号的最后几位数码	556	7556
优点	驱动能力较大	低功耗、高输入阻抗
电源电压工作范围	5～16 V	3～18 V
负载电流	可达 200 mA	可达 4 mA

如图 9-94 所示，电阻分压器为两个电压比较器提供基准电压；CO 为比较电压的控制端，若 CO 端外加控制电压 V_{CO}，则电压比较器 C_1 的基准电压 $V_{R1}=V_{CO}$，C_2 的基准电压 $V_{R2}=V_{CO}/2$；若 CO 端不加控制电压时，为防止高频干扰信号窜入，一般 CO 端应通过一个 0.01 μF 的小电容接地，这时两个电压比较器的基准电压分别是 $V_{R1}=2V_{CC}/3$、$V_{R2}=V_{CC}/3$；G_1、G_2 构成基本 RS 触发器；$\overline{R_D}$ 为直接置零（清零）控制端，当 $\overline{R_D}=0$ 时，基本 RS 触发器的 $\overline{Q}=1$，使输出端电压为低电平 $u_o=0$，且与阈值输入端 TH 和触发输入端 $\overline{TR}$ 有无信号没有关系；正常工作时，$\overline{R_D}$ 端应接高电平 1；输出缓冲级 G_3 一是与负载隔离缓冲使定时器工作稳定，二是具有较强的电流驱动能力；放电管 T 作为开关管来使用，对应的输出端 DIS 是放电管 T 的集电极（或 CMOS 的漏极），当 $\overline{Q}=0$ 时，T 截止，当 $\overline{Q}=1$ 时，T 导通。

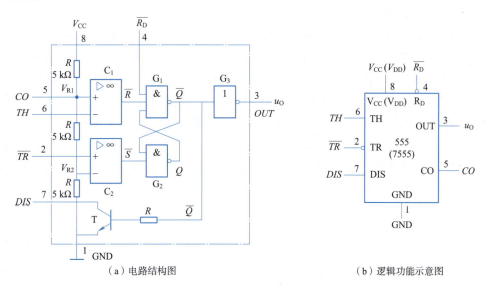

（a）电路结构图　　　　　　　　　　　（b）逻辑功能示意图

图 9-94 555 定时器的基本电路结构和逻辑功能示意图

a. 当阈值输入端 TH 电压 V_6 大于 $V_{R1}=2V_{CC}/3$、触发输入端 $\overline{TR}$ 电压 V_2 大于 $V_{R2}=V_{CC}/3$ 时，电压比较器 C_1 的输出 $\overline{R}=0$，C_2 的输出 $\overline{S}=1$，基本 RS 触发器被置 1，$\overline{Q}=1$，放电管 T 导通、G_3 输出低电平 $u_o=0$。俗称输入大大，输出小小。

b. 当阈值输入端 TH 电压 V_6 小于 $V_{R1}=2V_{CC}/3$、触发输入端 $\overline{TR}$ 电压 V_2 小于 $V_{R2}=V_{CC}/3$ 时，电

压比较器 C_1 的输出 $\overline{R}=1$，C_2 的输出 $\overline{S}=0$，基本 RS 触发器被置 0、$\overline{Q}=0$，放电管 T 截止、G_3 输出高电平 $u_o=1$。俗称输入小小，输出大大。

c. 当阈值输入端 TH 电压 V_6 小于 $V_{R1}=2V_{CC}/3$、触发输入端 $\overline{TR}$ 电压 V_2 小于 $V_{R2}=V_{CC}/3$ 时，电压比较器 C_1 的输出 $\overline{R}=1$，C_2 的输出 $\overline{S}=1$，基本 RS 触发器的状态保持不变，放电管 T 和 G_3 输出的状态亦维持不变。俗称输入不大不小，输出维持不变。

根据以上工作原理的分析，可知 555（或 7555）定时器的功能表见表 9-29。

表 9-29　555（或 7555）定时器的功能表

输入			输出	
$TH(V_6)$	$\overline{TR}(V_2)$	$\overline{R_D}(V_4)$	$u_o(V_3)$	T 状态(V_7)
×	×	0	0	导通
$>\dfrac{2}{3}V_{CC}$	$>\dfrac{1}{3}V_{CC}$	1	0	导通
$<\dfrac{2}{3}V_{CC}$	$<\dfrac{1}{3}V_{CC}$	1	1	截止
$<\dfrac{2}{3}V_{CC}$	$>\dfrac{1}{3}V_{CC}$	1	不变	不变

② 555 定时器构成的多谐振荡器结构和工作原理。由于 555 定时器内部的电压比较器灵敏度较高，且采用差分电路的形式，振荡器输出的振荡频率受电源电压和温度变化的影响很小，输出驱动电流较大，功能灵活，应用较为广泛。

由 555 定时器构成的多谐振荡器的典型电路图如图 9-95（a）所示。图中 R_1、R_2 和 C 为定时元件。设接通电源前，电容 C 的电压 $u_C=0$。

接通电源后，由于初始状态 $u_C=0$，所以输出 u_o 为高电平、放电管 T 截止，$u_o=U_{OH}$。随后，V_{CC} 经 R_1 和 R_2 对 C 充电，u_C 随之上升，电路进入一个暂稳态。随着 C 充电的进行，u_C 不断升高。当 $u_C \geqslant 2V_{CC}/3$ 时，$V_6 > 2V_{CC}/3$、$V_2 > V_{CC}/3$，$u_o=U_{OL}$，放电管 T 导通，电路输出 u_o 跃变为低电平 U_{OL}，C 经 R_2 和放电管 T 放电，u_C 随之下降，电路进入另一个暂稳态。随着 C 放电的进行，u_C 逐步下降。当 $u_C \leqslant V_{CC}/3$ 时，$V_6 < 2V_{CC}/3$、$V_2 < V_{CC}/3$，$u_o=U_{OH}$，放电管 T 截止，电路输出 u_o 跃变为高电平 U_{OH}。电路又返回第一个暂稳态，V_{CC} 又经 R_1 和 R_2 对 C 充电，当 $u_C \geqslant 2V_{CC}/3$ 时，电路输出 u_o 跃变为低电平 U_{OL}……电容 C 如此循环充电和放电，便使电路在两个暂稳态间交替变换产生振荡，输出矩形脉冲。其工作波形如图 9-95（b）所示。

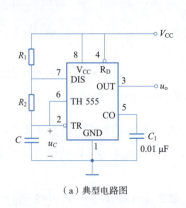
（a）典型电路图

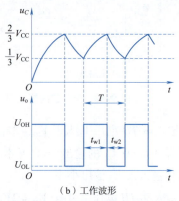
（b）工作波形

图 9-95　由 555 定时器构成的多谐振荡器的典型电路图和工作波形

由图 9-95(a)所示电路,可求得 C 充电时间 t_{w1} 和放电时间 t_{w2} 分别为

$$t_{w1}=(R_1+R_2)C\ln 2\approx 0.7(R_1+R_2)C$$

$$t_{w2}=R_2C\ln 2\approx 0.7R_2C$$

由此,图 9-95(a)所示多谐振荡器电路的振荡周期和频率分别为

$$T=t_{w1}+t_{w2}=(R_1+2R_2)C\ln 2\approx 0.7(R_1+2R_2)C$$

$$f=\frac{1}{T}\approx\frac{1.43}{(R_1+2R_2)C}$$

振荡器输出矩形脉冲的占空比为

$$q=\frac{t_{w1}}{T}\times 100\%\approx\frac{0.7(R_1+R_2)C}{0.7(R_1+2R_2)C}\approx\frac{R_1+R_2}{R_1+2R_2}\times 100\%$$

上式表明,图 9-94(a)所示用 555 定时器构成的基本多谐振荡器电路的占空比固定不变、不可调节,且始终大于 50%。

③占空比可调的多谐振荡器。用 555 定时器组成的占空比可调的多谐振荡器如图 9-96 所示。由于接入了两只二极管,从而使电容 C 的充电和放电路径不同。充电路径为 V_{CC} 经 R_1 和 VD_1 到地,对 C 充电;放电路径为 u_C 经 VD_2、R_2 和放电管 T 到地,对 C 放电;充电时间 t_{w1} 和放电时间 t_{w2} 分别约为

$$t_{w1}\approx 0.7R_1C$$

$$t_{w2}\approx 0.7R_2C$$

因此,振荡器输出矩形脉冲的频率和占空比分别为

$$f=\frac{1}{T}=\frac{1}{t_{w1}+t_{w2}}\approx\frac{1.43}{(R_1+R_2)C}$$

$$q=\frac{t_{w1}}{T}\times 100\%\approx\frac{0.7R_1C}{0.7R_1C+0.7R_2C}\approx\frac{R_1}{R_1+R_2}\times 100\%$$

调节电位器 R_P 可改变 R_1 和 R_2 的比值,即改变了振荡器输出矩形脉冲的占空比。

例 9-10 图 9-97 所示是简易温控报警电路,试分析电路的工作原理。

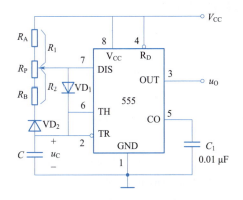

图 9-96 用 555 定时器组成的占空比可调的多谐振荡器

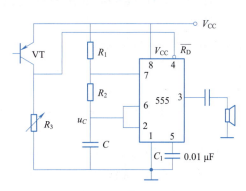

图 9-97 例 9-10 图

解 图 9-97 中,555 定时器构成了一个多谐振荡器。常温下 I_{CEO} 随温度升高而快速增大。当温度低于设定温度值时,I_{CEO} 较小,复位端(4 引脚)为低电平,振荡电路不工作,扬声器不发声。

当温度高于设定温度值时,I_{CEO} 较大,复位端(4引脚)的电位为高电平,振荡电路开始工作,扬声器发出报警声音。

例 9-11 图 9-98 所示电路是用 555 定时器构成的电子双音门铃电路,试分析其工作原理。

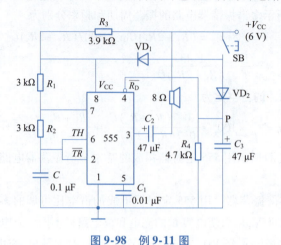

图 9-98　例 9-11 图

解 在图 9-98 所示电路中,555 定时器构成了一个多谐振荡器。

当按钮 SB 按下时,开关闭合,$+V_{CC}$ 经 VD_2 向 C_3 充电,P 点电位迅速充至 $+V_{CC}$,复位解除;由于 VD_1 将 R_3 旁路,$+V_{CC}$ 经 VD_1、R_1、R_2 向 C 充电,充电时间常数为 $(R_1+R_2)C$,放电时间常数为 R_2C,多谐振荡器产生高频振荡,扬声器发出高音。

当按钮 SB 松开时,开关断开,由于电容 C_3 储存的电荷经 R_4 放电要维持一段时间,在 P 点电位降至复位电平之前,电路将继续维持振荡。但此时 $+V_{CC}$ 经 R_3、R_1、R_2 向 C 充电,充电时间常数增加为 $(R_3+R_1+R_2)C$,放电时间常数仍为 R_2C,多谐振荡器产生低频振荡,扬声器发出低音。

当电容 C_3 持续放电,使 P 点电位降至 555 的复位电平以下时,多谐振荡器停止振荡,扬声器停止发声。

调节相关参数,可以改变高、低音发声频率以及低音维持时间。

3. 单稳态触发器

单稳态触发器的工作特点:

①它有稳态和暂稳态两个工作状态,在没有受到外界触发脉冲作用的情况下,单稳态触发器保持在稳态;

②在外界触发脉冲作用下,能从稳态翻转到暂稳态,在暂稳态维持一段时间以后,再自动返回稳态;

③暂稳态维持时间的长短取决于电路本身的参数,与触发脉冲的宽度和幅度无关。

单稳态触发器在数字系统中应用很广泛,通常用于脉冲信号的展宽、延时及整形。

(1) CMOS 门构成的单稳态触发器

由图 9-99 所示电路可知:当 u_i 为高电平(无触发信号)时,电路处于稳定状态,$u_{o1}=0$,$u_{o2}=1$。当在输入端加负触发脉冲时,电路迅速进入暂稳状态,$u_{o1}=1$,$u_{o2}=0$。电路在暂稳态期间,u_{o1} 对电容充电,使 u_C 按指数规律上升,u_R 按指数规律下降,当 u_R 下降到 G_2 门的阈值电压时,电路自动返回到稳态。暂稳态结束后,电容 C 上已充有一定的电压,因此,电路返回稳态后需经 C 的放电过

程,电容上的电压才能恢复到稳态时的数值,这一过程即为恢复过程。其脉冲宽度为

$$t_w = RC\ln\frac{V_{DD}-0}{V_{DD}-0.5V_{DD}} \approx 0.7RC$$

微分型单稳态触发器也可以由或非门构成,高电平触发,如图 9-100 所示。

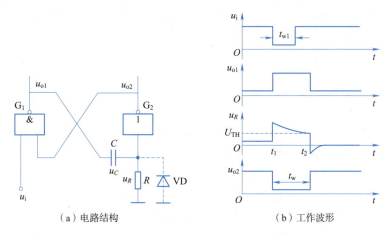

(a)电路结构　　　　(b)工作波形

图 9-99　由门电路构成的低电平触发器

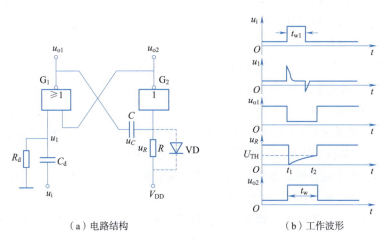

(a)电路结构　　　　(b)工作波形

图 9-100　由门电路构成的高电平触发器

(2)555 定时器构成的单稳态触发器

如图 9-101 所示,当触发脉冲 u_i 为高电平时,V_{CC} 通过 R 对 C 充电,当 $u_{TH}=u_C \geqslant (2/3)V_{CC}$ 时,高触发端 TH 有效置 0;此时,放电管导通,C 放电,$u_{TH}=u_C=0$。稳态为"0"状态。

当触发脉冲 u_i 下降沿到来时,低触发端 $\overline{TR}$ 有效,置"1"状态,电路进入暂稳态。此时放电管 T 截止,V_{CC} 通过 R 对 C 充电。

当 $u_{TH}=u_C \geqslant (2/3)V_{CC}$ 时,使高触发端 TH 有效,置"0"状态,电路自动返回稳态,此时放电管 T 导通。电路返回稳态后,C 通过导通的放电管 T 放电,使电路迅速恢复到初始状态。输出脉冲的宽度为

$$t_w \approx 1.1RC$$

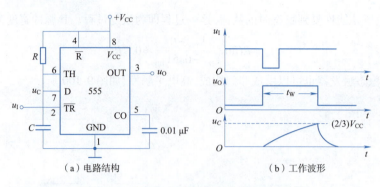

（a）电路结构　　　　　　　　　（b）工作波形

图 9-101　由 555 定时器构成的单稳态触发器

例 9-12　图 9-102 所示电路为 555 定时器构成的触摸定时控制开关,试分析其工作原理。

解　图 9-102 所示电路中 555 定时器接成了一个单稳态触发器,当用手触摸金属片时,由于人体的感应电压,相当于在触发输入端(2 引脚)加入了一个负脉冲,电路被触发,转入暂稳状态,输出高电平,灯泡被点亮。经过一段时间(t_w)后,电路自动返回稳态,输出低电平,灯泡熄灭。灯泡点亮的时间为

$$t = t_w \approx 1.1RC$$

调节 R、C 的取值,可控制灯泡点亮的时间。

（3）集成单稳态触发器

集成单稳态触发器产品很多,既有 TTL 产品,也有 CMOS 产品,而且一般有多个触发输入端,可根据触发时序的要求控制各输入端,选择在信号的上升沿或下降沿触发。根据电路工作特性不同,集成单稳态触发器产品分为不可重复触发和可重复触发两种。下面仅以不可重复触发 TTL 的 74LS121 和可重复触发 CMOS 的 74HC123 等集成单稳态触发器为例,说明集成单稳态触发器电路的一些主要功能和电路特性。

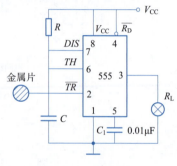

图 9-102　例 9-12 图

① 不可重复触发单稳态触发器 74LS121。不可重复触发单稳态触发器 74LS121 的逻辑电路和工作波形如图 9-103 所示,功能表见表 9-30。

如图 9-103(b)所示,不可重复触发单稳态触发器在触发进入暂稳态 t_w 期间,若再次受到触发,电路不会产生新的响应,输出脉冲宽度 t_w 不受其影响。如图 9-103(a)和表 9-30 所示,不可重复触发单稳态触发器 74LS121 的 TR_+ 是上升沿有效的触发输入端,TR_{-A} 和 TR_{-B} 是两个下降沿有效的触发输入端,Q 和 $\overline{Q}$ 是两个状态互补的输出端,R_{ext}/C_{ext} 和 C_{ext} 是外接定时电阻和电容的连接端,R_{int} 是电路内置一个 2 kΩ 电阻的引出端。

不可重复触发单稳态触发器 74LS121 输出脉冲宽度 t_w 为

$$t_w \approx 0.7 R_{ext} C_{ext}$$

通常,R_{ext} 取 2～40 kΩ,C_{ext} 取 10 pF～10 μF,t_w 可达 20 ns～200 ms。在输出脉冲宽度 t_w 要求不大时,为简化外部连接,可用内置 2 kΩ 电阻 R_{int} 取代外接电阻 R_{ext}。

② 双可重复触发单稳态触发器 74HC123。双可重复触发单稳态触发器 74HC123 的逻辑电路和工作波形如图 9-104 所示,功能表见表 9-31。

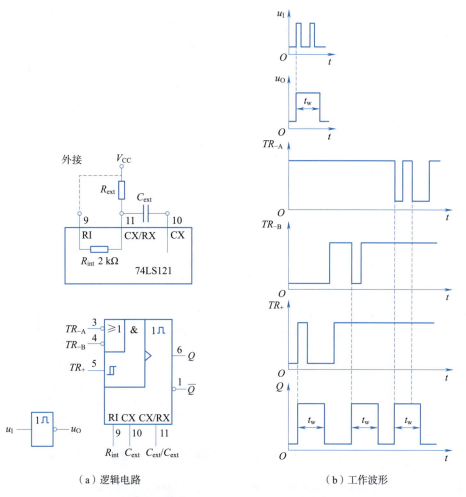

（a）逻辑电路　　　　　　　　　　（b）工作波形

图 9-103　不可重复触发单稳态触发器 74LS121 的逻辑电路和工作波形

表 9-30　不可重复触发单稳态触发器 74LS121 功能表

输入			输出		功能说明
TR_{-A}	TR_{-B}	TR_+	Q	$\overline{Q}$	
0	×	1	0	1	稳定状态
×	0	1			
×	×	1			
1	1	×			
1	↓	1	⊓	⊔	暂稳态 （下降沿触发）
↓	1	1			
↓	↓	1			
0	×	↑	⊓	⊔	暂稳态 （上降沿触发）
×	0	↑			

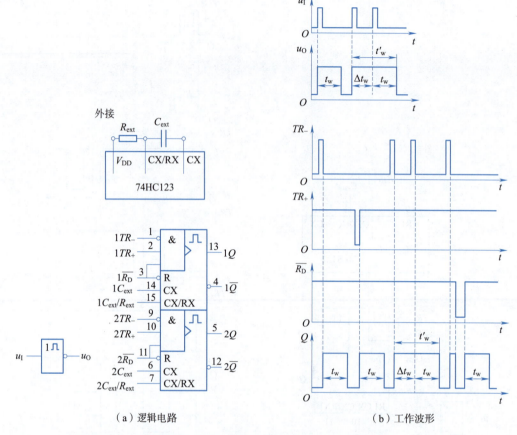

（a）逻辑电路　　　　　　　　　　　　（b）工作波形

图 9-104　双可重复触发单稳态触发器 74HC123 的逻辑电路和工作波形

表 9-31　双可重复触发单稳态触发器 74HC123 功能表

输入			输出		功能说明
$\overline{R_D}$	TR_-	TR_+	Q	$\overline{Q}$	
0	×	×	0	1	复位清零
1	1	×	0	1	稳定状态
1	×	0			
1	0	↑	⊓	⊔	暂稳态（上升沿触发）
1	↓	1	⊓	⊔	暂稳态（下降沿触发）
↑	0	1	⊓	⊔	暂稳态（上升沿触发）

如图 9-103（b）所示，可重复触发单稳态触发器在触发进入暂稳态 t_w 期间，若再次受到触发，电路会产生新的响应，输出脉冲宽度 t'_w 将以最后一个脉冲触发沿为起点，再延长 t_w 时间后，才返回稳态；如暂稳态 t_w 期间在直接清零端 $\overline{TR}$ 输入一个负脉冲信号，电路的暂稳态将立刻终止；在 $TR_- = 0$、$TR_+ = 1$ 的情况下，当 $\overline{TR}$ 输入触发信号的上升沿时，电路将进入暂稳态。如图 9-104（a）和表 9-31 所示，双可重复触发单稳态触发器 74HC123 的 TR_+ 是上升沿有效的触发输入端，TR_- 是

下降沿有效的触发输入端，Q 和 $\bar{Q}$ 是两个状态互补的输出端，R_{ext}/C_{ext} 和 C_{ext} 是外接定时电阻和电容的连接端。

双可重复触发单稳态触发器 74HC123 输出脉冲宽度 t_w 为

$$t_w \approx R_{ext} C_{ext}$$

当外接定时电容 $C_{ext} \geqslant 1\,000$ pF 时，有

$$t_w \approx 0.45 R_{ext} C_{ext}$$

由以上分析可知，对于可重复触发单稳态触发器，为获得宽度很大的脉冲信号，可在暂稳态期间进行再触发，以延长暂稳态的持续时间；为减少脉冲信号的时长，可在暂稳态期间在直接清零端输入一个负脉冲信号，提前终止暂稳态时间。

(4) 单稳态触发器的应用

① 脉冲整形。将不规则的脉冲信号输入单稳态触发器，只要输入信号能使单稳态触发器工作状态翻转，输出信号就是具有一定宽度和一定幅度，且边沿陡峭的矩形脉冲，从而实现脉冲信号整形。调节定时元件 R、C 的参数，可改变输出矩形脉冲的宽度。

② 脉冲定时。利用单稳态触发器暂稳态的延迟效应，可以实现脉冲定时。例如某自动生产线有两道加工工序，要求第 1 道工序加工 10 s，第 2 道工序加工 20 s。采用两块不可重复触发单稳态触发器 74LS121 串接起来，即可产生符合上述要求的自动控制信号，其逻辑电路如图 9-105（a）所示，工作波形如图 9-105（b）所示。

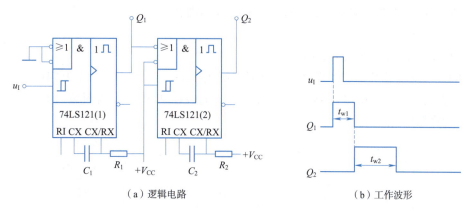

(a) 逻辑电路　　　　　　　　　　(b) 工作波形

图 9-105　用两块不可重复触发单稳态触发器 74LS121 组成的脉冲定时电路和工作波形

由图 9-105 可知，控制时间是从触发输入信号 u_I 的上升沿开始计算，依据 74LS121 的功能表（见表 9-30），u_I 应由 74LS121（1）上升沿触发输入端 TR_+ 接入，且其下降沿触发输入端 TR_{-A} 和 TR_{-B} 至少有一个应接低电平；由于 74LS121（2）是用 74LS121（1）原码输出信号 Q_1 的下降沿触发，故 74LS121（2）应工作在下降沿触发方式；调节 R_1、C_1，使 $t_{w1} = 10$ s，调节 R_2、C_2，使 $t_{w2} = 20$ s。由此，可从图 9-105（a）所示电路输出端 Q_1、Q_2 获得符合自动生产线加工要求的定时控制信号。

③ 脉冲展宽。如图 9-106 所示，当脉冲宽度较窄时，可将其作为触发输入信号输入单稳态触发器，根据设计要求合理选择定时元件 R_{ext} 和 C_{ext} 的参数，即可从单稳态触发器输出端获得宽度符合设计要求的矩形脉冲信号。

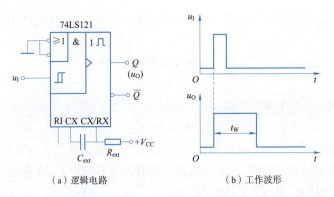

(a)逻辑电路　　　　　　　　(b)工作波形

图 9-106　用不可重复触发单稳态触发器 74LS121 组成的脉冲展宽电路和工作波形

任务实施

1. 训练目的
① 熟悉 555 型集成时基电路结构、工作原理及其特点。
② 掌握 555 型集成时基电路的基本应用。

2. 训练器材
5 V 直流电源,逻辑电平显示器,逻辑电平开关,双踪示波器,连续脉冲器,单次脉冲器,555 定时器×2,74LS161×1,74LS138×1,电位器、电阻器、电容器若干。

3. 训练步骤
(1) 555 定时器构成的多谐振荡器

图 9-107 所示为由 555 定时器构成的多谐振荡器电路,产生的矩形脉冲作为 74LS161 的计数脉冲,其三路输出作为 74LS138 的输入,随着计数的进行,74LS138 译码,循环输出低电平,则 8 路发光二极管将循环被点亮。

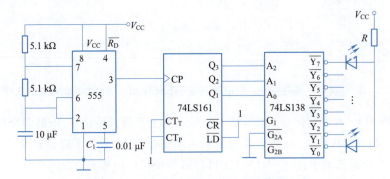

图 9-107　555 定时器构成的多谐振荡器电路

(2) 秒脉冲发生器的设计

秒脉冲发生器是由振荡器和分频器构成的。振荡器是数字钟的核心,它的稳定度及频率的精确度决定了数字钟计时的准确程度,通常选用石英晶体构成振荡器电路。一般来说,振荡器的频率越高,计时精度越高,但这样会使分频器的级数增加,所以,在确定振荡器频率时应当考虑振荡器频率和分频器级数两方面的因素,然后再选定石英晶体型号。石英晶体振荡器构成的秒脉冲发生器如图 9-108 所示。

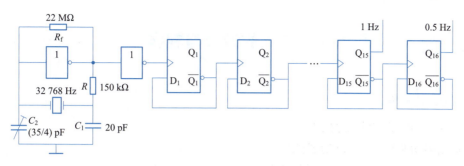

图 9-108　石英晶体振荡器构成的秒脉冲发生器

如果精度要求不高,也可以采用由集成逻辑门与 RC 组成的时钟源振荡器或由集成 555 定时器与 RC 组成的多谐振荡器。这里设振荡频率 $f_o = 10^3$ Hz,则经过 3 级十分频电路即可得到 1 Hz 的标准脉冲。555 定时器构成的秒脉冲发生器如图 9-109 所示。

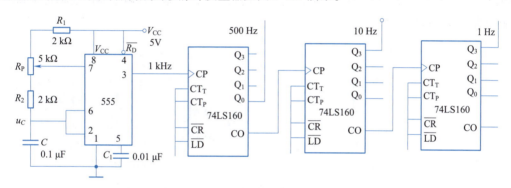

图 9-109　555 定时器构成的秒脉冲发生器

(3) 秒脉冲发生器的安装与调试

按图 9-110 所示电路,搭建秒脉冲发生器电路。

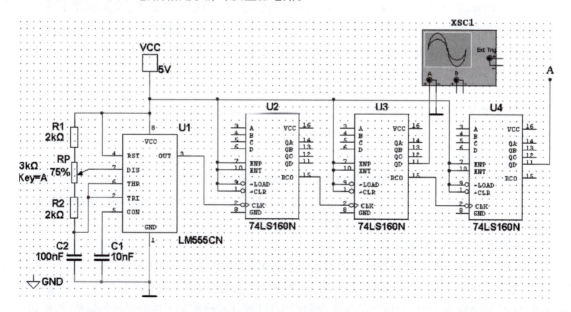

图 9-110　秒脉冲发生器电路

任务 4　多功能数字钟的设计与制作

任务内容

① 完成多功能数字钟电路的设计。
② 画出多功能数字钟电路的逻辑图。
③ 完成多功能数字钟电路的仿真调试。

知识储备

施密特触发器是一种有两个阈值电压、具有滞回电压传输特性的双稳态电路,常用于实现电子电路中的波形变换、整形和幅度鉴别等工作,应用较为广泛。施密特触发器的逻辑符号和电压传输特性如图 9-111 所示。

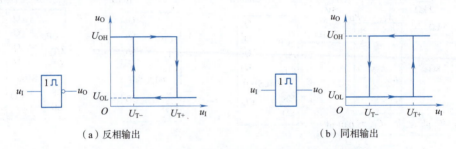

（a）反相输出　　　　　　　　　　　　　　（b）同相输出

图 9-111　施密特触发器的逻辑符号和电压传输特性

由图 9-111 可以看出,施密特触发器的电压传输特性有如下两个特点:
① 有两个需要输入电平来维持的稳定输出状态 U_{OH} 和 U_{OL}。
② 有两个阈值电压 U_{T+} 和 U_{T-}、具有滞回电压传输特性。当输入电平高于正向阈值电压 U_{T+} 时,电路处于一个稳定状态;当输入电平低于负向阈值电压 U_{T-} 时,电路处于另一个稳定状态;当输入电平处于两个阈值电压之间时,电路保持原状态不变。正向阈值电压 U_{T+} 和负向阈值电压 U_{T-} 之差称为回差电压 ΔU_T,有

$$\Delta U_T = U_{T+} - U_{T-}$$

施密特触发器既可用 555 定时器组成,也有单块集成电路的产品,例如施密特触发六反相器有 CMOS 的 CC40106、74HC14 和 TTL 的 74LS14 等。

1. 门电路构成的施密特触发器

图 9-112 所示为由门电路构成的施密特触发器逻辑电路及逻辑符号。$u_o = 1$,电路处于第一稳态;$u_o = 0$,电路处于第二稳态。在 u_i 上升过程中,只要 $u_i > U_{T+}$,触发器由第一稳态翻转到第二稳态;在 u_i 下降过程中,只要 $u_i < U_{T-}$,触发器由第二稳态返回到第一稳态。

2. 555 定时器构成的施密特触发器

用 555 定时器构成的施密特触发器的逻辑电路和工作波形如图 9-113 所示。

由图 9-113 可以看出,由于阈值输入端 TH 和触发输入端连接在一起作为信号输入端 u_I,依据表 9-29 所示 555（或 7555）定时器的功能表和图 9-111 所示施密特触发器的电压传输特性,可知:

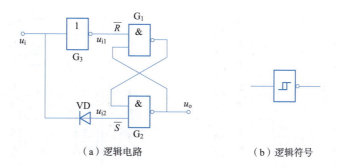

（a）逻辑电路　　　　　　　　（b）逻辑符号

图 9-112　由门电路构成的施密特触发器逻辑电路及逻辑符号

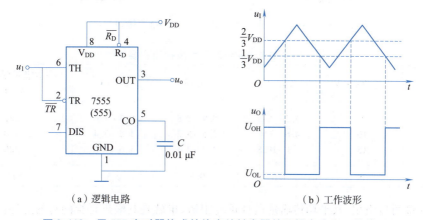

（a）逻辑电路　　　　　　　　（b）工作波形

图 9-113　用 555 定时器构成的施密特触发器的逻辑电路和工作波形

① 当输入信号 $u_I < V_{DD}/3$ 时，输出信号为高电平，$u_O = U_{OH}$，放电管 T 截止。
② 当输入信号 $V_{DD}/3 < u_I < 2V_{DD}/3$ 时，输出信号 u_O 和放电管 T 维持原状态不变。
③ 当输入信号 $u_I > 2V_{DD}/3$ 时，输出信号为低电平，$u_O = U_{OL}$，放电管 T 导通。
④ $U_{T+} = 2V_{DD}/3$，$U_{T-} = V_{DD}/3$，$\Delta U_T = V_{DD}/3$。
⑤ 如在比较电压的控制端 CO 外接直流控制电压 U_{CO}，则 $U_{T+} = U_{CO}$，$U_{T-} = U_{CO}/2$，$\Delta U_T = U_{CO}/2$。调整直流控制电压 U_{CO} 可改变 ΔU_T 的大小，U_{CO} 越大、ΔU_T 越大，电路抗干扰的能力越强。

用 555 定时器构成的施密特触发器的电压传输特性如图 9-114 所示。

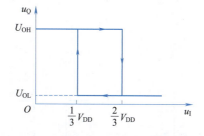

图 9-114　用 555 定时器构成的施密特触发器的电压传输特性

3. 集成施密特触发器

集成施密特触发六反相器 CMOS 的 CC40106 和 TTL 的 74LS14 的逻辑符号如图 9-115 所示。主要参数见表 9-32。

(a) CC40106

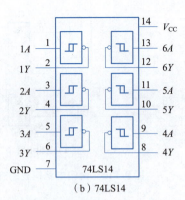
(b) 74LS14

图 9-115　集成施密特触发六反相器逻辑符号

表 9-32　集成施密特触发六反相器主要参数

型号	$V_{DD}(V_{CC})$/V	U_{T+}/V	U_{T-}/V	ΔU_T/V	平均传输延迟时间 t_{pd}/ns
CC40106	5	2.2~3.6	0.9~2.8	0.3~1.6	280
	10	4.6~7.1	2.5~5.2	1.2~3.4	140
	15	6.8~10.8	4.0~7.4	1.6~5.0	120
74LS14	5	1.6	0.8	0.8	15

由表 9-32 可以看出，其平均传输延迟时间 t_{pd} 很短，也就是其输出是很陡直的脉冲信号；回差电压 ΔU_T 较大，也就是其抗干扰能力较强。

4. 施密特触发器的应用

（1）脉冲波形变换

利用施密特触发器可将三角波、正弦波及变化缓慢的波形变换成矩形脉冲，如图 9-116 所示。

（2）脉冲整形

利用施密特触发器可将在信号传输过程中产生畸变和受到干扰的信号进行整形，输出矩形脉冲如图 9-117 所示。

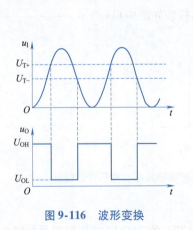

图 9-116　波形变换　　　　图 9-117　脉冲整形

(3)脉冲幅度鉴别

利用施密特触发器可将幅度大于 U_{T+} 的脉冲信号从杂乱的输入信号中选出,输出相应的矩形脉冲,具有脉冲幅度鉴别的能力,如图 9-118 所示。

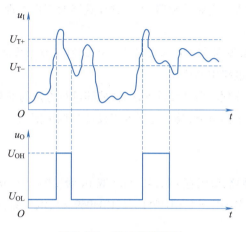

图 9-118 脉冲幅度鉴别

图 9-119(a)所示为冰箱中的温度控制电路及波形图。设传感器的输出变化为 1 V/℃,传感器的输出波形如图 9-119(b)所示,将冰箱的温度控制在 4~6 ℃之间。试分析电路的工作原理,并说明采用施密特触发器作为温度比较器的好处。

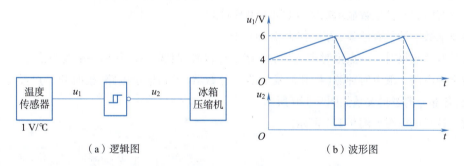

图 9-119 冰箱中的温度控制电路及波形图

由于传感器的输出为 1 V/℃,若将冰箱的温度控制在 4~6 ℃之间,则施密特触发器的 U_{T+} = 6 V,U_{T-} = 4 V。

故当 u_1 < 4 V 时,施密特触发器输出高电平,即 u_2 = 1,冰箱压缩机不工作;

当 4 V ≤ u_1 < 6 V 时,施密特触发器保持原来的状态,输出仍为高电平,即 u_2 = 1,冰箱压缩机不工作;

当 u_2 ≥ 6V 时,施密特触发器输出低电平,即 u_2 = 0,冰箱压缩机工作,使温度迅速降低。施密特触发器输出波形如图 9-119(b)所示,在 u_2 低电平期间,冰箱压缩机工作。

采用施密特触发器后,冰箱压缩机启动时间间隔长,可以避免压缩机过于频繁工作,延长压缩机的使用寿命,同时减少噪声。

任务实施

1. 训练目的

①深入理解异步和同步二进制计数器、十进制计数器的工作原理,以及数据寄存器和移位寄存器的应用。

②通过测试基本 RS 触发器、双 JK 触发器 74LS112 和双 D 触发器 74LS74 的逻辑功能,熟悉触发器的特性及其在实际电路中的应用。

③掌握数字钟校时与分频电路的设计方法,并能够进行电路的安装与调试。

④通过设计完整的数字钟电路,提高电子电路设计与调试能力,培养综合运用所学知识解决实际问题的能力。

2. 训练器材

5 V 电源,万用表,示波器,数码管 ×6,74LS112(双 JK 触发器)×6 或 74LS74(双 D 触发器)×6,74HC390 ×5,74LS00 ×4,CD4012 ×1,CD4011 ×1,CD4069 ×1,电位器、电阻器、电容器若干。

3. 训练步骤

(1)整体电路的设计

任务要求:设计一个多功能数字钟,该数字钟具有准确计时,以数字形式显示时、分、秒的时间和校时功能,同时能仿广播电台正点报时。在计时出现误差时电路还可以进行校时和校分,为了使电路简单,所设计的电路可以不具备校秒的功能。具体要求如下:

①具有时、分、秒记数显示功能,以 24 h 循环计时。

②要求数字钟具有清零、调节小时、分钟功能。

③具有整点报时。整点报时声响为仿广播电台报时:四低一高,最后一响为整点。

数字钟电路一般由时钟源(秒脉冲发生器)、计数器、译码显示电路、校时和整点报时等几部分组成,各部分的逻辑关系如图 9-120 所示。

数字钟系统框图如图 9-121 所示。

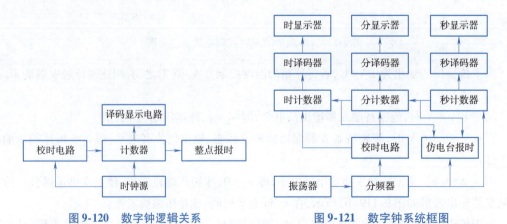

图 9-120 数字钟逻辑关系 　　图 9-121 数字钟系统框图

(2)电路的装调

①振荡器的装调。振荡器是数字钟的核心。振荡器的稳定度及频率的精确度决定了数字钟计时的准确程度。通常选用石英晶体构成振荡器电路,如图 9-122 所示。一般来说,振荡器的频

率越高，计时精度越高。

电子手表集成电路（如5C702）中的晶体振荡器电路，常取晶振的频率为32 768 Hz，因其内部有15级2分频集成电路，所以输出端正好可得到1 Hz的标准脉冲。

如果精度要求不高也可以采用由集成逻辑门与 RC 组成的时钟源振荡器或由集成电路定时器555与 RC 组成的多谐振荡器，如图9-123所示。这里设振荡频率 $f_o = 10^3$ Hz。

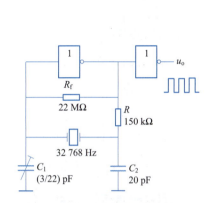

图9-122　石英晶体振荡器电路

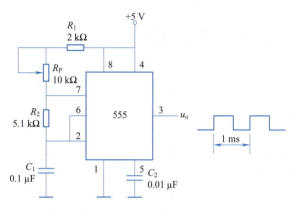

图9-123　555定时器构成的振荡电路

②分频器的装调。分频器的功能主要有两个：产生标准秒脉冲信号；提供功能扩展电路所需要的信号，如仿电台报时用的1 kHz的高音频信号和500 Hz的低音频信号等。

选用三片十进制计数器可以完成上述功能。

第一片的 Q_0 端输出频率为500 Hz，第二片的 Q_3 端输出频率为10 Hz，第三片的 Q_3 端输出频率为1 Hz。分频电路如图9-109所示。

③计时与译码显示电路的装调。计时与译码显示电路如图9-104所示。

④多功能数字钟电路。

（3）多功能数字钟电路装调

在进行多功能数字钟电路的装配与调试时，请参照以下步骤及图9-124所示进行操作。

准备阶段：确保所有元器件（如集成电路、晶振、显示屏、按键、电阻、电容等）齐全且符合规格要求。准备必要的工具，如万用表、电烙铁、焊锡丝、镊子、剪刀及螺丝刀等。仔细阅读电路图及装配说明，特别是图9-124中的布局和连接细节。

元件识别与检测：使用万用表对关键元件（如集成电路、晶振）进行功能检测，确保无损坏。检查电阻、电容的标称值是否与电路图要求一致。

电路板准备：清洁电路板，确保焊接面无杂质。根据图9-124的指引，在电路板上标记好各元件的焊接位置。

元件焊接：按照电路图及图9-124的布局，依次将元件焊接到电路板上。注意元件的方向和极性，特别是集成电路和二极管等。焊接时，确保焊点饱满、光滑，无虚焊或短路现象。

初步检查：使用万用表检查电路板上的关键连接点，确保无短路或断路情况。轻轻摇动已焊接的元件，检查是否有松动现象。

电源接入与初步调试：在确保所有连接正确无误后，小心地将电源接入电路。建议使用可调电源，以便逐步升压观察现象。观察数字钟显示屏是否有显示，初步判断电路是否工作正常。

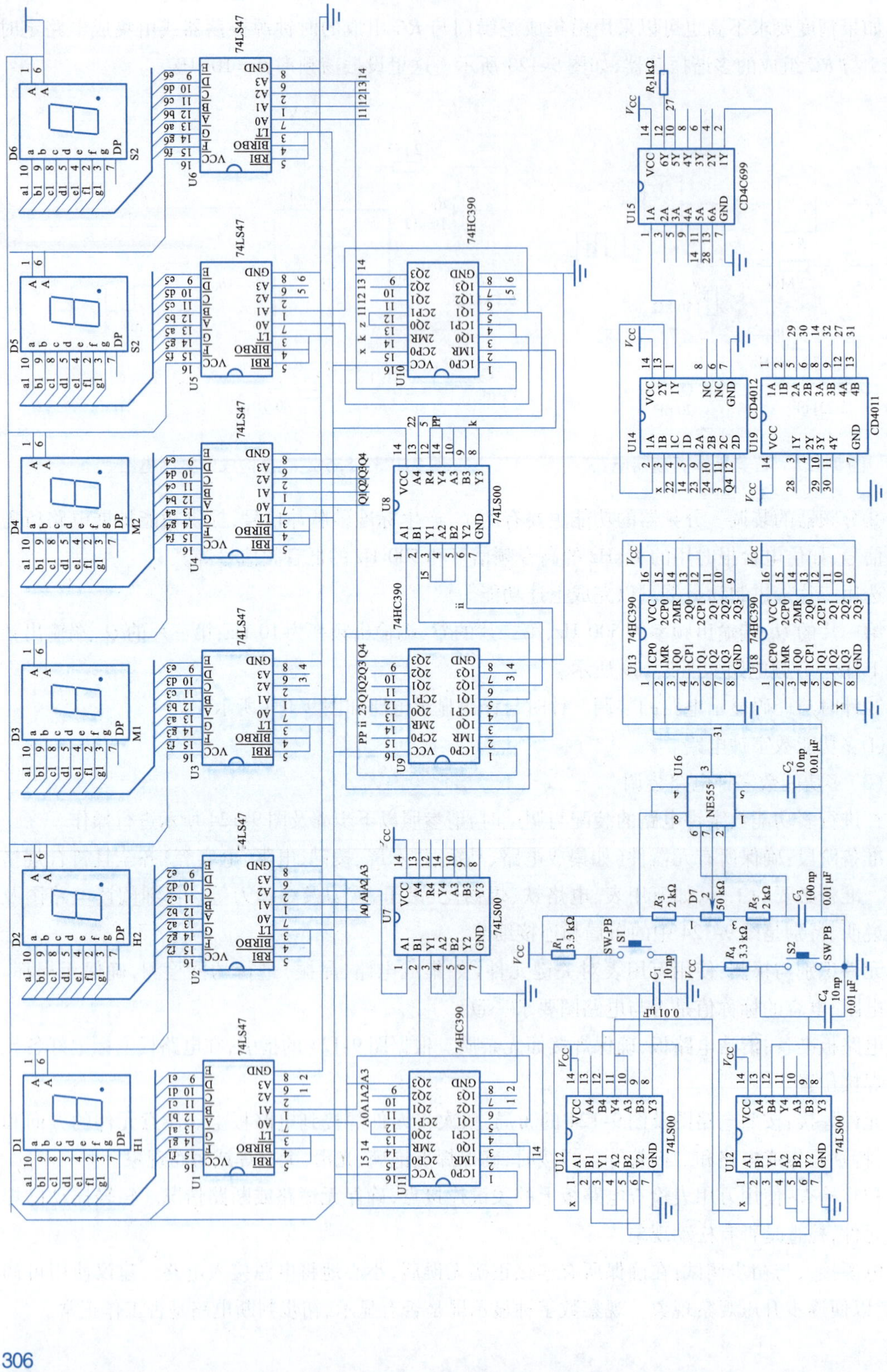

图9-124 多功能数字钟电路

功能调试:根据多功能数字钟的功能需求(如时间显示、闹钟设置、温度显示等),逐一进行功能测试。使用按键进行操作,检查各项功能是否按预期工作。调整时间、闹钟等设置,确保准确性。

故障排查与修正:如发现功能异常或显示错误,根据故障现象,结合图 9-124 进行故障排查。使用万用表等工具检查问题所在,并进行相应的修正。

最终检查与封装:在所有功能调试正常后,进行最终检查,确保电路稳定可靠。如有封装条件,可进行适当的封装处理,以保护电路免受外界干扰或损坏。

注意事项:由数字钟系统组成框图按照信号的流向分级安装,逐级级联,这里的每一级是指组成数字钟的各功能电路;级联时如果出现时序配合不同步,或尖峰脉冲干扰,引起逻辑混乱,可以增加多级逻辑门来延时;如果显示字符变化很快,模糊不清,可能是由于电源电流的跳变引起的,可在集成电路器件的电源端 V_{CC} 加退耦滤波电容。通常用几十微法的大电容与 $0.01~\mu F$ 的小电容相并联。

项目评价表

学 院		专 业		姓 名	
学 号		小 组		组长姓名	
指导教师		日 期		成 绩	
学习目标	素质目标: 1. 自主学习能力的养成:在信息收集阶段,能够在教师引导下完成相关知识点的学习,并能举一反三。 2. 职业审美的养成:在任务计划阶段,要总体考虑电路布局与连接规范,使电路美观实用。 3. 职业意识的养成:在任务实施阶段,要首先具备健康管理能力,即注意安全用电和劳动保护,同时注重 6S 的养成和环境保护。 4. 工匠精神的养成:专心专注、精益求精贯穿任务完成始终,不惧失败。 5. 社会能力的养成:小组成员间要做好分工协作,注重沟通和能力训练。 6. 建立"文化自信",引导建立"节约型"工作理念				
	知识目标: 1. 掌握基本 RS、JK、D、T 等触发器的逻辑功能。 2. 掌握集成触发器的逻辑功能及使用方法。 3. 掌握异步和同步二进制计数器、十进制计数器的工作原理。 4. 掌握集成二进制计数器和十进制计数器的逻辑功能,及其构成任意进制计数器的方法。 5. 掌握同步时序逻辑电路的分析方法。 6. 掌握数据寄存器和移位寄存器的工作原理,并理解移位寄存器的使用和顺序脉冲电路的工作原理。 7. 理解 D/A 转换和 A/D 转换的工作原理,并掌握 D/A 转换器和 A/D 转换器技术指标及功能。 8. 掌握 555 定时器组成施密特触发器、单稳态触发器和多谐振荡器的工作原理,并掌握单稳态触发器输出脉冲宽度和多谐振荡器振荡频率的计算。 9. 理解集成施密特触发器和集成单稳态触发器的工作原理,理解它们的使用				
	技能目标: 1. 学会基本 RS、JK、D、T 触发器的逻辑功能测试,实现触发器之间的逻辑功能转换。 2. 学会计数器的逻辑功能测试,会用反馈清零法和反馈置数法构成 N 进制计数器。 3. 能够用 555 定时器和 74LS161、74LS138 设计完成一个 8 路循环灯电路。 4. 能使用仿真软件 Multisim 10 进行电路的仿真运行和测试。 5. 熟悉使用面包板搭建硬件电路,并能够使用仪器仪表进行电路的测试和调试				

	任务内容	完成情况
任务评价	1. 掌握基本 RS 触发器和同步触发器的逻辑功能、特性方程、状态转换图和时序图，并掌握边沿触发器的逻辑功能和使用	
	2. 理解 RS 触发器、D 触发器、JK 触发器、T 触发器和 T′触发器各自功能特点，会画由它们构成的时序电路的波形	
	3. 掌握异步和同步二进制计数器、十进制计数器的工作原理，并掌握集成二进制计数器和十进制计数器的逻辑功能，及其构成任意进制计数器的方法	
	4. 掌握同步时序逻辑电路的分析方法	
	5. 掌握数据寄存器和移位寄存器的工作原理，并理解移位寄存器的使用，了解顺序脉冲电路的工作原理	
	6. 掌握 D/A 转换和 A/D 转换的工作原理，掌握 D/A 转换器和 A/D 转换器技术指标及功能	
	7. 掌握 555 定时器组成施密特触发器、单稳态触发器和多谐振荡器的工作原理，掌握单稳态触发器输出脉冲宽度和多谐振荡器振荡频率的计算	
	8. 理解集成施密特触发器和集成单稳态触发器的工作原理，并理解它们的使用	
	9. 完成数字钟校时电路和分频电路的设计与制作	
	10. 完成数字钟计时电路的设计与制作	
	11. 完成秒脉冲发生器的设计与制作	
	12. 完成多功能数字钟的设计与制作	
质量检查	请教师检查本组作业结果，并针对问题提出改进措施及建议	
	综合评价	
	建 议	
评价考核	评价项目	评价标准	配 分	得 分
	理论知识学习	理论知识学习情况及课堂表现	25	
	素质能力	能理性、客观地分析问题	20	
	作业训练	作业是否按要求完成，电气元件符号表示是否正确	25	
	质量检查	改进措施及能否根据讲解完成线路装调及故障排查	20	
	评价反馈	能对自身客观评价和发现问题	10	
	任务评价	基本完成（ ） 良好（ ） 优秀（ ）		
	教师评语			

工程技术界的楷模 电子工业卓越的领导人——中国工程院院士孙俊人

孙俊人，中国工程院院士，电子工程专家。1915 年 11 月 15 日出生于上海市松江县。1937 年毕业于上海交通大学电机系电信专业，获学士学位。1937 年底，日本侵略军占领了上海，孙俊人和进步同学一起辗转到达武汉，在八路军驻武汉办事处的帮助下，取道西安，于 1938 年 1 月到达延安，受到陈云、李富春等中央领导人的亲切接见，不久加入中国共产党。同年6月，孙俊人到中央军委通信学校任教员。1940年孙俊人到中央军委三局通信材料厂任副厂长，后任厂长。1945年任三局技术研究室主任，开始了通信保障系统谋划技术进步的工作。1949年孙俊人入京参加接管工作。新中国成立后孙俊人被任命为邮电部电信总局副局长兼技术处处长。1950年奉调张家口任军委工程学校第一部主任。1952年5月，学校改制为解放军通信工程学院后，孙俊人任副院长。1956年7月，他奉调回京任总参通信部科技处处长，开始参与使我军通信科教事业步向现代化的决策历程，包括对建立防空自动化系统的谋划。1957年至1958年他先后两次随我国政府代表团出访苏联，在商讨开展两国政府间技术合作事宜上发挥了积极的作用。1960年孙俊人晋升为总参通信兵部副主任兼科技部部长，随后又受托担负筹建第十研究院的任务，并兼任院长。1962年，该院划归国防科委领导后扩大建制，由罗舜初中将出任院长，孙俊人任主管科研工作的副院长。1965年十院与第四机械工业部合并后，孙俊人被任命为四机部副部长兼十院院长。

孙俊人是中国军事电子教育事业的重要创建人和开拓者之一。初执教鞭就显露出他教书育人的才能，那时招收的学生，文化程度颇不齐整，为使学生能够较快地获得必要的理论知识和独立操作报务或机务的技能，孙俊人在教学条件十分简陋的情况下，自编教材，自制教具，深入浅出地讲解无线电通信基本原理并辅以实验操作，很有成效。他在学生面前如兄长关爱有加，在教学方法上又善于诱导启发，深得领导部门的赞扬和学员的爱戴。当时得他亲授的学员，有许多已先后成为我军通信部队的指挥员，还有一些在军事通信或国防建设工程方面做出了重大贡献。

孙俊人还是中国军事电子科研事业的重要创建人和开拓者之一。战争年代，他在仪器和工艺设备极为简陋、原材料与元器件极度匮乏的条件下，在延安中央军委三局通信材料厂组织研制和装配出很多前线部队急需的无线电台、手摇发电机和其他配套器材，为中国革命的胜利提供了通信保障。和平年代，他在国务院有关部委的大力支持下，精心策划，在6年左右的时间内，成功地扩建和新建了30个预研与开发并举的大型研究所，为我国军事科研事业的开展和发展做出了卓越贡献。

孙俊人曾获二级独立自由勋章和二级解放勋章。1964年被授予中国人民解放军少将军衔，1995年当选为中国工程院院士。2001年6月19日孙俊人在北京逝世，享年86岁。

课后习题

9.1 由与非门构成的基本RS触发器的输入信号波形如图9-125所示，试画出输出Q和$\overline{Q}$的波形。设触发器初始状态为$Q=0$。

图9-125 题9.1

9.2 同步RS触发器的输入信号波形如图9-126所示，试画出输出Q和$\overline{Q}$的波形。设触发器初始状态为$Q=0$。

9.3 边沿 D 触发器(CP 上升沿触发)的输入信号波形如图 9-127 所示,试画出输出 Q 和 $\overline{Q}$ 的波形。设触发器初始状态为 $Q=0$。

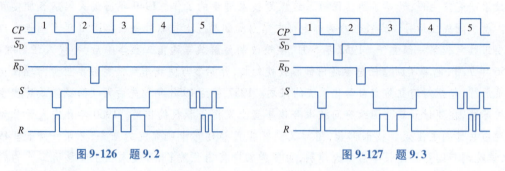

图 9-126　题 9.2　　　　　　图 9-127　题 9.3

9.4 边沿 JK 触发器(CP 下降沿触发)的输入信号波形如图 9-128 所示,试画出输出 Q 和 $\overline{Q}$ 的波形。设触发器初始状态为 $Q=0$。

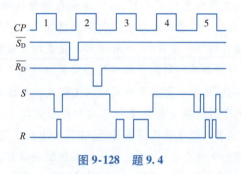

图 9-128　题 9.4

9.5 边沿 T 触发器(CP 上升沿触发)的输入信号波形如图 9-129 所示,试画出输出 Q 的波形。设触发器初始状态为 $Q=0$。

9.6 边沿 T′ 触发器(CP 下降沿触发)的输入信号波形如图 9-130 所示,试画出输出 Q 的波形。设触发器初始状态为 $Q=0$。

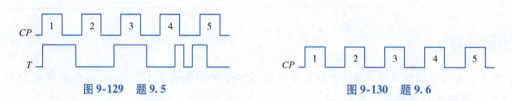

图 9-129　题 9.5　　　　　　图 9-130　题 9.6

9.7 试画出边沿 D 触发器 74HC74 的引脚排列图、状态转换图,并写出其特性方程。

9.8 试画出边沿 JK 触发器 74LS112 的引脚排列图、状态转换图,并写出其特性方程。

9.9 试将边沿 JK 触发器转换成边沿 T 触发器。

9.10 试将边沿 JK 触发器转换成边沿 T′ 触发器。

9.11 试将边沿 JK 触发器转换成边沿 D 触发器。

9.12 试用 4 位双向移位寄存器 74LS194 设计一个 4 位右移环形计数器(顺序脉冲发生器)。

9.13 试用 4 位双向移位寄存器 74LS194 和门电路设计一个五进制扭环形计数器。

9.14 试用两块 4 位双向移位寄存器 74LS194 和门电路设计一个十三进制扭环形计数器。

9.15 试分析图 9-131 所示电路为几进制计数器。要求要有 MSI 计数器特性、反馈方式及反馈数的说明。

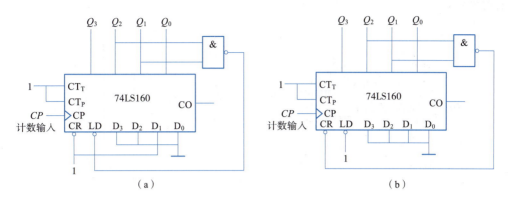

图 9-131 题 9.15

9.16 试分析图 9-132 所示电路为几进制计数器。要求要有 MSI 计数器特性、级联方式、反馈方式及反馈数的说明。

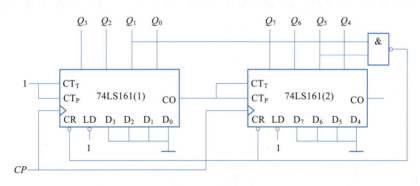

图 9-132 题 9.16

9.17 试用 74LS163 反馈清零法和门电路设计一个四十二进制加法计数器。

9.18 在图 9-133 所示用 555 定时器组成的多谐振荡器中,已知 $V_{DD}=12$ V,$C=0.1$ μF,$R_1=15$ kΩ,$R_2=22$ kΩ。试求:

① 多谐振荡器的振荡周期和振荡频率;
② 输出矩形脉冲宽度 t_{w1}、输出矩形脉冲的占空比 q;
③ 画出 u_C 和 u_O 的波形;
④ 在 $\overline{R_D}$ 端加什么电平时多谐振荡器会停振。

9.19 用 555 定时器组成的多谐振荡器如图 9-134 所示。试求:

① 多谐振荡器的振荡周期和振荡频率;
② 输出矩形脉冲宽度 t_{W1} 和输出矩形脉冲的占空比 q;
③ 画出 u_C 和 u_O 的波形。

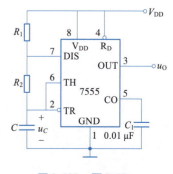

图 9-133 题 9.18

9.20 用不可重复触发单稳态触发器 74LS121 组成的输出脉冲调宽电路,如图 9-135 所示。要求输出脉冲宽度的调节范围为 10 μs~1 ms,已知外接电容 $C_{ext}=0.01$ μF,试求对应外接电阻 R_{ext} 的调节范围。

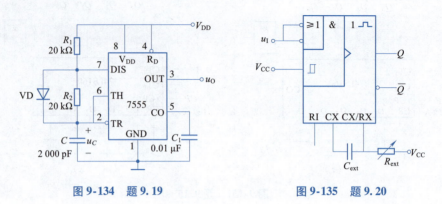

图 9-134 题 9.19　　　　　图 9-135 题 9.20

9.21 常用 D/A 转换器有哪几种?各有什么特点?

9.22 简述 A/D 转换的大致过程。

9.23 若接在 ADC0809 IN_1 上的模拟电压为 2.3 V,$V_{REF}=V_{DD}=5$ V,试求 A/D 转换时对应的输出量。

附录 A 图形符号对照表

图形符号对照表见表 A-1。

表 A-1 图形符号对照表

名称	国家标准的画法	仿真图的画法
蓄电池	⊥	⊥⊥
二极管	▽	▽
电阻器	▭	⋀⋀⋀
电压源	⊕	⊕

课后习题参考答案

参 考 文 献

[1] 申凤琴. 电工电子技术基础[M]. 3版. 北京:机械工业出版社,2019.
[2] 苏莉萍. 电工与电子技术[M]3版. 西安:电子科技大学出版社,2015.
[3] 刘飞飞. 电工电子技术基础与技能[M]. 北京:机械工业出版社,2015.
[4] 王兆奇. 电工基础[M]. 3版. 北京:机械工业出版社,2015.
[5] 吴娟,雷晓平. 电工与电路基础[M]. 北京:机械工业出版社,2020.
[6] 黄文娟. 电工电子技术项目教程[M]. 北京:机械工业出版社,2019.
[7] 程周. 电工与电子技术[M]. 北京:中国铁道出版社有限公司,2020.
[8] 张建文,姚旭影,马登秋. 电工与电子技术[M]. 西安:西北工业大学出版社,2020.
[9] 黄宇平. 电工基础[M]. 北京:机械工业出版社,2015.
[10] 周洋,陈亚娟,黄帆. 电工技术基础[M]. 北京:北京航空航天大学出版社,2022.
[11] 程智宾,杨蓉青,陈超,等. 电工技术一体化教程[M]. 2版. 北京:机械工业出版社,2022.
[12] 朱祥贤. 数字电子技术项目教程[M]. 2版. 北京:机械工业出版社,2022.
[13] 周国娟,李芳,元娜. 电工电子技术项目实践[M]. 北京:机械工业出版社,2022.
[14] 田延娟. 模拟电子技术项目化教程[M]. 北京:机械工业出版社,2021.
[15] 贺力克. 模拟电子技术项目教程[M]. 2版. 北京:机械工业出版社,2016.